飞跃与超越

当代科学与技术大观

董光璧　田昆玉　田　松　著

吉林人民出版社

图书在版编目(CIP)数据

飞跃与超越：当代科学与技术大观/ 董光璧, 田昆玉, 田松著.
长春:吉林人民出版社, 2013.9
ISBN 978-7-206-10072-7

Ⅰ. ①飞…
Ⅱ. ①董…　②田…　③田…
Ⅲ. ①科学技术－普及读物
Ⅳ. ①N49
中国版本图书馆CIP数据核字(2013)第242202号

飞跃与超越:当代科学与技术大观

著　者:董光璧　田昆玉　田　松
策　划:王　新
责任编辑:赵梁爽　　　　封面设计:张　娜
制　作:吉林人民出版社图文设计印务中心
吉林人民出版社出版 发行(长春市人民大街7548号　邮政编码:130022)
印　刷:三河市兴国印务有限公司
开　本:700mm×1000mm　1/16
印　张:21　　　　字　数:260千字
标准书号:ISBN 978-7-206-10072-7
版　次:2013年10月第1版　　印　次:2017年3月第2次印刷
定　价:48.00元

目 录

电子技术和通讯工程 / 159

核技术与核能工程 / 186

激光技术和光学工程 / 222

导 言

科学技术的具体发展似乎从不顾及其历史，但历史总是其未来的向导。可以说，不了解科学技术的历史就不能理解今天的科学技术，也不能展望它的未来。技术作为人类应付周围环境的手段，科学作为依据过去的经验预测未来的工具，几乎可以说是伴随着人类从自然的进化中诞生的。随着人类从野蛮进入文明，根植于理性精神的科学与技术越来越显示出它对于人类生存和发展的重要性，人们终于认识到它是推动人类进步的最根本的物质力量和精神力量。充溢于我们当代生活中的科学和技术，是伴随着漫长的人类历史逐步积累和发展起来的，我们可以从原始人的石斧和弓箭以及洞穴中的壁画和雕刻来探知人类早期的原始技术和思想观念，这些粗糙的工具和神秘的图画，引领着我们走到今天的宇宙飞船和不断升级的电脑。人类积数百万年的经验才发明了轮子，又经过数千年发明了驱动轮子的动力机，再经过百余年发明了可以控制其他机器的电脑，这是人类科技进步的一个缩影。近300 年来，认识和运用物质转化、能量转化和信息转化的现代科学技术，明显地加快了其发展的速度。自20 世纪以来，科学、技术和工程紧密结合所达到的知识积累态势，人们已习惯用“指数增长”来形容它的发展速度。

今日之科学技术已成为左右人类命运的重要力量，然而现代科学在17 世纪被少数学者创立之时，它的价值只为社会上层统治者中间的少数人所认识。到18 世纪，这种新的理智方法已为中产阶级的自由主义知识阶层了解和把握，而一般市民阶层对科学的关心则是从19 世纪开始的。进入20 世纪以来更多的人都认识到，科学具有改变人类物质生活和精神生活的巨大能力。当今各国政府都把科学技术作为增强综合国力和提高国际竞争力的战略因素加以考虑。对科学认识的这种变化是科学与社会相互作用发展的结果。今日之公众把科学和技术的紧密联系看作是不言而喻的事情，然而在历史上它们却是沿着各自独立的路径发展的，到17 世纪初才有少数人认识到科学和技术两者可能并应该合作，但直到18 世纪才付诸实践。此前相当长的历史时期中，科学对其成果的实际应用总是漠不关心，技术几乎在没有科学帮助的情况下独自发展，并且当技术能够从科学得到助力时它却不止一次地嘲笑了科学。今天我们必须把科学理解为目的明确的历史过程。就科学与生产、技术的相互关系来说，19 世纪中叶是一个转折时期，大体上可以说此前是“生产—技术—科学”的发展模式，而此后则是“科学—技术—生产”的模式。科学自身的逻辑发展与社会需求发展的交汇处往往是新科学的生长点。科学为求得其生存条件常常不得不以适应社会的主流价值观为代价，而任何社会要想发挥科学的社会功能也不得不修改某些规范，以提供科学发展的社会条件。20 世纪从“小科学”到“大科学”的转变，意味着科学总体范式的变革。在这种变革中，科学的新类型在悄悄滋长。

我们现在所理解的现代科学形成于17 世纪的欧洲，它是以逻辑、数学和实验等重要理性要素的紧密结合为基础的研究活动和知识体系。逻辑保证知识的条理性；数学保证知识的精确性；实验保证知识的可靠性。这样的知识体系在以往是没有的，不仅古代东方没有，古代西方也没有，而是经由一场“科学革命”才形成的。但科学革命也不是一蹴而成的，它有一个曲折的历史过程。长期以来人们认为科学的源头在古希腊，但近百年来的科学史研究表明，它的形成是一个复杂的文化融合过程，其渊源中不仅有希腊文化的某些传统，也包含着东方文化的某些传统。文艺复兴、宗教改革和科学革命是开启现代社会的三个伟大源流。文艺复兴复活了古希腊科学，希腊语言学家把他们不懂的科学著作译成当时的流行语言，而与自然相接触的工匠又注入使之脱胎换骨的新灵魂。科学的三个传统，即数学传统、逻辑传统和实验传统，在理论思维和工匠实践的相互作用中形成了新的科学范式。同时，这种新范式也是在生机论、神秘主义和机械论三个古希腊思想变型支配的环境中，以机械论思想战胜前两者而形成的。牛顿力学不仅成为机械革命的科学理论基础，而且也成为哲学思考的科学基础。18世纪，由于牛顿科学思想和洛克哲学思想的传播，英国发生了产业革命，法国爆发了政治革命，德国出现了哲学革命，从而形成“技术机械化和人类理性化”的伟大世纪。产业革命、政治革命和哲学革命也为19世纪科学技术的惊人发展创造了社会条件。19世纪主要的科学成就是热力学、电磁场理论、化学原子论和生物进化论。物理科学和生命科学都进入了理论科学时期，技术成为“科学的”技术。从19世纪下半叶起，一些生产技术直接源于实验室，另一些技术则源于科学原理。

20世纪的科学技术是19世纪科学技术发展的继续。这种发展的最初动力来自科学内部实验和理论的矛盾以及理论内部的逻辑不协调，由此产生了观念的变革并导致了量子论和相对论的诞生，为20世纪科学技术奠定了基础。在20世纪，就科学与技术的关系来说科学已成为技术的先导，就技术与生产的关系而言形成了经济学意义上的“高技术”。

为了解释经典物理学的热辐射理论所不能解释的黑体辐射问题，普朗克在1900年提出能量子的概念，几年后，爱因斯坦把它推广到光，提出光量子理论（1905年），再后，玻尔又把量子论运用到原子内部，提出原子的量子理论（1913年），经过海森堡和薛定谔等几位科学家的工作，在20世纪20年代发展成量子力学。20世纪的另一个重要物理学成就是相对论，从洛伦兹和彭加莱等人基于电磁场理论与以太漂移实验相矛盾的诸多修正理论，已经可以听到扣打相对论大门的声音，爱因斯坦从牛顿力学和电磁场理论不协调找到了打开这大门的钥匙。1905 年，爱因斯坦发表了《论动体的电动学》，这是（狭义）相对论创立的标志，1915 年，爱因斯坦将其进一步推广为广义相对论。

在量子力学和相对论两大基础理论的指导和影响下，完善和成熟的五大标准模型，粒子物理的夸克—轻子模型、宇宙学的热爆炸模型、DNA 分子的双螺旋模型、思维的图灵计算模型、地壳运动的板块模型，成为人类以科学认识自然的基本图像。20 世纪30 年代以来发展起来的粒子物理学，在70 年代形成了以夸克—轻子模型为基础的弱电统一理论，作为沿四种相互作用（电磁相互作用、弱相互作用、强相互作用、引力相互作用）统一研究纲领所获得的阶段成果，给出了世界的物质结构的新图像。爱因斯坦在广义相对论基础上于1917 年开创的现代宇宙学，在40 年代形成了热爆炸宇宙论。随着粒子物理学的新结论的不断引入，热爆炸宇宙论得以不断修正和完善，给出了宇宙演化的新图景。生物学在基因论的指导下向分子水平上的迈进，1953 年发现的作为遗传物质的DNA 分子双螺旋结构是这一领域的重大突破，它奠定了分子生物学的基础，提供了生命的起源、发育和进化的新图像。图灵在1936 年提出的可计算原理和1950 年提出的认知计算原理，不仅为计算机和智能科学的发展奠定了思想基础，而且发展出人类思维活动的一种新图像，为研究认知活动提供了一种可行的思路。全球大地构造的板块结构模型，在魏格纳的大陆漂移说（1912 年）的基础上，在20 世纪60 年代经地幔对流说、海底扩张说等阶段被创立起来，它作为固体地球的一种新图像，为探索地球物理和全球地质学创造了一体化的研究纲领。

在科学的先导下，20 世纪发展了五大尖端技术，即电子技术、核能技术、激光技术、基因技术和火箭技术。在量子固体物理学的指导下，从晶体管（1947 年）到集成电路（1958 年）为电子计算机（美国1946 年）的微型化（美国1971 年）奠定了硬件基础，而离散数学和数理逻辑的发展又指导着计算机软件语言从低级向高级的进步。电子计算机的发展不仅带动了通信技术的革命，其巨大意义还在于它将使得人的脑力的机械化成为可能。核物理学和相对论质能关系式为核能利用奠定了理论基础，原子弹（美国1945 年）、氢弹（美国1952 年）、核电站（苏联1954 年）等工程以及各种核辐照技术显示了核技术的前景。核聚变能是最有希望的新能源。爱因斯坦的光发射和吸收理论与固体物理学结合，导致第一台红宝石激光器诞生（1960 年），接着有半导体激光器（1963 年）、气体激光器（1964 年）、自由电子激光器（1977 年）、原子激光器（1998 年）等问世，良好光学性能使它们在加工、医疗、通信等许多领域广泛应用。随着分子生物学的进步，基因重组的实现（1973 年）开辟了基因工程化的广泛前景，有可能在增进人类健康和解决食物不足方面提供最有力的手段。大肠杆菌产生人的胰岛素（1978 年）、外源基因安全地转移到患者体内（1989 年）和人造染色体的成功（1997 年）正在使人类基因治疗成为可能。在农业方面，运用基因导入创造新物种的探索可望有重大收获，从克隆羊（1997 年）到克隆人的联想正在引起悲喜交集的震撼。喷气技术的进展导致第一颗人造地球卫星上天（苏联1957年），并使航天工程成为大国竞争的一个重要领域，于是有载人宇宙飞船绕地球一周（苏联1961年）、阿波罗登月成功（美国1969年）、载人航天飞机试飞成功（美国1977年）、无人驾驶飞船在火星着陆（1997年）等一系列重大进展，标示航天事业日趋成熟。

如今，虽然人们一直在思考量子论和相对论之间的某些不协调，但少有人感到在科学的深层基础会发生严重危机。现有成熟科学理论的技术运用还远未看到止境，科学原理与技术应用可能性的探讨是科学的主流。近些年人们一直议论着新技术革命的问题，如果把1760年代以蒸汽机的应用为标志的技术变革称作第一次技术革命，19世纪70年代以来以电力应用为标志的技术变革为第二次技术革命，现在以数字化为核心的信息技术革命是第三次技术革命。

科学技术的不断加速发展导致了人类文明的三次跃升，即跑马速度的农业文明、火车飞机速度的工业文明和电磁波速度的信息文明。但是，技术的社会运用不仅带来经济和文化的繁荣，也招致生存条件和生存方式的毁坏。农业的发展伴随着森林和草原生态的破坏；工业的进步导致了水体和大气等自然环境的污染，同时也为人与人之间的战争提供了越来越残酷的手段。迄今为止有5000年文字记载的人类历史，既是一部生产斗争和科学实验的历史，又是一部阶级斗争和思想解放的历史。地球诸文明中心的兴衰以及在这种兴衰基础上的文明转型，正是这些“斗争”的综合表现。人类经历了从了解自然、征服自然到破坏自然的历程，在尝到了成功的苦头之后，终于不得不回到与自然协调发展的道路上。科学和技术是人类创造的，而人类是自然进化的结果。自然是我们的生存基础，包括科学技术在内的文化是人类的生存方式。只有把我们的生命和文明置于宇宙背景之中，明白我们从哪里来到哪里去，知道人类在自然界中的位置，我们才会有可靠的思考和行动的根据，才能确立生命的价值和意义。面对浩瀚的宇宙，作为它的演化的偶然产物，或许还不一定是独一无二的产物，人类不能不感到自己的渺小。但人类创造了文化，而且这文化的确可以说是“融天地之沧桑，含日月之玄机”，使“思维跨越时空，行为倒转乾坤”，人类又怎能不感到自己伟大呢！这种渺小和伟大的张力应该成为人类理性的动力，在自然与文化的夹缝中寻找并实现超越的必然之路。

从相对论到宇宙学

康德曾说，我最感敬畏的，一个是我们心中的道德法则，一个是我们头顶的星空。星空因其遥远而神秘，引起了人们无限的想象。对星空的探问从远古时就已经开始了。古希腊哲学家泰勒斯（Thales，前624—前547）曾因仰头观星而掉进了坑里；中国古代的诗人屈原（约前340—约前278）也曾写《天问》思索天地从何所来，天地与人事是怎样一种关系。对宇宙的构成、演化，人在宇宙中的位置等问题的思索就形成了宇宙学。宇宙学给出了人类对于生存空间的基本框架，与人类的其他知识一样，宇宙学也是从神话等原始知识中诞生出来的。宇宙学由神话而哲学而科学经历了几千年的时光。

我们目前所说的“宇宙学”仍然包含着两

种意义：一种是哲学家作为形而上学的一个门类的名称，也称为宇宙论，另一种是科学家作为一门科学的名称。哲学的宇宙学上承神话传说，并随着每一时代的科学知识的演进而发生变化。由于人类观察能力的限制，最初的宇宙学思考的范围实际上没有越出太阳系。在西方，古希腊时期曾有日心说和地心说两种说法，托勒密（Claudius Ptolemaeus，90—168）以后，地心说占了上风。直到哥白尼（Nicolaus Copernicus，1473—1543）、开普勒（Johannes Kepler，1571—1630）之后，日心说逐渐又成了主流思想。从地心说到日心说的思想变化混合了宗教、哲学和科学几个方面的因素。在日心说确立其主导地位之后，宗教的内容逐渐从宇宙学中隐退。科学的宇宙学是从牛顿（Isaac Newton，1643—1727）开始的，但是康德（Immanuel Kant，1724—1804）的太阳系演化学说仍然是科学与哲学的混合物。科学的进展逐步被应用到宇宙学中来，使得宇宙学中科学成分逐步增加，哲学成分逐渐减少。但是宇宙学的根本观念仍然是形而上学的。需要说明的是，宇宙学中科学与哲学成分的此消彼长并不是渐进的，而是存在若干观念上的突变。

现代宇宙学的先驱者是爱因斯坦（Albert Einstein，1879—1955）。爱因斯坦把相对论应用于整个宇宙，从而开创了宇宙学的新时代。随着观测技术的进步，相关学科如高能物理学的发展，现代宇宙学的视野早已越出太阳系，能够对整个宇宙的演化与形成展开科学的分析，这种分析已经达到了定量的层次。从前的诸如宇宙空间有限的还是无限

爱因斯坦，被公众认为是自伽利略、牛顿以来最伟大的科学家、物理学家。

的、宇宙历史是否有其开端和末日等似乎永恒无解的哲学问题都成为科学宇宙学的研究对象。现代宇宙学是人们观测能力与思辨能力相结合的科学成果。

一、时空和宇宙

古代各民族都有自己的宇宙学观念，这些观念当然都是神话的哲学的。宇宙观是人类对于所生存于其中的物质背景给出的总的框架，这是人类自我意识形成之后的一种必然的心理需要。《列子》中记载了一则故事，形象地说明了这种需要，并给我们留下了关于中国古代宇宙观念的一个资料。故事说：杞国有一个人，担心天会掉下来，十分苦恼。有人忧其所忧，前往劝慰。劝慰者说：天不过是一团气，怎么会掉下来呢。忧者争辩说：就算天是一团气，那悬浮在其中的日月星辰也会掉下来呀。劝慰者安慰说：星星不过是发光的气体，即使掉下来也不至于伤人。忧者又问：要是地塌了呢？劝慰者说：地是铺满四周的板块，人们天天在上面走，不必担心它会塌。忧者觉得有理而不再为此担忧了，劝慰者也觉得自己有本事而欣然离去。然而一位叫长庐子的人听了他们的对话，嘲笑说，既然天和地是由气和块构成的，怎么能说它不会坏呢？虽然天地很大，一时垮不了，但要说它永远也不坏，也是不对的。到了天地坏了的那一天，怕是不忧也不行。记载这件事的列子则认为，说天地会毁坏不对，说天地不坏也不对，因为天地的坏与不坏是我们所不能知道的。

以现在的观点看，列子有点实证主义科学哲学家的味道，对于我们不知的东西拒绝讨论。长庐子属于传统哲学家一类，长于冥想，喜欢断言，而没有提出充分的证据。忧天的杞人则如大多数人一般，迷信权威，不主动分析思考。而劝慰者有点习惯于报喜不报忧，只是从安定团结的大局出发转述来自权威的话语，却没有自己的考察与观点。

人类对自然的认识总是以人类对外界事物的观察为基础的。远古时期神话的宇宙观念与当时所观察的宇宙是相符合的。随着观察的丰富和深入，与先前宇宙观不协调的内容逐渐增多，人类的宇宙观逐渐发生变化。宇宙学既闪耀着深邃、隽永的古老思想火花，又焕发着蓬勃的青春活力。

科学的宇宙学是自17世纪牛顿力学完成之后开始的。伟大的牛顿以万有引力对太阳系内行星的运行给出了很好的解释。他成功地把天上的物理学与地上的物理学统一起来，天上的星辰与地上的草木遵守着同样的物理规律。这个物理规律自然也要适用于整个宇宙。此时的天文观测能力与古希腊相比大大提高，新的观测材料使牛顿力学的宇宙学有了更丰富的实验基础，宇宙学在新的科学背景下获得了质的飞跃。

在牛顿的物理学中，时间和空间是一个无边无际的巨大的框架，物质就在这个框架上存在、演化。由于牛顿力学中时间可逆，以牛顿力学为基础建立的宇宙模型必然是一个静态的宇宙模型，无穷多的星辰在无穷大的空间里闪烁，在时间上有无穷的过去和将来。1692年12月牛顿在其致本特雷（Richard Bentley，1662—1742）的信中，就明确地提出了一个基于引力作用的、均匀的、静止的、无限的宇宙模型。这个简单明了的宇宙模型，由于有人们符合以往形成的宇宙高度均匀观念和直接的观测经验，又有牛顿的引力论为后盾，长期为人们所接受。其自身所存在的矛盾和困难直到百余年之后才被人发现，其中重要的有著名的奥伯斯佯谬和西利格佯谬。

1823年前后，德国天文学家海因里希·奥伯斯（Heinrich Olbers，1758—1840）提出了一个近乎愚蠢的问题，夜空为什么是黑的？对于这个问题，似乎每一个家长都遇到过。通常的解释是，由于太阳到了地球的另一面，所以夜空就是黑的。如果进一步问，不是还有那么多发光的恒星吗？并且它们不是比太阳还要亮得多吗？答案是：星辰距离我们太远，恒星的亮度与距离的平方成反比，所以遥远的恒星光在我们看来是很微弱的。进一步问，一个恒星的光固然很微弱，但无限大的宇宙中无穷多的恒星加起来不是会很亮吗？茫茫宇宙并无昼夜之分，天空的任何地方，任何时候都光芒四射才对。对此可以借一个简单的模型予以说明。假设有无穷多亮度相同的恒星均匀分布在无穷大的空间里，我们可以考察太空中任何一点的亮度。不妨把空间想象成一个无穷大的洋葱，我们要考察的那一点比如地球就位于洋葱的中心。由于恒星分布均匀，任何一个洋葱瓣内所包含的恒星正比于洋葱的面积，显然这个洋葱瓣面积与它到地球距离的平方成正比，也就是说洋葱瓣内星星的数目与它们到地球的距离的平方成正比。又由于每一个星星的亮度与它到地球距离的平方成反比，两者一乘，每个洋葱瓣内星星的总亮度就与它们到地球的距离无关。由于有无穷个洋葱瓣，无穷远处的无穷多恒星的总亮度就是无穷大。所以，不仅夜空不黑，而且地球早就被烤化了。然而实际上，我们都知道，夜空是黑的。这就是“奥伯斯佯谬”。奥伯斯佯谬在牛顿力学的框架中是无法解决的。

与奥伯斯佯谬相似，慕尼黑天文台台长西利格（Hugo von Seeliger，1849—1924）在1894年提出另一个佯谬——西利格佯谬：由于引力与距离也是平方反比的关系，地球上的物体受到无穷远处无穷多恒星的引力和也会导致一些问题。由于力是有方向的矢量，这个问题不像亮度那样容易解释。结论是，它将导致引力的不确定。

对于一个时空无限且均匀的宇宙来说，奥伯斯佯谬和西利格佯谬是不可避免的。奥伯斯本人曾设想宇宙中存在的大量尘埃会解决这个问题，但这种解决只是一厢情愿的臆想。宇宙尘埃固然能吸收大部分星光，但是根据热力学第一定律，即能量守恒定律，这些宇宙尘埃在吸收星光之后温度必然升高，成为一个新的光源，最后的结果还是一样的——夜空不黑。如果放弃宇宙的无限，假定宇宙有限，奥伯斯佯谬就可以得到解决。但是，在牛顿体系中又会有新的问题出现。一个有限的宇宙必然有个中心，所有的星体就会在共同引力的作用下，向引力中心聚集。所以，在牛顿体系中有限的宇宙必然是不稳定的。

宇宙热寂说从另一个角度对牛顿的宇宙学提出了质疑。1856年，德国物理学家赫尔曼·冯·亥姆霍兹（Hermann von Helmholtz，1821—1894）根据热力学第二定律，宣布宇宙正在走向死亡。热力学第二定律的意思是说，热量总是从温度高的地方流向温度低的地方。一块冰能够在室温下自动融化而使空气的温度略微降低一点，但空气的温度不会自动变低而使桌子上的水变成冰。就如河水不能流向高山，鸡毛不能自动上天。德国物理学家克劳修斯（Clausius Rudolf，1822—1888）用一个新的物理量"熵"概括这种规律性的特征。热力学第二定律也被称为熵增加定律，即一个封闭系统的熵总是增加的。冰在室温下融化的过程就是一个熵增加的过程。夏天空调开放后，室内的温度降低，熵减少。但是这个熵减少是由于空调机做功，消耗了能量。如果把空调的排气口不开向大街，而是开向隔壁一间相同的屋子里，那间屋子的温度就会升高。如果关上空调，把两间屋子中间的隔板打开，两间屋子的空气充分混合后的温度要比开空调之前的温度要高。也就是说，从总的效果来看，

德国生物物理学家赫尔曼·亥姆霍兹，"能量守恒定律"的创立者。

熵仍然要增加。熵增加有一个最大值，就是达到热平衡状态，此时室内的空气温度处处相同，不再有能量的传递和交换。把熵增加原理应用于整个地球，就会发现人类的活动加速了整个地球的熵增加的速度，石油、煤炭等能源的燃烧使得整个地球的温度升高。当地球上的温度处处相等，不再有任何能量传递时，生命就不复存在。多样性不仅是生命丰富的要求，也是生命存在的必要条件。

整个宇宙可以看作一个孤立系统，宇宙的历史也应该是一个熵增加的历史，等到整个宇宙达到热平衡时，它将不会再有任何变化。这种没有任何变化的状态就等于死亡，亥姆霍兹把宇宙的这种结局叫作宇宙热寂。这意味着宇宙的寿命是有限的，如果宇宙没有无穷远的未来，那么它也不应被认为曾经有过无穷远的过去。这是一个简单的推断。如果宇宙有无穷远的过去，那么一切要发生的事情早就发生了，亦即宇宙早就热寂了。但我们的宇宙至今还存在着，因此宇宙必定有一个起点，也就是时间应有一个起点。

对于一个寿命有限的宇宙来说，奥伯斯佯谬不复存在。因为尽管光速无比巨大，但它毕竟是每秒约30万千米的一个有限值。著名的蟹状星云发出的光线穿过茫茫太空到达地球需要7600年，我们现在看到的这星云是它7600年前的样子。如果宇宙诞生于150亿年前，我们就不可能看到任何距离地球150亿光年以外的星体，实际上到达地球的星光总量就是有限的，夜空也就可能是黑的。这就是爱因斯坦以其相对论解决时空和宇宙问题的科学思想背景。

“幸运啊牛顿，幸福啊科学的童年”，爱因斯坦年轻时曾以这种方式表达对牛顿所处的科学童年时代的羡慕，而他本人则处于物理学的又一个转折关头，并成为领导20世纪物理学新潮流的伟大人物。他以其狭义相对论把以太的幽灵驱逐出物理学，进一步以其广义相对论把空间和物质糅合为一体，开创了现代宇宙学。

二、驱散以太的幽灵

据说少年时代的爱因斯坦并不是一个循规蹈矩的好学生，学校里刻板的传统风尚使爱因斯坦感到窒息。他努力逃避学校的思想禁锢，自由地思索和生活，被学校看作是大逆不道而被勒令退学。庆幸的是，这世界上还有一所鼓励自由思想的中学——瑞士的阿劳中学。在这里，16岁的爱因斯坦常常沉湎于这样一种思索之中：假如一个人以光速跟着光线一道跑，他将看到什么呢？这就是后来爱因斯坦常常追忆的“追光”实验。作为他创立相对论的思想源头，他称之为第一个朴素的理想实验。

1896年，爱因斯坦跨进了瑞士苏黎世联邦工业大学的校门。这时的物理学界正经受着“三大发现”的冲击。1895年德国物理学家威耳赫耳姆·伦琴（W.Röntgen，1845—1923）发现了X射线，1896年法国物理学家亨利·贝克勒尔（Henri Becquerel，1852—1908）发现了放射性，1897年英国物理学家约瑟夫·汤姆逊（Joseph Thomson，1856—1940）证实了电子的存在。这三项发现震动了整个物理学界，因为它直接否定了几千

瑞士联邦工业大学是盛产诺贝尔奖的大学

年来元素的不变性和原子的不可分性的观念。令以为物理学大厦几将建成的盲目乐观情绪一扫而光。

19世纪后期，热力学和电磁场理论的建立使一些物理学家觉得经典物理学严整的理论体系已经形成。除少数头脑清醒者，大多数物理学家多少有点沾沾自喜，认为物理学余下的工作只是修修补补了。19世纪80年代初，德国慕尼黑大学的物理学教授菲利普·约里（Philipp Jolloy，1809—1884）得知自己的学生马克斯·普朗克（M.Planck，1858—1947）准备献身物理事业时，曾语重心长地说："年轻人，你为什么要断送自己的前途呢？要知道，理论物理学已经终结。微分方程已经确立，它们的解法已经制定，可供计算的只是个别的局部情况。把自己的一生献给这一事业，值得吗？"

"三大发现"是一副清醒剂，物理学家开始怀疑和重新审查物理学既有的基本概念和原理。1900年4月27日，英国物理学家开尔文勋爵（Lord.Kelvin，1824—1907）在英国皇家学会的演讲中，把找不到以太的迈克尔逊—莫雷实验和与能量均分定理冲突的气体比热实验，宣布为"热和光的动力学理论上空的19世纪的乌云"。此后人们开始警觉，并且发现物理学的上空已不只一两朵乌云，而是乌云翻滚，"山雨欲来风满楼"了。

迈克尔逊（A.Michelson，1852—1931）和莫雷（Edward Morley，1838—1923）进行了著名的"以太漂移实验"并于1887年公布的《关于地球和光以太的相对运动》的实验报告，给出对以太说大为不利的实验结果。洛伦兹（Hendrik Antoon Lorentz，1853—1928）和彭加莱（Henri Poincare，1854—1912）等物理学家想尽办法，孤注一掷地想挽救以太静止说的困境，解决牛顿力学和电磁场理论的矛盾，以驱散开尔文的"第一朵乌云"。这朵乌云的障眼之处在于，在牛顿力学领域普遍成立的相对性原理，即力学定律的形式对任何惯性系都不变，在麦克斯韦（James Maxwell，1831—1879）的电磁场理论中却不能成立。

在牛顿物理学框架中，不同惯性参照系所观察的物理现象遵从伽利略—牛顿变换，这个变换可视为力学运动相对性的数学表达。但是这一变换在电磁学中却不成立。为解决这一问题，荷兰著名物理学家洛伦兹于1892年引入了有名的“长度收缩”假设，1895年又引入局部时间的概念证明了在一级近似下地球系统与“以太”电磁规律是相同的，使迈克尔逊—莫雷实验在经典物理学的框架内得到解释。1904年他又提出了包含11个特殊假设的更为完美的修补理论，引出了著名的洛伦兹变换式。1904年法国科学家彭加莱在一次演讲中提出了相对性原理的存在，1905年总结其演讲的思想而发表题为《电子的动力学》的论文。这篇论文弥补了洛伦兹公式在形式上的缺陷，强调了相对性原理的普遍性与严格性，第一次提出了洛伦兹变换与洛伦兹群的名称。虽然他们的这些工作已经不自觉地打破了经典物理学的某些框架，走近相对论的大门，但他们并没有意识到这个大门的存在。驱散以太幽灵的重任留给了爱因斯坦。

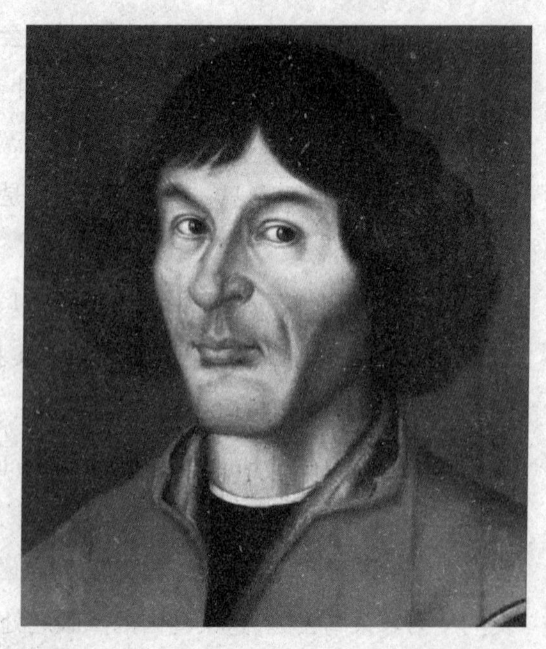

现代天文学开拓者、天文学家哥白尼

1905年爱因斯坦完成了他关于相对论的第一篇论文——《论动体的电动力学》。柏林大学物理学教授普朗克作为《物理学纪事》的编委成了它的第一读者。他一眼看出它的重要性可与哥白尼革命相比。这篇论文虽然只有9000字，然而其思想之大胆，含意之深奥，在当时鲜有知音。除普朗克之外，最早的一批敢于问津者，还有德国的闵可夫斯基（Heramann Minkowski，1864—1909）、法国的朗之万（Paul Langevin，1872—1946）和德国的维恩（Wilhelm Wien，1864—1928）等人，他们研究并向学界介绍爱因斯坦的相对论。随着爱因斯坦的名字不时在物理学刊物上出现，他也逐渐被物理学界所认识和接受。1908年10月爱因斯坦被聘为伯尔尼大学兼职编外讲师。1909年7月他应邀参加日内瓦大学350周年校庆，同年9月他首次应邀出席学术会议，在萨尔斯堡召开的“德国自然科学和医生协会”第81次年会上做了报告。已是名声在外的爱因斯坦，在开会归来就离开伯尔尼瑞士专利局到他的母校做物理学副教授，这使爱因斯坦能够以从事他喜爱的事业而生存。1911年初他转任布拉格大学正教授，同年秋出席了最高级的物理学会议——第一届索尔维会议，1912年秋回到母校联邦工业大学。1913年夏，当普朗克和能斯特这两位年过半百的老教授亲往苏黎世恭请爱因斯坦回柏林时，爱因斯坦已被作为“20世纪的哥白尼”到处

1911年的第一次索尔维会议，主题为“辐射与量子”，通过物理学和量子力学的方法考察这一问题。参加者有彭加勒、居里夫人、卢瑟福、爱因斯坦等。

爱因斯坦是现代物理学的开创者、奠基人，创立了代表现代科学的相对论，获得1921年度诺贝尔物理学奖。

受到欢迎。但正如朗之万所戏称，全世界“只有12个人懂相对论”。在还只有少数人刚弄懂他1905年的理论时，他又致力于把相对论推向一个新的高峰——广义相对论。

相对论首先是一个启发性原理，其核心思想是时间和空间的相对性。相对于“广义相对论”，爱因斯坦后来称他1905年的理论为“狭义相对论”。狭义相对论的新颖之处可通俗地表述为“运动的量尺会缩短，运动的时钟会变慢”。公众对这种“尺缩”和“钟慢”自然难以理解，爱因斯坦曾半开玩笑地解释说：“同一个漂亮姑娘聊天会觉得时间过得很快，而与一位老妇人谈话则会觉得时间过得很慢，这就是相对论。”在爱因斯坦七十寿辰时，一位名叫山姆·龙格曼的犹太人律师、作家、剧作家，从以色列的特拉维夫发来贺信。信中有一首小诗反映了非物理学专业的人对相对论的情感：

有人花费了无数的光阴，
可还弄不懂相对论；
他也从未感到过胆怯，

别人总对他爱护至诚；
他是那么虔诚笃信：
只要古稀爱翁健在，
人们就不会怀疑，
他的理论有实际功用。
在您七十大寿之际，
那么多人向您恭敬。
我也不愿有半点疑虑，
献上我们大家的祝贺之情。
虽然我们在以色列，
可却把您看作在我们之中。

爱因斯坦也回了一首和诗：

不能领悟之人总是痛苦重重，
但您的幽默却是心安意平。
您的想法不过是：
上帝是主宰一切的圣明。
正是上帝给了我们这些弱点，
反受其苦可不算公正。
我们屈从这种状况，
时而欣慰时而悲切。
您带给我的不是咒骂，
而是巧妙诗句构成的痛吟。
可却把正义和罪恶，

都看成了合理的象征。

在21世纪的今天，虽然每个大学物理系的学生都可以计算关于相对论的习题，但对于物理专业以外的众多读者来说，我们这里关于相对论意义的叙述仍难以保证没有任何困惑。

爱因斯坦的狭义相对论建立在两个基本原理上：一为相对性原理，即在两个相互做匀速直线运动的参照系中，一切自然定律都是相同的；二为光速恒定原理，即光在真空中的传播速度是一个不变的常数，与光源的运动和观察者的运动皆无关。以这两条原理为前提，运用“同时”的相对性的定义，可以逻辑地导出洛伦兹变换。而这一变换式可以给出“尺缩”和“钟慢”的推论。

所谓“尺缩”，是指运动物体在运动方向上长度缩短。比如我们观察一个运动着的圆球，随着它的运动速度逐渐接近光的速度，它会在运动方向上越来越变扁，直至变成一个无厚度的圆片。所谓“钟慢”，是指运动物体的时钟相对于静止参照系会变慢。这意味着一个乘坐高速火箭的人变老的速度要比地面的静止观察者慢。这种现象在日常生活中当然从未被人看到，这是因为日常所见的运动物体，其运动速度远远小于光速，我们现有的技术手段不足以观测到它们的相对论效应。但是高速粒子的物理实验和机载高精密度的原子钟实验，已经给出了可靠的验证。

牛顿力学和电磁场理论可以在统一的时空框架中被描述，它们在运动学水平上统一起来，就是狭义相对论。从数学描述的意义上，相对论与牛顿力学并不矛盾，可以把牛顿力学作为远远小于光速的极限包括相对论力学之中。狭义相对论的一个重要推论是质能等当定律，这是爱因斯坦1905年的另一篇论文《物体的惯性和它所含的能量有关吗》给出的，它将质量M与其能量E通过光速C联系在一起：$E=MC^2$。质能关系为后来原子核裂变中产生的能量提供了理论解释。狭义相对论的其他重要结论都得到了证实，它与量子力学结合产生的量子电动力学早已成为现代科学的重要基础。随着岁月的流逝，高速运动的人造物不断开发，相对论对自然科学所产生的重大效应，愈来愈显示出它的价值与正确性。

爱因斯坦相对论的根本意义在于提供了一种新的物理时空观。以牛顿—伽利略时空变换为标志的经典力学时空结构，是一种无场的时空结构。狭义相对论论证的洛伦兹—爱因斯坦变换本质上是电磁场的时空结构，一切包含电磁相互作用的场合它都会起作用。它的革命性的作用还不只是提供了一种具体的能有效地描述众多物理现象的时空构架，更重要的是以怀疑和批判的精神，为物理学的发展开辟道路，引起一场深刻的物理学革命。

三、弯曲的空间

狭义相对论创立之后，爱因斯坦就忙于它的推广。从1905年到1915年，他用了整整十年的时间酝酿广义相对论的创造。与狭义相对论不同，广义相对论几乎可以说是爱因斯坦的独功。爱因斯坦曾对他的一位学生，波兰物理学家英费尔德说：“要是我没有发现狭义相对论，也会有别人发现的，问题已经成熟了。但我认为，广义相对论的情况不是这样。”

广义相对论作为狭义相对论的推广，把运动的相对性从匀速的惯性系统推广到加速的非惯性系统，建立了一个引力场的时空结构理论。广义相对论也有两条基本原理，同加速系统和引力有关。一条原理叫广义相对性原理，即广义协变原理，主张自然定律在一切坐标系中应具有不变的形式。另一条原理叫等效原理，即匀加速参照系同均匀引力场在物理上等价。由这两条原理结合导出的引力场的时空结构的特征，可以用“弯曲的空间”来表述。

对于弯曲空间，生活在三维空间中的人类是不可能直观地理解的，因而常常导致困惑。1946年7月10日，一个英国女学生曼斯特从南非的开普敦写信给爱因斯坦，想要一个亲笔签名，又不知道他是不是还活着，信中说到她的同学们偷偷爬上房顶观星常常被抓又被罚，但不理解弯曲空间。爱因斯坦回信说：

亲爱的曼斯特：

谢谢你7月10日的来信。我不得不对我还活在世上向你表示歉意，我对此毫无办法。不要对“弯曲的空间”担忧，你以后总会明白这种状态是空间存在的最适宜的方式。“弯曲”这个词的正确使用与日常使用的这个词的意义不尽相同。

我希望以后你和你的朋友的天文观测不会让学校当局觉察到。这也是大多数的好公民对其政府的态度，我想这并不错。

广义相对论比狭义相对论难懂得多。中国到1946年才由湖南大学物理学教授田渠（1902—1958）为大学生写出包括狭义相对论和广义相对论的第一本教科书《相对论》。今日的物理系大学生也未必都能真正读懂广义相对论。英费尔德曾有一段回忆，说到爱因斯坦如何向他9岁的儿子解释广义相对论：

在1919年，爱因斯坦9岁的儿子爱德华问父亲说：“爸爸，你到底为什么这样出名?”爱因斯坦回答：“你看见没有，当瞎眼的甲虫沿着球面爬行的时候，它没发现它爬过的路径是弯的，而我有幸地发现了这一点。”

爱因斯坦把加速运动的相对性与“空间弯曲”等同看待。广义相对论给出的世界图像是一个弯曲的空间和不弯曲的时间相结合的世界。这种世界的二维模型是一个无限长的圆柱世界。在这样一个二维的弯曲的圆柱面上，物体运动的自然路径是围绕圆柱走一圈。

爱因斯坦依据他的广义相对论解释了水星近日点的运动，他所预言的光线在引力场中的弯曲和在引力场中的光谱向红端移动都已为实验证实。广义相对论预言的引力波，是当今一些物理学家所致力探索的重大研究课题，虽然好像有了一些间接的证据，但证明它确实存在还不知道要等多久。

广义相对论创立的艰难曲折，非狭义相对论可比。实际上，作为广义相对论逻辑前提的两个基本原理，并不是一开始就都找到并且顺当地推出各种结论的。爱因斯坦首先提出等效原理，对均匀引力场进行考察，建立起引力的场方程，进而找到满足使自然定律对一切坐标系都有效的方程——广义协变式，至今这个广义协变原理的物理意义仍然不能说是没有争议的。相对论的创建过程是一个思想演进的过程。

狭义相对论是针对牛顿力学和电磁场理论的不协调建立起来的时空构架。开始爱因斯坦试图修改牛顿的引力理论以适应狭义相对论的框架，但他很快发现此路不通。牛顿的引力理论与狭义相对论之间存在着尖锐的冲突。在牛顿的引力理论中，引力的作用是“超距”的，即引力的传递不需要任何的媒介物，而且力的传递不花费一丁点时间。按照牛顿的万有引力定律，地面上任何一个物体位置的变化，在遥遥太空中的另一星球会对这一物体的引力同时做出反应，即引力以无穷大的速度传递。而在相对论中，光的速度是一个不变的常数，而且它作为一切运动物体运动速度的极限，任何物体的运动、任何信号的传递，其速度都不可能超过光速。再者，根据狭义相对论，“同时”也是相对的，每个参照系都有自己的同时性标准，脱离参照系而谈引力作用也与狭义相对论相悖。在爱因斯坦看来，牛顿的引力理论与相对论的深刻冲突表明，没有涉及引力的狭义相对论还不具备物理学所需要的普适性，因而需要一个新的由相对性原理决定的其他形式的世界图像。

如何找出一种新的理论来解决这一问题呢？在狭义相对论中，相对性原理指的是在两个相互做匀速直线运动的参照系中一切物理定律的形式都相同，那么在做加速运动的参照系中呢？爱因斯坦认为，自然界应该是和谐而统一的，人们没有理由偏爱静止或匀速直线运动状态的惯性系，"必须把相对论从惯性系推广到非惯性系"。通过多方的考察和潜心的思索，爱因斯坦终于从伽利略（Galileo Galilei，1564—1642）发现的引力场中一切物体都具有同一加速度，即惯性质量和引力质量相等这一古老的经验事实中找到了突破口。爱因斯坦所熟悉的奥地利物理学家马赫（Ernst Mach，1838—1916）曾提出一个惯性原理，认为惯性并非是物质自身的固有属性，而是相对于宇宙中所有物体的一种属性。爱因斯坦深受启发。1907年，爱因斯坦提出等效原理，即引力场同具有相当加速度的参照系在物理上完全等价，把运动的相对性推广到加速系统。爱因斯坦在1919年写下的，但在他逝世以后才从其遗物中找到的文稿——《创建相对论的基本思想和方法》中，把这一发现称作"最愉快的思维"。他在其中叙述了他设想的一个思想实验：

"正如电场是由电磁感应所产生的一样，引力场同样只不过是一种相对的存在。因此，对一个从房顶自由下落的观察者来说，在他下落时不存在引力场——至少在他紧临的周围不存在。如果观察者松开任何物体，它们相对于观察者将保持静止状态或匀速运动状态，这与它们的特殊的化学性质和物理性质是无关的。（在这样的考虑中自应忽略空气的阻力）观察者有理由认为他的状态是静止的。

通过这样的考虑，在同一引力场中一切物体都以同一加速度下落这个非常难以理解的经验定律，立即显现出深刻的物理意义。即使只有一个物体在引力场中下落得和其他物体不一样，观察者也就能借助它辨别出他正在下落。但是，如果不存在这样的物体——正像经验以极高的精度证实了的那样——那么观察者就缺乏客观的根据能够认定自己在一个引力场中下落。相反，他倒有权利把自己的状态看成是静止的，并认为他周围没有（与引力有关的）引力场。因此，这个由经验所知的事实，即自由下落加速度与材料无关，是把相对性公设扩展到相互做非匀速运动的坐标系的一个强有力的证据。”

爱因斯坦从物体的惯性质量和引力质量相等引出等效原理并进而把相对性原理扩展到加速系统，即任何物理效应，如力学过程、光学过程，不仅在惯性系中，而且在加速运动的非惯性系中，都遵循相对性原理。这样，由于引力场的每一点附近都等价于一个局部的惯性力场，也即等价于一个相对于惯性系做加速运动的非惯性系，那么可推出在引力场中时钟变慢、光波波长变长、光线要弯曲等结论。设想一束光线射进一个惯性实验室，在惯性系中它会以不变的速度C做直线运动，而当让这个惯性实验室向上加速则这光线相对于这个加速运动的非惯性系必定向下弯曲。根据等效原理，引力场等价于加速场，那么射进引力场中的光束必定会发生弯曲。

1911年初，爱因斯坦被聘为布拉格德语大学正教授。对广义相对论的思考延伸到美丽的布拉格。到布拉格两个月后，爱因斯坦发表了《引力对光传播的影响》，其中计算了来自遥远处的星光从太阳旁经过时的弯曲量。爱因斯坦这位伟大的革新家告知人们，引力场中的光线要发生弯曲。

1912年10月，爱因斯坦迁任苏黎世工业大学教授，1912—1915年与他的朋友格罗斯曼合作解决了广义相对论的一些困难的数学问题，1913年发表了他们的合作论文《广义相对论纲要和引力论》，运用黎曼（Riemann，1826—1866）的几何学得到一个线性变换下协变的引力场方程。他立即写信给他所敬慕的马赫教授，报告他的新成果。但马赫对相对论却并不喜欢。1914年4月爱因斯坦又荣迁位于柏林的威廉皇帝物理研究所所长，在这里他最终完成了广义相对论。1915年爱因斯坦得到一个普遍协变的引力场方程，把牛顿的引力理论作为一级近似包括在其中，论文《引力的场方程》宣告“广义相对论作为一种逻辑结构终于完成了”。10年艰辛终成正果，辉煌的广义相对论大厦以傲人的风姿矗立在世人的面前。

广义相对论是一个比狭义相对论更为抽象而难于检验的物理学理论，以致被有些科学家称为“理论家的天堂，实验家的地狱”。当广义相对论的预言之一，光线在引力场中偏折，在1919年被阿瑟尔·爱丁顿（Arthur Eddington，1882—1944）率领的英国日食观测队证实后，爱因斯坦一夜之间名震全球。当时的英国皇家学会会长，资深的物理学家汤姆逊说：“广义相对论是人类思想史上最伟大的成就之一。”

广义相对论为现代宇宙学奠定了理论基础。

四、有限的宇宙

在广义相对论逐步完善后，爱因斯坦在1917年将它应用于对宇宙的考察，开创了现代宇宙学。他早期有限无界的静态宇宙模型，已被阿列克山大鲁·弗里德曼（1888—1925）等宇宙学家

黎曼，德国数学家，对数学分析和微分几何做出了重要贡献，其中一些为广义相对论的发展铺平了道路。他的名字出现在黎曼ζ函数、黎曼积分、黎曼引理、黎曼流形、黎曼映照定理、黎曼-希尔伯特问题、黎曼思路回环矩阵和黎曼曲面中。

发展为整个宇宙空间的弯曲随时间的流逝而变化的种种模型，其中从原始火球大爆炸开始的膨胀模型日后成为标准宇宙模型，为大多数宇宙学家所接受。

广义相对论使人类的时空观发生了巨大的变革，它否定了牛顿物理学中超越物质之外的空间和时间。用爱因斯坦的话讲，在牛顿物理学中，时空是物质存在的框架，如果物质消失了，时空框架还在。但是在广义相对论看来，如果物质消失了，时空也不存在了。

广义相对论的一个基本假定是引力质量等价于惯性质量。引力相当于加速度，牛顿力学中作为物质属性的引力被取消了，代之以时空的弯曲。于是，爱因斯坦得到了一个有限无界的宇宙模型。这是宇宙学史上第一个现代科学意义上的宇宙模型。

在传统有限宇宙与无限宇宙的争论中，有限宇宙论往往要遇到这样一个问题：如果有限，那么界限的外面是什么？在这种问题中，隐含着一个前提，即有限等同于有界。这是在牛顿物理学的欧氏几何框架中的必然结论。

古希腊欧几里得完成的欧氏几何是科学的模本。它通过几个简单的基本公理经逻辑演绎，推演出一个几何学大厦。这个大厦的骨架是由五条基本公理构成的。其中第五个公理是，通过直线外一点可以且只能做一条平行于它的直线。与前四个公理相比，这条公理不大像公理。多少世纪以来，一直有一些数学家企图证明，这条公理可以由前四个公理推导出来。这个努力一直没有取得成功，却发现，把这一公理换一个内容，仍然可以得到自洽的几何大厦。这就是非欧几何学。非欧几何学有两种，一种是黎曼几何学，亦称椭圆几何学，这种几何把二维球面推广到高维，所有直线都有交点，平行线不复存在。另一种叫罗巴切夫斯基几何学，亦称双曲几何学，这种几何中，过直线外一点可以做不止一条直线与给定直线平行。两种非欧几何学和欧氏几何学可以统一成一个大的几何学，欧氏几何学只是这个几何的一个特例。

现实的物理空间从地球的角度看是欧氏几何空间。但是广义相对论所描述的天文尺度的物理空间需要使用非欧几何学。在非欧几何学的框架下，有限未必有界。三维空间的弯曲可以通过人类的理性用数学来描述，但是人类的头脑却想象不出来，只能用二维球面做一个类比。二维球面也是一个有限无界的面，这个球面的面积是有限的，但是它既没有边界，也没有中心。三维空间的弯曲也可以形成类似的结果，在爱因斯坦的宇宙模型中，宇宙是一个封闭的三维球面，其直径为35亿光年，天体均匀地分布其中。

宇宙天体一般具有很大的质量，天体之间起主要作用的是引力。要定量地研究宇宙的演化，必须以引力理论为基础。牛顿的引力理论运用于宇宙学导致了许多荒谬的结果，而广义相对论的引力论却为宇宙学带来了一个光明的前景，第一次为现代宇宙学提供了动力学基础，建立了第一个自洽而统一的宇宙模型，开创了现代宇宙学的先河。

在爱因斯坦之前，宇宙无限、无边的观念长期占据着人们的头脑，以哥白尼、布鲁诺、开普勒、伽利略为代表的杰出人物促进了这一观念的形成。到了牛顿时代，牛顿力学更为这一理论提供了动力学依据，而且这种宇宙观和牛顿的无限绝对空间观念吻合。著名的奥伯斯佯谬和西里格佯谬动摇了牛顿宇宙学无限无边模型的基础。为了克服宇宙学的这两个悖论，人们寻找着种种解决的途径。18世纪有德国学者朗伯特（Johann Hemrich Lambert，1728—1777）提出了宇宙的等级模型，20世纪沙尔利叶（Carl Charlier，1862—1934）又从数学上改善了朗伯特的模型，通过修正实物在宇宙中均匀分布的假设，在古典物理学的基础上克服宇宙学的悖论。但这种解决办法本身也并非完美，而且存在着根本的缺陷。爱因斯坦指出：“在这种条件下，理论要求世界具有某种类似中心的东西，在那里星的密度是最大的，这个密度随着距中心的距离的远离而减小，远至无限处世界就是一片空虚。”而爱因斯坦则认为，这种观念无论是从科学观点还是从哲学观点来看都是不能令人满意的。

从整体上考察宇宙是现代宇宙学的出发点。牛顿理论因为无法考虑宇宙整体结构，于是引入了绝对空间。而广义相对论却非常符合宇宙的整体性要求，它把物质与时空有效地统一起来，使它们成为不可分割的整体。在牛顿的绝对时空中，时间和空间是绝对的，与其中是否有物质，有多少物质无丝毫关系。而且在这种几何学中，时空是无限的，这种无限又是不断重复的机械的无限，牛顿体系造成了无限时空观与动力学之间的矛盾。广义相对论否定了绝对无限的时空观，把宇宙描述为一个时空与物质的统一体，提出宇宙的动力学与宇宙的时空观必须在整体上协调统一的要求。在广义相对论场方程中，物质能量张量Tuv与宇宙中的全部物质相关，“宇宙的全部质量都要参与G场的产生”。G场反映了宇宙整体的引力效应，因此广义相对论成为宇宙整体的动力学基础。

以广义相对论为基础建立宇宙学，还能够把时空—物质与观测宇宙的演化联系起来，亦即时空—物质这个统一结构处于一个演化过程之中。更确切地说，现代宇宙学的时空—物质结构是与观测宇宙的一生相联系着的，观测宇宙有生有灭，也就是广义相对论的时空的开端和终结。就像一个人在没有空间和时间概念的情况下不能谈论宇宙中的事件一样，在广义相对论中超出宇宙的范围去谈论空间和时间同样变得毫无意义。

1917年爱因斯坦发表了他的第一篇关于宇宙学的论文《根据广义相对论对宇宙学所做的考察》，成为相对论宇宙学的开端，同时也标志着现代宇宙学的诞生。就是在这篇论文中，爱因斯坦提出了有限、无边、静态的宇宙模型。这是天体物理学上又一划时代的创造。文章深刻地分析了牛顿理论运用在无限、无边宇宙模型对解决宇宙问题所存在的困难，认为这些困难在牛顿理论的基础上几乎是无法克服的。

当然，也存在一条回避困难的捷径，就是认为把整个宇宙作为一个物理体系的动力学是不可能的。然而，这种“解决”办法并不能使爱因斯坦感到丝毫满意。他写道：“要我在这个原则性任务上放弃那么多，我是感到沉重的。除非一切为求满意的理解所做的努力都被证明是徒劳无益时，我才会下那种决心。”事实上，他从来没有准备下那种决心，而是抱着一种坚定信念，认为宇宙必定有可以为人所理解的普遍有效性，并为此而不懈努力。

但是，即使爱因斯坦也没有彻底摆脱传统思想的惯性。就如爱因斯坦所说：“最简单的可设想的解是一个静态的，在空间坐标中为球面或椭球面的，具有均匀分布的静止物质的宇宙。”为了满足这个解，爱因斯坦在宇宙均匀性原理的基础上，修改了引力场方程，在方程中引入了一个宇宙项，因为恒定的非零密度意味着一个不随时间变化的非零空间曲率，引入宇宙项便能为引力场方程找到一个合乎“宇宙学原理”的静态解，这样的结果也意味着宇宙是静止的。

这一宇宙常数项的引入，没有根据任何观测结果，而且在逻辑上也不是由方程中的其他项所决定的，在一定程度上破坏了理论的精美，连爱因斯坦本人也坦率承认：“这一项并不是理论本身所要求的，而且从理论的观点来看，它也不像是自然的。”

根据对场方程的修改，还可以得出，在空间无限远处的边界条件完全消失了，对于宇宙连续区的空间的广延可以理解为一个具有有限空间体积的自身闭合的连续区。这样宇宙不仅是有限的而且是无边的，爱因斯坦说：“在我们的宇宙中，固然物质不是均匀分布的，而是集中于各个天体之中；固然物质不是静止的，而是处于（比光速慢得多的）相对运动之中。可是，十分可能，在包含许许多多恒星的空间中得到的物质的平均（自然量度的）空间密度，在宇宙中接近一个常数。在这种情况下，在方程中必须补充一个具有平衡性质的附加项；这样，宇宙必须是闭合的，而它的几何学同球面或椭球面只有很小的或局部的偏离，就好像地球表面的外形同椭球面的偏离一样。”

其实在广义相对论中，爱因斯坦已经预言，现实存在的空间不是平坦的欧几里得空间，而是弯曲的黎曼空间，因为物质决定空间的度规。所谓度规可以大致理解为曲率。在欧几里得空间的场合，只有在宇宙中物质的平均密度等于零的条件下，才存在无限宇宙。这实际上是绝对空虚的无物质的空间。实际的宇宙空间只能是弯曲的黎曼空间，空间的度规特征由空间点上的物质及其状态来决定，物体质量越大、分布的密度越高，则引力场愈强、空间曲率越大，这可以通过引力场方程十分清楚地表达出来。方程的左边是描述空间几何性质的量，右边是描述物质分布的量，表明了引力场源的分布决定空间几何性质的定量描述。

爱因斯坦设想宇宙是有限的，从此入手很好地解决了牛顿宇宙模型所遭遇的困难。这种有限考虑之所以可能，是因为非欧几里得几何学的发展已促成对空间的无限性的怀疑，并为理解“有限而无边”提供了数学的条件。亥姆霍兹和彭加勒也已经对此作了清晰的论证。空间的有限性也不与我们的思维规律或经验发生冲突，而且也许最重要的是，空间的有限性同广义相对论容纳马赫原理有关。马赫原理是19世纪后半叶从马赫批判牛顿的绝对空间和绝对运动概念中演绎而来的，绝对空间被牛顿认为是惯性的起源，马赫则认为惯性起源于宇宙中物质之间的相互作用，而不是起源于什么绝对空间。1918年爱因斯坦把这一思想正式命名为“马赫原理”，并且在相当长一段时间把它作为建立广义相对论及其宇宙学的启发原理。而要想使马赫原理能得到实际的表述，宇宙的总质量必须是有限的。爱因斯坦写道：“马赫的思想仅仅同有限的、在空间上狭小的宇宙的假设相符合，而不同欧几里得几何学的无限空间的概念相符合。从认识论的观点看来，下述思想要正确得多，即空间的机械性质完全为物质所确定；这只有在空间上有限的宇宙场合下才是可能的。”其次，“假若物质在宇宙中的平均密度等于零，那也只有无限的宇宙才是可能的。虽然这种假设在逻辑上是可能的，但它和宇宙中的物质的有限的平均密度的假设比较起来，大概可能性还是较小的。”

宇宙的有限无限曾经是一个争议颇多的哲学问题，爱因斯坦也曾戏言：“宇宙究竟是无限伸展的还是有限封闭的？海涅曾在一首诗中说，一个白痴才期望有一个回答。”而爱因斯坦给这个问题以一个科学的解答方式。

归纳起来，广义相对论认为，宇宙空间是一个具有有限空间体积、自身闭合的连续区，由于天体的均匀分布，使有限自身闭合的连续区弯曲成高维球体，因而无边界，这样，有限无边静态的宇宙模型已全部完成。

怎样来更清楚地理解有限无边呢？通俗地说，在有限的宇宙空间里，朝着同一方向继续不停地向前进，最后便会回到我们的出发点，或者抽象地说，从宇宙空间里的一个点引一条短程线延长出去，终必回转到原点，其周长是有限的。像地球表面的总面积是有限的一样，爱因斯坦的宇宙模型的总体积也是有限的，或者更抽象地说，宇宙空间有一定的曲率半径。

而所谓静态，则指的是宇宙时空不随时间而变化。

爱因斯坦有限无边的宇宙模型，像他以前对经典物理学进行大刀阔斧改革一般，又是超乎人们的常识，使人们难以接受。因此从它诞生的那一天起，就经受着哲学上和科学上的种种磨难和考验。虽然直到今天它还很难用实验来精确检验，但这是第一次阐明黎曼的有限广延椭面几何学所对应的物理空间的本质，并成功地解决了牛顿宇宙论中的不可克服的矛盾，尤为重要的是爱因斯坦在宇宙学领域所进行的开创性工作，激起了众多物理学家和天文学家的极大兴趣和热情，一时间现代宇宙学领域可谓是百家争鸣、百花齐放。以相对论宇宙学为基石的新宇宙理论层出不穷，极大地促进了现代宇宙学的发展。

五、膨胀的宇宙

爱因斯坦的宇宙模型是静态的，但这个静态模型是不稳定的。根据这个模型，如果某个时刻宇宙受到了一个微扰，宇宙就沿微扰的方向发生变化。假如微扰使宇宙略微变小一点，所有物体之间的距离就会顷刻缩短，从而使引力增强，使宇宙继续收缩，使引力更强，这种正反馈将使宇宙最终缩为一个点。反过来，如果这个微扰使宇宙略微胀大一点，宇宙也会一直膨胀下去。如果宇宙开始膨胀，就意味着它将一直膨胀下去，那么它应该是从一个点膨胀起来的。

早在18世纪，康德（Immanuel Kant，1724—1804）和拉普拉斯（Pierre-Simon Laplace，1749—1827）就提出了关于太阳系演化的学说。太阳系既然有其起源、发展和灭亡，宇宙为什么一定是稳定不变的呢？1917年，荷兰著名天文学家德西特（Willem Silter，1872—1934）用与爱因斯坦所用的有宇宙常数相同的场方程构造了一个没有物质的、不稳定的、膨胀着的均匀平直宇宙模型。1927年，比利时物理学家勒梅特也独自产生了相似的理论。

亚历山大·弗里德曼，苏联数学家、气象学家、宇宙学家。他是用数学方式提出宇宙模型的第一人。

20世纪初开始，弗里德曼（A. Friedman，1888—1925）、罗伯特逊（H. P.Robertson，1903—1961）和沃克（A.G. Walker，1909—2001）先后对爱因斯坦的宇宙模型进行了动态分析，对爱因斯坦的引力方程重新求解，提出了三种可能的宇宙模型：开放模型、封闭模型和平坦模型。对于开放模型，宇宙是膨胀的，并且将一直膨胀下去。对于封闭模型，宇宙膨胀到一定程度，将会转而收缩，然后再膨胀，再收缩。平坦模型则是前两种的临界状态。现实宇宙究竟与哪一个模型更接近，还要由观测的数据做最后的结论。但是，无论哪一个模型，都预示着，宇宙有一个起点。在时间为零时，宇宙半径为零。也就是说，宇宙是从一个原始奇点发展起来的。奇点是一个很难想象的东西，但是在广义相对论宇宙学中是不可避免的。

爱因斯坦看到了弗里德曼的结果后，起初以为弗里德曼计算错误，但很快就接受了这个现实。他开始承认，他为了得到平衡解而引入的宇宙常数是没有意义的。爱因斯坦因此错过了对宇宙膨胀这一惊人事实的发现。伟大的爱因斯坦在时间、空间、宇宙的界限等许多方面突破了人类从前的认识，但是在宇宙的动静与否的问题上却未能意识到受传统观念的束缚。几年后，爱因斯坦承认，引入宇宙项是他一生之中的重大失误。而最先得到宇宙膨胀这一结果的弗里德曼却在三年后因伤寒不治而亡，年仅37岁。他未能活到自己的发现在1929年被哈勃的观测证实的那一天。

20世纪20年代初期，美国天文学家斯莱弗（V.M.Slipher，1875—1969）测定了41个星系的视向速度，发现大多数星系在远离我们。由于多普勒效应，这些星系的光谱就会发生红移——整个光谱向红光方向偏移。就如一个奔驰而来的火车的汽笛声会变得刺耳，远去时又变得发闷一样。运动物体发出的波在固定参照系的观察者看来会发生变化。迎向观察者时，波长变短，频率变高，对于光谱而言，就是蓝移。背离观察者时，波长变短，频率变低，对于光谱而言，就是红移。星系光谱的红移表明星系在远离我们，反过来，也可以根据红移的量计算出星系背离我们而去的退行速度。

所有的天体都远离地球，这并不意味着地球或者太阳系是宇宙的中心。这个情况还可以用球面来说明。如果气球上均匀分布一些斑点，把这些斑点看成是天体。当气球膨胀的时候，从任何一个斑点看来，其他的斑点都远离自己而去，它们的距离都在增大。在三维弯曲的封闭空间，或者一个三维球中，天体之间的远离也表明这个三维球也就是宇宙在膨胀。

1929年，哈勃（Edwin Powell Hubble，1889—1953）分析了他观测的24个星系，发现红移即退行速度与星系的距离成正比。这就是哈勃红移定律，其比例常数就叫作哈勃常数。星系的退行支持了弗里德曼等人的开放模型，也就是说宇宙在膨胀。如果宇宙在膨胀，它的过去一定比现在小，把时间一直向回推，推到时间的起点，宇宙就应该是无穷小，也就是说，宇宙是从一个非常微小的奇点生长出来的。

1932年，爱因斯坦和德西特联合发表一篇著名短文，宣布他放弃了静态宇宙模型及宇宙项。

1948年，美国物理学家伽莫夫（George Gamow，1904—1968）提出了大爆炸理论。伽莫夫假设宇宙的起点是一个高温高密的原始火球，它相当于广义相对论中的奇点。火球中的物质以基本粒子和辐射的状态存在，并发生剧烈的核聚变反应。火球爆炸，向各方向迅速膨胀，火球体积迅速增大，辐射温度和物质密度急剧下降，核反应停止，期间所产生的各种元素保留下来，成为

美国著名天文学家爱德温·哈勃，是研究现代宇宙理论最著名的人物之一，是河外天文学的奠基人。

构成今天宇宙中的各种物质。伽莫夫还预言，大爆炸将会有残余的辐射遗留下来，其温度只有绝对温度几开（K）。

这个假说解释了宇宙的膨胀，但是在其他方面遇到了问题，何况它过于新奇，很快被其他宇宙学假说所取代，被冷落了十几年。直到1964年，几位苏联科学家和几位英美的科学家又分别想到这个问题，他们得出的结论是，现在宇宙中应该存在绝对温度为几K的微波背景辐射，其厘米波段的辐射强度甚至要超过射电星系。美国的狄克（R.H.Dicke）、劳尔（P.G.Roll）和威金森（D.T.Wilkinson）设计了一个仪器寻找这个背景辐射。在他们的装置还没有完成的时候，传来了两位并非物理学家的工程师的意外发现。

20世纪60年代初期，美国贝尔电话实验室建造了一套巨型天线，用以接收卫星的微波信号，它的定向灵敏度超过了当时所有的射电望远镜。1964年，贝尔实验室的两位工程师彭齐亚斯（Arno Penzias，1933— ）和威尔逊（Robert Wilson，1936— ）对这套天线进行测试。为了检测天线的低噪声性能，他们避开微波源，将天线指向天空。结果在波长7.35厘米处发现了绝对温度3K左右的微波噪声。而且，无论将天线指向什么天区，微波噪声都存在。进一步的观测表明，这个微波噪声不仅与方向无关，也与时间无关，无论白天黑夜，无论春夏秋冬，这个噪声都没有变化。这个现象让他们困惑，他们曾怀疑是天线本

彭齐亚斯和威尔逊设计的天线

身的问题。1965年初，他们对天线做了彻底的清查，清除了他们在天线上发现的鸽子窝，但是，微波噪声仍然存在。这使他们相信，这种各向同性而均匀的噪声来自外层空间。由于天顶方向与地平方向的大气厚度不同，所以此噪声不会来自地球大气层；又由于银河系的物质分布并非各向同性，所以也不会来自银河系。因此，这种背景噪声只能来自更深广的宇宙。

作为工程师，他们并不知道宇宙学的理论发展，他们只是老老实实地把他们的发现发表在《天体物理杂志》上向同仁报告，他们在波长7.35厘米处测得的有效温度比预期值高2.5K~4.5K，没有一点宇宙学的想法。但是，正准备寻找微波背景辐射的狄克等人立即意识到其中的宇宙学意义，狄克、皮伯斯、劳尔和威金森同时在《天体物理杂志》上发表文章，指出彭齐亚斯和威尔逊所发现的就是大爆炸遗留下来的微波背景辐射。

经过进一步的测量，微波背景辐射的温度约为2.7K，所以称之为3K宇宙背景辐射。彭齐亚斯和威尔逊的偶然发现拯救了大爆炸宇宙论，也使宇宙学成为显学。彭齐亚斯和威尔逊也因此获得了1978年度的诺贝尔物理学奖。

对历史的回溯看起来简单明了，但实际上直到20世纪50年代，大多数物理学家都不认为研究早期宇宙的细节是一个严肃的科学工作，另外由于文献交流的手段比不上今天，进行宇宙学思考的科学家并不很清楚地知道他人的工作，单是宇宙背景辐射就被独立发现了许多回。这种交流的匮乏也有政治的原因。到了1983年，人们才知道苏联也有一位与彭齐亚斯和威尔逊相似的无线电物理学家什茂诺夫（Tigrar Shmaonov），他早在1957年就发现了宇宙背景辐射，并用俄文发表，但是他本人和周围的其他人都不知道这个发现的重要性，而知道其重要性的欧美科学家并不知道他的工作。什茂诺夫本人也是到了1983年才知道大爆炸的预言和彭齐亚斯与威尔逊的发现，而后者已经在5年前因为他们1965年的发现拿到了诺贝尔奖。

如果宇宙背景辐射是大爆炸的遗迹，那么它应该具有黑体辐射的特性，也就是说，它应该处于热平衡的熵最大状态。1989年11月，美国发射了一颗宇宙背景探索卫星（COBE），在没有地球大气干扰的地球轨道上对宇宙背景进行观测，卫星观测的大量数据表明，宇宙背景辐射谱与黑体辐射的理论值极其吻合。于是，大爆炸理论模型被更多人接受。

把宇宙3K背景辐射和河外星系的红移结合起来，大爆炸就是一个自然的结论。随着宇宙的膨胀，背景辐射的温度会下降，半径增加一倍，温度降低一半。反过来推，宇宙早期不仅非常小，也非常热。回推到宇宙诞生的30亿年，宇宙温度是4000K，回推到宇宙诞生1秒钟的时候，宇宙温度是100亿K，根据高能物理，此时的宇宙成分只能是一些基本粒子。再“冷”一些的时候，核反应才能够出现，中子和质子先聚合在一起，进一步聚合成氦原子核。氦核的活动大约持续了3分钟，用完了所有的中子，剩下的质子就成了氢原子核。因而宇宙的主要成分应该是氢和氦，它们的比例为4∶1，这一点与天文观测的结果极为吻合。宇宙中某一元素的量与氢元素之间的比例称为元素的丰度，迄今为止，大爆炸理论计算出来的各种元素的丰度与天文观测得到的结果符合得很好，这也是支持大爆炸理论的重要证据。

大爆炸理论的标准模型也有一些不能解释的问题。在谈论到大爆炸宇宙学时，需要指出宇宙和可见宇宙或者观测宇宙的区别。由于光的传播速度是有限的，我们所能看到的最大的宇宙尺度就是光速乘上宇宙的年龄。随着宇宙年龄的增大，我们所能看到的宇宙范围也随之增大。以此回推到宇宙诞生10^{-35}秒，温度为3×10^{28}K的时候，可见宇宙的半径为3毫米。今天宇宙中的所有物质和能量都在半径3毫米的三维球内。但是，从宇宙诞生到10^{-35}秒，光只能前进3×10^{-27}米，这被称为视界尺度，它远远小于反推出来的3毫米。由于早期宇宙视界过小，出现了一个磁单极问题。早期宇宙存在大量的磁单极，而现在的宇宙并没有观测到磁单极，所以需要有一个使极性相反的磁单极彼此综合的机制。1980年，美国青年粒子物理学家古斯（Alan Guth，1947— ）提出了一个想法，可以解决上面两个问题。他认为在宇宙大爆炸的极早期从10^{-35}秒到10^{-33}秒宇宙经历了短暂的加速膨胀，这个膨胀幅度极为巨大，可以使宇宙从10^{-27}米的尺度膨胀到今天的可见宇宙的尺度。这个阶段称为暴胀。暴胀的原因是一种反引力的作用，其具体机制可由高能物理的新进展得到解释。暴胀之后，宇宙又进入“正常”的膨胀。暴胀的大爆炸宇宙模型很好地解释了今天的大多数天文观测。需要指出的是，暴胀理论并没有实验上的证据，它只是对大爆炸理论标准模型的理论补充的一种。

经过几十年发展，大爆炸学说已经得到公认的宇宙学模型。大爆炸模型描述了宇宙创生到现在从简单到复杂的演化过程，物理学家甚至已经能够回推出宇宙诞生10^{-44}秒的状态。

包含了暴胀阶段的大爆炸宇宙模型所描述的宇宙演化过程大致如下：

创生期：这是物理学家所能推算出来的最早的宇宙时期，时空本身在这一阶段形成。相应的宇宙年龄为10^{-44}秒~10^{-36}秒，这一阶段的动力学应该用量子引力学或者量子宇宙学来描述。物质的相互作用形式为超统一和大统一。

暴胀期：这是宇宙的极早期，时间在10^{-36}秒~10^{-32}秒，由于大统一相变，宇宙在这段时间里的膨胀大大超出了“正常的”大爆炸速度，所以称为暴胀。宇宙的不对称性开始形成，夸克、胶子等粒子在此期间产生。暴胀之后，宇宙又恢复了“正常的”膨胀速度。

核合成时期：这是宇宙的早期，年龄大约在100秒。这是各种轻元素的形成时期，氦、氘、锂等在此阶段形成。

近期：宇宙年龄到10万年时，宇宙温度下降到4000K，宇宙变得透明，从相当均匀的状态演化到有各种结构的状态，各种尺度的星体及星系在这一阶段形成。到现在，宇宙冷却到3K，已有约150亿年高寿。

大爆炸理论的重要支持除了星系光谱红移、3K宇宙背景辐射和天体构成的元素丰度之外，还有一个旁证，已观测的所有天体的年龄都不超过200亿年。

任何一门科学理论都没有穷尽客观世界的规律。广义相对论也将随着科学实践的发展而发展。从20世纪50年代末到70年代初，对广义相对论经典理论的研究已经大大深化，其数学结构和理论的蕴含能够更加清楚地显示出来。一些新的引力理论如规范场理论、超引力论、量子引力论等也给广义相对论引力论带来了新的活力，可以相信，随着科学实践和理论的更深、更高、更广的发展，广义相对论一定会趋于更完美。人类对宇宙创生和宇宙未来的认识，也将会有突破性进展。这正如爱因斯坦所说："我认为人类对世界的可理解性是一个奇迹，……而且它随着我们的认识的不断发展而加强。"

物理学对最大客体宇宙的研究和对最小客体基本粒子的研究有着密切的关系。高能物理领域每一次进展都使大爆炸理论变得丰富。按照大爆炸理论，宇宙的演化是从高温到低温，从高能到低能；物理学的发展则是从低温到高温，从低能到高能。牛顿物理学所处理的是能量最低、相互作用最弱的物理现象。要研究越早期的宇宙，就需要越高能的物理学。于是，对物质的基本构成及相互作用规律的研究，和对于宇宙的起源的研究就成了一个硬币的两面。人类的理智在最基本的问题上聚合在一起了。

地球乃至太阳系都只是茫茫宇宙中的小颗粒。人类是这个颗粒上的微尘。作为宇宙演化的一个小小分支，人类的身体中仍然保留着宇宙演化的遗迹。人体中的微量元素是50亿到100亿年前超新星爆发时产生的；铁、碳、氮、氧、钙等是在恒星阶段产生的；锂、铍、硼等，则来自星际环境中的宇宙线。最轻的元素氢和氦，则是宇宙早期的产物。作为个体的人的生命与宇宙相比只是短暂的一瞬，它的命运可能与宇宙的变化无关。但是人类的命运与宇宙的变迁有着密切的关系。

大爆炸理论并不是一个上帝创世纪的理论。这是一个对宇宙演化的物理学的解释。人类自身也是宇宙演化的一个产物，大爆炸理论和大统一理论是人类理性的野心和雄心，我们可以把这理解为一个孩子要追问他最早最原始的那个祖先，也可以理解为一个人造的机器人想要研究人类的奥秘。但是，人类的奇特之处在于，这种野心经过几千年的努力竟然有了一个眉目。人类似乎已经知道了我们从哪里来。当然，也许几千年以后的人们会把我们今天的理论看作神话，就像我们看待上帝创世纪一类的故事。

我们要到哪里去，宇宙的命运将会如何？这是人类仍然要关心、要理解的问题。

从量子论到粒子物理学

对于物理学来说，20世纪是量子的世纪。刚一迈进20世纪的1900年，普朗克就提出了能量原子的概念，从而诞生了量子论。很快，从旧量子论到新量子论——量子力学，再到量子场论和统一场论，成为一个庞大的学科，而且，它的发展导致了人们日常生活的巨大变化。相对论对于人类的影响在于时空观念等哲学性的抽象层面，而量子力学由对物质内部的认识出发，所延伸出来的基于量子力学的技术则对人类的日常生活产生了影响。想一想晶体管和激光以及电视机、多媒体电脑和光纤连接的互联网，或许会更深地领会“量子世纪”的含义。当然，量子力学同样在哲学层面对人类的思维方式产生了毫不亚于相对论的冲击。即使在量子论已经诞生了近100年后的今天，人们对它仍然感到不习惯，犹如走惯了平整的马路，忽然要在布满钉子的路面上跳跃。

一、能量的原子性

麦克斯韦（James Maxwell，1831—1879）的电磁场理论把光作为电磁现象包括在其中，但是它只能解释光的传播问题，而对于光的发射和吸收问题则无能为力。正是这个问题成为量子论发展的起点，它导致人们对于能量原子性的认识。

能量子的发现

19世纪中叶，冶金工业的迅速发展所要求的高温测量技术推动了对热辐射的研究，位居欧洲工业强国的德国成为这一课题的发源地。所谓热辐射就是物体被加热时发出的电磁波。所有的物体都发射热辐射，而且凝聚态物质发射的连续辐射很强地依赖于其自身的温度。一个物体被加热时从发热到发光，从发红光到发黄光、蓝光直至白光。1859年，柏林大学的基尔霍夫（Robert Kirchhoff，1822—1887）在实验的启发下，提出用黑体作为理想模型来研究热辐射。所谓黑体是指一种能够完全吸收投射在其上的辐射而无任何反射，看上去全黑的理想物体。物理学家维恩（Wilhelm Wien，1864—1928）于1896年从理论上分析得出，一个带小孔的空腔的热辐射性能可以看作一个黑体。实验表明，这样的黑体所发射的辐射能量密度，只与其温度有关，而与其形状和组成它的物质无关。黑体在任何给定的温度下发射出具有特征频率的光谱。怎样从理论上解释黑体的能谱曲线，成了当时热辐射研究的重要问题。1896年维恩根据热力学的普遍原理和一些特殊的假设，提出了一个黑体辐射能量按频率分布的公式，史称维恩辐射定律。普朗克就在这时加入了热辐射研究。

1900年，普朗克为了解释黑体辐射光谱的能量分布曲线，凑出了一个与实验结果非常吻合的公式，但这个公式无法从古典物理学的基本原理中推导出来。普朗克发现，如果此公式成立，必须假设黑体辐射所发射或吸收的能量不是连续的，而是一份一份的。根据实验数据，普朗克反推出最小份额能量的大小。反过来推，凑公式，这似乎不是一个好学生的作为，后来却成为物理学家的一个常用方法。按照普朗克的说法，一个辐射的能量E等于其频率ν乘上一个常数h，即$E=h\nu$，常数h后来被命名为普朗克常数。

马克斯·普朗克，德国物理学家，量子力学的创始人，因发现能量量子对物理学的进展做出贡献，并获1918度诺贝尔物理学奖。

这就意味着能量也像物质一样具有原子性——能量的分立性或不连续性。在微观世界里，路上到处都是陷阱，能下脚的地方反而很少，犹如一个钉板。在宏观世界里我们没有感受到钉子，只是因为钉板对于人来讲太密，几乎看不到钉子间的任何缝隙。但对一个原子来说，它则必须在钉子尖上跳来跳去。这种观念即使普朗克也不愿接受，但他却因他所不喜欢的成果获得了1918年度的诺贝尔物理学奖。

光量子的发现

1905年，爱因斯坦26岁，为了解释光电效应，把能量子的概念推广到光，认为光或者电磁波在传播过程中的能量也是一份一份的，每一份能量E等于光的频率ν乘上普朗克常数h。爱因斯坦因相对论而名闻世界，许多人会猜想他一定因相对论而获得诺贝尔物理学奖，但事实上他获得1921年度诺贝尔物理学奖的原因却是以光量子论解释了光电效应。

爱因斯坦有关量子论的成功的和不成功的10年研究工作大致有如下各项：（1）1905年发表《关于光的产生和转化的一个启发性观点》，提出光量子理论并认为光的时间平均效果表现为波动而瞬时效果则表现为粒子，第一次揭示了光的波粒二象性；（2）1906年发表《论光的产生和发射》和《普朗克的辐射理论和比热理论》，前者指出量子论的弱点是与波动过程没有密切关系，和基元过程对时空是偶然性的，后者由于把能量子的概念推广到物体的内部振动，较好地解释了低温下的固体比热同温度的关系；（3）1909年发表关于辐射的本质和组成的论文，设想麦克斯韦方程除波动解外还可能有奇点解；（4）1912年把光子的概念应用于化学，建立了光化学定律；（5）1916年发表综合量子论发展成就的论文《关于辐射的量子理论》，提出关于辐射的发射和吸收过程的统计理论，为此后激光的诞生提供了理论基础；（6）1921年发表《关于发射的基本过程的有关实验》，提出关于光的经典波动理论和量子理论的判决实验，后来发现此设计并不具判决性；（7）1923年发表《场论提供了解决量子问题的可能性吗?》，提出用超定方程在波动和量子之间建立联系。

爱因斯坦本人一开始就意识到量子论的“革命性”，在1909年，他已把这个领域的研究看作尚不能窥其全貌但“无疑有极大意义的发展过程的起点”。到1922年，他甚至说量子论的研究成果已使“理论物理学的基础受到震撼，实验要求在新的更高的水平上找到描述自然的方法”。他一直致力于建立辐射的波动结构和量子结构统一的数学理论，但他的工作和思想长期不为世人所重视。爱因斯坦的光量子理论几乎遭到所有老一辈物理学家的拒绝。首先提出量子概念的普朗克甚至认为爱因斯坦迷失了方向。在爱因斯坦之后把量子概念引入原子结构以解释光谱线的玻尔（Niels Bohr，1885—1962），为建立物质的量子理论提供了新途径，但他也没有积极承认光量子论。玻尔的原子理论中的定态跃迁，本来可以借用光量子概念去解释，但他却千方百计地要从经典模型中寻求对辐射的量子性的理解。美国物理学家密立根（Robert Andrews Millikan，1868—1953）是一位有远见的例外者，他在完成电子电荷的测定之后立即转向爱因斯坦光量子假说的实验检验，经10年之功而获得的结果发表在1916年的论文中。作为论文的结论，密立根说:“看来，对爱因斯坦方程的全面严格的正确性做出绝对有把握的判断还为时尚早，不过应该承认，现在的实验比过去的所有实验都更有说服力地证明了它。如果这个方程在所有的情况下都是正确的，那就应该把它看作是最基本的和最有希望的物理方程之一，因为它可以确定所有的短波电磁辐射转换为热能的方程。”爱因斯坦的光量子理论遂得以公认，并获1921年度诺贝尔物理学奖。1926年，刘易斯（Gilbert Lewis，1875—1946）称光量子为“光子”，这个词很快被广为接受，流行起来。后来形成物理学的一个专门的分支学科——光子学。

爱因斯坦的光量子论首次揭示了光的“波粒二象性”。在17世纪，关于光的性质曾经有两种看法，以牛顿为代表的一些物理学家认为光是一种粒子；以惠更斯为代表的另一些物理学家认为光是一种波动。由于牛顿的声望和实验水平的限制，粒子说先期独占上风，进入18世纪后，粒子说因不能解释光的衍射实验而为波动说所取代。爱因斯坦的光量子论不是简单地复活了粒子说，而是通过瞬时效应的粒子性和长时间平均的波动性，把光的波动性和粒子性统一了起来。

原子能级的发现

放射性大概是19世纪留给20世纪的最有震撼力的科学遗产，它导致了人类对物质结构的认识的巨大进步，在20世纪100年诺贝尔物理学奖和化学奖得主的名单中，有半数以上是因为他们在这方面做出了贡献。1895年德国物理学家伦琴在研究阴极射线的时候偶然发现了穿透力很强的X射线，1896年法国物理学家贝克勒尔发现铀盐能自发地发射不可见的射线，1897年英国物理学家汤姆逊证实阴极射线实际上是比氢原子质量小得多的带负电的微粒——电子。1899年英国科学家卢瑟福（Ernest Rutherford，1871—1937）用铝箔来检验铀放射线的穿透能力时发现了它含有α射线和β射线两种成分，1900年法国科学家沃拉德（P.U. Villard，1860—1934）又发现铀射线中第三种成分γ射线。不久就查明，α射线是荷正电的氦原子核，β射线其实是高速运动的荷负电的电子流，γ射线则是一种比X射线的波长还短的电磁波。

这时物理学家们已确信原子是有结构的，至少里面有正电和负电。1904年汤姆逊提出了一个电球模型，带正电的物质和带负电的物质像面包中的葡萄干一样相互镶嵌在一起。1909年洛伦兹在其《电子论及其在热辐射与光现象的应用》中用原子中的电子振动解释光谱线的产生及光谱线的正常塞曼分裂。1910年德国物理学家哈斯（Arthur Erich Haas，1884—1941）首先把能量子的概念同汤姆逊的模型结合起来，用于讨论氢原子的光谱线，推出里德堡常数的理论表示式。1911年卢瑟福（Ernest Rutherford，1871—1937）用α粒子这把“锤子”敲开原子，发现原子的内部非常空虚，其绝大部分质量集中在原子尺度万分之一大小的中心，而只有原子尺度万分之一大小的电子绕着那同样大小的质量核心运动，犹如一个小太阳系。那么电子绕之旋

约瑟夫·汤姆逊，英国物理学家，电子的发现者，获得1906年度诺贝尔物理学奖。

转的原子核是什么？由于多数原子的原子量是整数，即原子的质量是氢原子的整数倍，人们想起了1815年英国化学家普劳特（W.Prout，1785—1850）提出的假说，即所有的元素都是由氢元素构成的，并把氢原子核命名为“质子”，用一个含义为“基础”而又同“普劳特”谐音的古希腊文表示它。电子绕核运转与行星绕太阳稳定运转不同，因为电子带有电荷，而按电动力学，运动的电荷要辐射能量，并因而使运动速度减慢，所以电子最终会降落在原子核上去。就是说，卢瑟福的原子核模型是不稳定的。

1913年，玻尔从原子光谱的特征谱线出发，根据普朗克的量子论提出了一个氢原子模型，对卢瑟福的原子模型做了一些量子化的补充，既成功地解释了氢原子的线状光谱，又解决了卢瑟福太阳系式的原子模型不稳定的困难。玻尔假定原子的能量状态也是量子化的，按能量的高低

玻尔，丹麦物理学家，哥本哈根学派创始人，研究原子结构和原子辐射，获得1922年度诺贝尔物理学奖。

排列成不同水平的能级，犹如一排高低杠。能量最低的能级叫“基态”，比基态高的那些能级叫作“激发态”。电子绕核运动的轨道分别对应于原子的相应能级，所以它们不再被看作是连续的，而是按能级水平分立存在的。这样电子绕核旋转的角动量必须满足一个量子化条件$nh/2\pi$，它与普朗克常数h有关，并且可以从普朗克能量子假设推出。电子通常在相应于原子基态的轨道上绕转，只有它获得了一份能量，比如说被一个光子打中，而这个光子的能量又正好等于基态与某激发态之间的能量差，电子就会吸收这个光子能量突然跳跃到相应的激发态。因为这种跳跃被假定是没有时间过程的，所以叫作“跃迁”。跃迁到激发态的电子并不永久稳定地在那条轨道上绕转，它会自动地跃迁到基态或者能量低一些的激发态，并放出一个能量等于两个能级能量差的光子。按照爱因斯坦的光量子理论，这光子的能量等于普朗克常数与频率的乘积。所以氢原子的发射光谱和吸收光谱必然是分立的线状光谱，因为氢原子的能级结构决定着它只能接收或放出与能级差相应的特定频率的光。根据这些苛刻而又简单的规则，玻尔算出了与实验值出奇吻合的氢原子光谱结构。1915年德国物理学家索末菲（Arnold Sommerfeld，1868—1951）把玻尔的原子推广到椭圆轨道，并考虑了电子的质量随其速度而变化的相对论效应，导出光谱的精细结构，这也同实验高度相符。因为对原子结构和辐射研究的贡献，1922年度的诺贝尔物理学奖授予了37岁的玻尔。

二、电子的二象性

在爱因斯坦和玻尔两位物理学大师的影响下，描述量子世界的理论沿两个方向发展。受爱因斯坦关于光的波粒二象性思想影响，法国物理学家路易斯·德布罗意（Luis de Broglie，1892—1987）于1923年提出电子也应具有波粒二象性，1924年他又提出电子的轨道运动伴随“相波”。德国物理学家沃纳·海森堡（W.K.Heisenberg，1901—1976）放弃玻尔原子轨道概念而直接从光谱的频率和强度的经验资料出发，于1925年创立了矩阵量子力学。翌年，埃尔文·薛定谔（Erwin Schrödinger，1887—1961）又在改进德布罗意物质波理论的基础上创立了波动量子力学。随后，薛定谔又证明矩阵和波动两种量子力学的数学等价性，两个方向殊途同归。稍后不久理查德·费因曼（Richard Feynman，1918—1988）又发展出它的第三个等价物——路径积分量子力学。对这些形式不同而本质一样的量子力学，不是可用三言两语能说清楚的。而由它进一步发展出来的量子场论，是如何能够对那种类数以百计的肉眼看不见的微观粒子进行统一描述，对于一般公众则是更难以说明白了。好在物理学家们提供的一些很生动的比喻，有助于我们理解量子世界的奇异性。

波粒二象性

1923年秋，一位由学历史学而转学物理学的法国青年物理学家德布罗意提出，光的波粒二象性可以推广到一切物质，叫作物质的波粒二相性，物质波的波长λ与其动量p的乘积等于普朗克常数h。物质越是微小，波的性质表现得越为明显，并且预言电子穿过小孔时会发生衍射。1925年美国物理学家戴维逊（Clinton Joseph Davisson，1881—1958）和革末（Lester Germer，1896—1971）通过衍射实验证实了电子的波动性，波粒二象性遂作为微观粒子的普遍行为特征被广为接受。

所谓波粒二象性，不严格地讲，它指称的是“时而为波动时而为粒子”的一种表现。这可能令人想起四川传统戏曲中的一种绝活。戏台上面对观众的演员，在众目睽睽之下，猛一回首之瞬，就换上一种新面孔。变脸高手可以连变数种，比如情感方面的喜、怒、哀、乐，色觉方面的红、黄、蓝、白，以及道义方面的善、恶、忠、奸……我们的“波粒”也会变脸，不过它只有两副面孔，它的一副面孔是“波”，而另一副是“粒”，变来变去。

波粒二象性的严格表述不用“时而为波动时而为粒子”，因为这会使人误以为它“既是波又是粒子”，因而才可时而表现为波动又时而表现为粒子。实际并非如此，它既不是波动也不是粒子，而是“波粒子”。所谓波粒子，意指它在一种条件下表现为波动而在另一种条件下表现为粒子。而且，这里所说的波动和粒子，都是由经典物理学定律严格界定的。可由经典波动方程描述的行为称之为波动性，可由经典粒子运动方程描述的行为称之为粒子性。而波粒子究竟表现出什么样的行为取决于人们观察它的方式。对于光来说，当我们用干涉仪一类的科学仪器观测时，其结果可由波动方程描述，我们说看到了波动；而当我们用计数器一类的科学仪器观测时，其结果则可由粒子运动方程描述，我们说看到了粒子。

矩阵量子力学和波动量子力学虽是分别从粒子和波动两个不同侧面为出发点建立起来的以描述微观现象为直接目标的动力学理论，但其概念体系中并没有可与经典的波动和粒子直接对应的概念。严格地说，量子力学方程足以描述波粒子，其逻辑体系本身并不需波粒二象性之类的概念。只是因为测量仪器的经典性使其所得到的结果必须运用波动和粒子的经典概念，于是有关波粒二象性的解释才成为量子物理学家长期争论的中心问题之一。

矩阵量子力学与不确定性原理

在索末菲轨道量子化条件提出后，1916年厄任费斯特（Paul Ehrenfest，1880—1933）提出绝热不变量假说，玻尔受厄任费斯特的假说和爱因斯坦光发射吸收理论的启发，从1917年开始着手完善他的光谱线理论，发展出对应原理。海森堡沿着对应原理的方向发展出矩阵量子力学。海森堡是索末菲和玻恩的学生，1923年获得博士学位时只有22岁。他在1925年5月养病期间产生了一个非常大胆的想法。传统的物理学所描述的对象都有着具体的可以想象的形态，所以人们要追问原子是什么样的，电子是怎样绕原子核转动的，转动的轨道是怎么样的。但是微观世界的一切已经远离了人们的经验，亚原子粒子的行为已经无法被人的感官所感知，人们所看到的只是仪器的读数照相底片上的痕迹和云室中气泡的轨迹，海森堡认为，理论只需要描述这些东西，而不必要理会电子的什么轨道。于是他提出了一种以可观测量为基础的微观世界的物理学，利用电子坐标的傅立叶分析把电子的运动表示为频率和振幅的方程，其数学的形式特征为A乘B不等于B乘A。这种物理学是对于物理学传统的反叛，24岁的海森堡还不敢确信自己工作的价值，他的老师玻恩（Max Born，1882—1970）发现这种数学实际上是数学家在70年前发明的矩阵。玻恩与约丹（P. Jordan，1902—1980）一起用矩阵数学发展了海森堡的思想，于1925年9月发表了《量子力学》。1926年11月英国物理学家狄拉克（P.A. M.Dirac，1902—1984）仿照经典力学的形式引入量子泊松括号，把量子力学的基本方程改造成更具普遍性的形式。1926年玻恩与维格纳

沃纳·海森堡，德国物理学家，量子力学的创始人之一，1932年度诺贝尔物理学奖获得者。

（Eugene Wigner，1902—1995）又用算符理论推广了矩阵量子力学，一个基本的关系是［A，B］$=ih$。从算符对易关系可以看出普朗克常数h的物理意义，$h=0$对应着经典力学的对易关系。

抛弃电子轨道概念的矩阵量子力学所遇到的第一个物理学上的难题是，如何描述电子运动所造成的宏观径迹。1926年春，爱因斯坦向海森堡提出威尔逊云室内电子径迹的描述问题。海森堡当时未能回答爱因斯坦的质疑，但回去不久就想出了“不确定性原理”作为解决这类问题的基本方案。1927年3月，海森堡发表了不确定性原理：不能同时准确地规定一个粒子的位置和动量，位置规定得越准确则动量越不准确，反之动量规定得越准确则位置越不准确，两者的乘积满足一个不等式，即不确定性关系，两者不确定度的乘积与普朗克常数的数量级相同。根据这一原理，如果精确规定一个粒子的位置，那么它的动量将可能是从零到无穷大；反之如果精确规定了一个粒子的动量，那么它的位置就会弥散到整个空间，就是说一个粒子可以同时既在这里又在那里。后来发现，不确定性关系可以从量子力学数学体系导出，因而它实际上是量子力学理论的一个推论。

沃纳·海森堡，德国物理学家，量子力学的主要创始人，“哥本哈根学派”的代表人物，1932年诺贝尔物理学奖获得者。

对于不确定性关系的理解，在海森堡和玻尔之间也发生了一场争论，并导致玻尔提出互补原理。海森堡认为，不确定性原理指示了位置或动量之类的经典概念在量子力学中适用的界限，亦即揭示了粒子图像的局限性。而玻尔则认为，它所指示的既不是粒子物理语言的不适用性也不是波动物理语言的不适用性，而是同时运用这两种语言的不可能性，尽管只有同等地应用它们才能给我们提供一种关于自然的完备描述。1927年9月玻尔提出了他的互补原理：在量子力学框架内用经典物理概念描述原子现象，不可能具有像经典物理学所要求的那种完全性，因而必须使用互相排斥又互相补充的经典物理学概念，才能对现象的各个方面提供一个完全的描述。互补原理已经上升到哲学的认识，指出人类语言在描述自然现象上的局限性，像粒子与波、连续性与非连续性，它们的单独使用都只能描述自然现象的一个侧面，它们的结合使用才能构成对自然的完整认识。所以说互补原理与不确定性原理不同，它不是量子力学本身的推论，而是对量子力学的一种具有哲学性的物理解释。也有物理学史学家认为，玻尔的互补原理思想实际上早于不确定性关系。

波动量子力学与几率幅

1926年瑞士物理学家薛定谔发表4篇论文，把德布罗意的相波发展为物质波，与算符理论相结合建立了物质波所满足的方程——薛定谔方程，方程中有一个代表物质波的波函数。普朗克常数h也出现在方程中，并且起着联系波动性和粒子性的作用。薛定谔依据这方程推导出氢原子的能级结构，并且证明了它的波动量子力学与矩阵量子力学的数学上的等价性。

埃尔文·薛定谔，奥地利物理学家，概率波动力学的创始人，1933年获诺贝尔物理学奖。

这稍晚于矩阵量子力学出现的波动量子力学，受到了大多数老一辈物理学家的认同，但矩阵量子力学的创立者们并不喜欢它，并认为它没有必要。它所遭遇的第一个困难类似于矩阵量子力学的云雾室中电子径迹的解释问题。在薛定谔看来它的方程所描述的物质波是实在的，世界的本质是波动而粒子只不过是波密集而成的波包。当只把波动方程用于描述束缚于原子内部的电子运动时，由于闭合轨道可以形成驻波而不显现其困难，但当把它用于描述一个自由电子的运动时，问题就出现了。因为按经典波动理论，运动的波包会分散开来的，不可能给出稳定的粒子形象。这就表明薛定谔方程所描述的波不是真实存在的波，亦即方程中的波函数本身并不代表任何实在的波动。那么如何理解薛定谔的波函数的物理意义呢?

1927年6月玻恩通过对一个直线运动着的电子碰撞一个静止的原子的案例分析提出了一种统计解释，认为波函数的平方代表粒子在某地出现的几率，因而波函数是几率幅，它代表的是一种非真实的几率波。也就是说，量子力学的计算并不告诉我们一个电子在什么地方，只是告诉我们一个电子在某处出现的几率，即它出现在某处的可能性有多大。

薛定谔提出一个他称之为荒谬的例子，史称“薛定谔猫”，以反驳玻恩的这种几率解释。一只猫被关在坚固而密闭的箱子中，箱子里放有由放射性物质控制的凶杀机械，这放射性弱到一小时内只可能有一个原子衰变或不衰变，如果有一个原子衰变了猫就会被凶杀机械杀死，否则这猫就活着。在一小时后这猫将处于什么样的状态呢？如果你不开箱，它处于半死半活的状态，而你一旦打开箱子看它，则只能是活猫或死猫。这就是量子力学态迭加原理用于猫——凶杀器系统的佯谬。

爱因斯坦——玻尔论争

爱因斯坦和玻尔，两位历史上最伟大的物理学家。

尽管玻尔和海森堡对量子力学的理解有差别，但他们都认为它对现象的描述是完备的。而在爱因斯坦看来，量子力学对现象的描述是不完备的。爱因斯坦还戏称互补原理为“玻尔—海森堡绥靖哲学”。基于学术观点的严重分歧，爱因斯坦和玻尔之间展开了长期的论战。这场论争分为三个阶段：第一阶段在1927年以前，作为前导主要是间接的争辩；第二阶段在1927—1930年，以直接交锋而形成高潮期；第三阶段在1930年以后，争论转为在公众中进行。这场持续的争论几乎每次都是由爱因斯坦“挑起”的。

争论的前导主要表现在1920—1924年，其观点的分歧在于：爱因斯坦虽然提出了光的波粒二象性和辐射的统计理论，但根本不想放弃连续性和严格因果性；玻尔则试图用几率波说明实在的电磁波。1924年4月29日，爱因斯坦就致信玻恩，针对玻尔等人关于辐射波本质是几率波的论文，坚定地表示“我决不愿意被迫放弃严格的因果性”，“固然，我要给量子以明确形式的尝试再三失败了，但我决不放弃希望”。1926年12月，爱因斯坦致信玻恩说：“……量子力学固然堂皇，可是有一种内在的声音告诉我，它还不是那真实的东西。无论如何我都深信，上帝不是在掷骰子……”

爱因斯坦和玻尔的直接交锋发生在两次索尔维物理学会议上。在

1927年秋召开的第5届索尔维物理学会议上，爱因斯坦以一个“小孔实验”的思想实验说明几率解释是以“超距作用”为前提的，应予否定，玻尔则以类似的分析导出测不准关系。在1930年秋召开的第6届索尔维会议上，爱因斯坦又以“光子箱”的思想实验说明时间和能量可以同时测准不确定性关系，玻尔利用了爱因斯坦的“引力红移”解决了这个问题。爱因斯坦的质疑一一被玻尔驳倒，但爱因斯坦仍然不认为自己是失败的。

1935年，爱因斯坦（E）与波多耳斯基（P）和罗森（R）发表了一篇合作文章《能认为量子力学对物理实在的描述是完备的吗?》，把争论推向量子力学的完备性问题。这就是著名的IPR论文。几个月后，玻尔以同样的题目对爱因斯坦的新进攻做出回答。一直到爱因斯坦逝世，他们的争论也没结束。两位亲密朋友之间的长期争论，在人类思想史上是极其罕见的。就其论争问题所涉之深和共鸣之广以及对物理学的影响之久远，称之为思想史上的“世界大战”实不为过。当代著名物理学家约

1927年10月，第五届索尔维会议。此次会议主题为“电子和光子”，世界上最主要的物理学家聚在一起讨论新近表述的量子理论。会议上最出众的角色是爱因斯坦和尼尔斯·玻尔。前者以“上帝不会掷骰子”的观点反对海森堡的不确定性原理，而玻尔反驳道：“爱因斯坦，不要告诉上帝怎么做。”第一排右五是爱因斯坦，第二排右一是玻尔。

翰·惠勒（John Archibald Wheeler，1911—2008）评论说："近几百年来很难再找到其他的先例能和这场论战相比拟，它发生在如此伟大的两个人物之间，经历如此长的时间，涉及如此深奥的问题，而却又是在如此真挚的友谊之中。"

量子力学对人类思想的冲击比相对论还要大。相对论消灭了绝对的时间和空间，量子力学则把一个决定论的世界变成了一个或然论的世界，把一个必然性的世界变成了一个概率性的世界，把一个实在的世界变成了一个不那么实在的世界。

三、粒子大家族

20世纪30年代以降，除了已知的电子、光子和质子外，物理学家陆续发现了许多粒子。1935年还只有4种粒子，到1948年粒子就增加到40种，进入60年代已知的粒子已多达百余种，形成了一个庞大的粒子——家族。这种情况的出现一是由于有了描述微观粒子的基本动力学理论量子力学，二是发明了检测和产生粒子的新仪器。

量子力学使物理学进入了一个新时期，从实验物理学家走在前面转为理论物理学家走在前面了。以前实验物理学家在偶尔擦亮了神灯之后，面对巨大的灯神不知所措，理论物理学家也是小心翼翼地与灯神对话。到20世纪30年代，理论物理学家的思想飞翔起来，开始主动根据灯神的线索猜测灯神的族谱，拼出一幅拼图游戏的主要部分以后，就敢于大胆想象剩下的空缺。于是正电子、中微子、介子等粒子一个接一个地被预言出来。在建立这些方程的过程中，美的原则起了超乎外人想象的作用。在物理学家看来，美意味着对称、简洁、和谐。理论物理学家仍然在实践古老的科学梦想，从一个简单的原理出发，从一个简单的公式出发，推导出万千世界。

要是没有相应的仪器很快证实理论物理学家的几乎一语成谶的诸多预言，粒子大家族也是不能形成的。为研究放射性和宇宙射线，科学家们先后发明了种种测量仪器。荷兰物理学家威尔逊（Charles Thomson Rees Wilson，1869—1959）发明记录粒子径迹的膨胀云室（1907年），德国物理学家盖革（Hans Geiger，1882—1945）等人发明计数管和计数器（1908年），英国物理学家考克罗夫特（John Douglas Cockcroft，1897—1967）发明了电压倍增器（1932年），美国物理学家范德格拉夫（Robert Jemisonf Van de Graaff，1901—1967）发明了加速粒子的静电加速器（1931年），美国物理学家劳伦斯（Ernest Orlando Lawrence，1901—1958）发明了回旋加速器（1931年），鲍威尔（Cecil Frank Powell，1903－1969）发明核乳胶，美国物理学家格拉塞（Donald Glaser，1926—2013）发明气泡室（1952年），后来又发明了同时加速两种粒子的对撞机。由于加速器和对撞机的不断改进，可以在低能（100兆电子伏以下）、中能（100兆电子伏至3吉电子伏）和高能（3吉电子伏以上）状态下研究各种粒子的相互转化的行为。

正电子的预言和发现

正电子是粒子大家族中第一个先由理论预言而后由实验发现的新粒子。它的发现源于为了解释原子光谱线和元素周期表而对电子性质所进行的深入研究，特别是电子自旋的发现。正常的塞曼效应，即1896年荷兰物理学家塞曼（Pieter Zeeman，1865—1943）发现的原子光谱线在磁场中的二分裂和三分裂现象，洛伦兹电子论和玻尔—索末菲的原子理论都能予以合理的解释，但对于四分裂和六分裂的所谓反常塞曼现象却又都无能为力。直到1920年，关于原子中的电子组态问题还没有解决。朗德（Alfred Landé，1888—1976）论文《论立方形原子、周期表和分子结构》（1920年）引起玻尔对原子的空间电子组态的注意，1921年10

月，玻尔在哥本哈根物理学会和化学会联合召开的会议上发表《各元素的原子结构及其物理性质和化学性质》，以元素周期表的理论说明为主线系统地阐述了他的原子结构理论。玻尔依据经验排列出电子组态，但没有从理论上予以说明。1925年1月德国物理学家泡利（Wolfgang Pauli，1900—1958）发表《论复杂光谱结构同原子中电子组态闭合的关系》，提出不可能有两个或两个以上的电子处在同一个状态之中，即泡利不相容原理。在得知泡利不相容原理后，克罗尼格立即想到康普顿（Patrick Holly Compton，1892—1962）为了说明磁性而引进电子自旋的概念（1921年）可以用来说明反常塞曼效应，但由于不自信而错过了优先权。1925年10月荷兰物理学家乌伦贝克（George Eugene Uhlenbeck，1900—1988）和德斯密特（Samuel Abraham Goudsmit，1902—1978）在《自然》杂志上发表了电子自旋的论文。

电子自旋的发现不仅使人们对电子的认识深入了一步，而且由于电子自旋的相对论效应无论是波动量子力学还是矩阵量子力学都无能为力。1928年，狄拉克（Paul Dirac，1902—1984）发表《电子的量子理论》，建立了包含泡利自旋的相对论性电子波动方程，实现了量子力学与狭义相对论的统一。这个方程有四组解，其中两组是关于电子自旋的，而另外两组是关于电子能量的。两个自旋解相当于电子自旋的顺时针和逆时针两个自旋方向，而两个能量解相当于电子的正能态和负能态。而负能态是物理上不允许的，为了解释它，狄拉克于1929年提出，真空是由负能态电子填满的“负能电子海”，若其中某一电子通过俘获能量从负能态跃迁到正能态，那么它就作为正能态的正常电子存在，同时在真空中留下一个带正电荷具有负能量的“空穴”。最初狄拉克曾设想这荷正电的空穴粒子可能是质子，1930年奥本海默（Julius Oppenheimer，1904—1967）从数学考虑提出空穴粒子的质量必须与电子的质量相同并且质子应另有自己的反粒子，狄拉克接受了奥本海默的意见并于1931年正式预言存在一种电子的反粒子，即除了所带电荷符号与电子相反之外同电子性质完全相同的一种新粒子——反电子。狄拉克相信方程的美学预言力，因而进一步声称，一切粒子都有自己的反粒子对应物，在真空中，正粒子和反粒子应同时产生和湮灭。在这里我们看到，理论物理学家凭借方程的美学结构，勇敢地向人们宣布了一个反物质世界的存在。

狄拉克预言的反电子在1932年被美国物理学家安德森（C.D. Anderson，1905—1991）在云室发现了，他当时不知道狄拉克的理论，称之为正电子。1932年8月2日，安德森在宇宙射线的照片中发现了一张与众不同的粒子径迹，经过一个通宵的努力，他认定这是带正电的粒子留下的径迹。安德森并非有意寻找狄拉克的反电子，这一发现可以说是偶然的。安德森因发现狄拉克预言的反电子而获得1936年度诺贝尔物理学奖。预言与发现的含义已不同于经典物理学的意义。说安德森发现了正电子，并不是说他能把正电子装在一个盒子里给别人看。他所发现的只是云室中一个轨迹，这个轨迹只能用具有那样性质的正电子来解释。别的物理学家要看到他的发现，可以去重复他的实验，也可以设计一个新的实验，得到能够与那种粒子对应的轨迹或者仪器的读数。预言的意思也应该

保罗·狄拉克，英国理论物理学家，量子力学创始者之一，因狄克拉方程获1933年诺贝尔物理学奖。

从这个角度来理解。物理学家在讨论微观世界的时候，使用的虽然是经典语言，但彼此心里都知道是怎么回事，毕竟经典更加形象。这似乎也是玻尔互补原理的一个体现。

在安德森之前，1930年中国物理学家赵忠尧（1902—1998）发现的射线的反常吸收正是正负电子对湮灭的现象，但由于没有这一观念而未与正电子联系看待。在安德森稍后，1933年英国物理学家布莱克特（Stuart Blackett，1897—1974）和意大利物理学家奥基亚利尼（G.P. Occhialini，1907—1993）发现了正负电子对的产生。狄拉克的反电子预言得到完全证实。

中子的发现

最先设想中子作为原子核成分的是卢瑟福。因为质子带正电荷，其电量与电子相等，而其质量与电子相比则要大得多得多，对于只有一个质子的氢原子来说没有问题，但如假定所有元素的原子核都是由质子组成的，就遇到了带正电荷的质子如何克服它们之间的静电斥力而维持一个稳定的原子核的困难。卢瑟福在1920年的一次演讲中曾经说：原子中有带正电的质子，有带负电的电子，为什么不能有一种不带电的中性粒子呢？卢瑟福当时所设想的这种中性粒子是由电子和质子结合而成的，他希望这种中子有胶水一样的功能把质子们粘在一起。1930年，德国物理学家玻特（W.Bothe，1891—1957）和他的学生贝克（H.Becker）用钋放射出来的α粒子轰击金属铍，产生了一种穿透力非常强的不带电的辐射，他们认为是一种高能的γ射线。1932年1月，居里夫人的女儿伊伦娜·居里（Irène Joliot-Curie，1897—1956）和女婿约里奥·居里（Jean Frédéric Joliot-Curie，1900—1958）夫妇俩用玻特发现的辐射去轰击包含很多氢原子的石蜡，竟发现有质子被打了出来。但他们仍然用γ射线的康普顿效应来解释。但γ射线很难具有如此大的能量。当卢瑟福的学生查德威克（James Chadwick，1891—1974）向卢瑟福谈到约里奥·居里夫妇的这种解释时，卢瑟福以少有的激烈情绪说出了北岛的诗句：“我不相信！”于是查德威克重新做了这个实验。他不仅用那种射线轰击氢，还用来轰击氦和氮，终于弄清了这种强辐射的性质。它是一种与质子质量相差无几，但是不带电的粒子，这正是卢瑟福10年前所期望的粒子。查德威克把它命名为中子，并于1932年2月发表了他的成果。查德威克因发现中子获得1935年的诺贝尔物理学奖。

查德威克，英国实验物理学家，1935年度诺贝尔物理学奖获得者。

1932年，德国物理学家海森堡与苏联物理学家伊凡宁柯（Ivanenko，1904—1994）各自独立地提出了原子核由中子和质子构成的核结构模型。按照这个模型，元素的原子序数就是其中的质子数，原子量则是质子与中子之和。两个质子数相同中子数不同的原子称为同位素。由于原子的化学性质只与原子序数或者质子数相关，所以同位素的化学性质完全相同，在元素周期表上占据同一个位置，故有此名。所有元素的原子量都是整数，少数原子的非整数原子量只是其共存的同位素取平均的结果。构成化学反应的基本单元的原子是由原子核与电子组成的，原子核又是由中子和质子组成的，组成原子核的中子和质子统称核子。

关于质子和中子怎样结合成原子核，费米（Enrico Fermi，1901—1954）把核子类比为气体分子在球形的原子核范围内运动，玻尔则把原子核想象为由核子组成的液滴（1936年），而惠勒猜测在原子核内运动的是由两个质子和两个中子构成的α集团（1938年），后来美国物理学家迈耶夫人（Maria Goeppert Mayer，1906—1972）提出了原子核的壳层模型（1948年）。

中微子的预言和发现

原子核结构成分的认识，在化学的意义上，古希腊的理想似乎得到了实现，物质的确由几种简单的基本单元所构成。但是在物理学的意义上则尚有许多有待阐明的问题，比如核子靠什么力结合在一起，原子核在什么力的作用下衰变。

原子核能的β衰变早在1899年就已经被卢瑟福发现了。但在这个过程中，能量不守恒，这给物理学带来一次小小的危机。因为β衰变被理解为一种原子核由于发射一个电子而衰变成另一种原子核的过程，子核同母核相比质量数不变而增加一个电荷。根据能量守恒原理，被发射的电子的能量应该是确定的。但是，1910年以来的实验发现，β衰变的发射和吸收现象是一种复杂的过程。1914年查德威克研究表明各种放射性物质所发射的β射线都是有峰值的连续谱。1927年埃利斯（J.Ellis）和沃斯特（W.A.Wooster）通过铅块吸收β射线的热测量发现，电子在吸收物质中没有能量损失而每个电子所具有的峰值能量相差甚多，并且只有对应能谱峰值的电子的能量才等于母核与子核的能量差，因而推论出被放射性物质发射的β粒子彼此具有不同的能量。1929年迈特纳（Lise Meitner，1878—1968）等人的实验证实了埃利斯的结论。1930年玻尔等人据此提出β衰变不遵守能量守恒定律，而泡利则认为作为自然界普适定律的能量守恒原理不能放弃。在1930年12月的一次物理学会议上，泡利建议由一个未知粒子弥补缺失的能量，并根据能量守恒定律反推出它的性质：质量极小，不带电荷，与电子有相同的自旋。

中子发现后的1932年，海森堡曾推测β衰变是中子放出一个电子而变成质子的过程，而且认为中子是质子和电子的复合体。但这种推测与角动量守恒相矛盾，因为质子和电子的自旋都是1/2，它们二者不能合成中子的角动量。1933年，贝特（Hans Albrecht Bethe，1906—2005）提出β衰变的一种复杂过程，先是原子核放出γ射线，接着是γ射线产生正负电子对，然后原子核吸收正电子增加一个核电荷而变成另一种原子核，残余的电子就是我们观测到的β射线，但中间过程能量不守恒的缺点令人难以接受。正确的β衰变理论是由费米在其1933年的论文《原子核的结构和属性》中提出的，他把泡利的中性粒子命名为中微子，并指出中子和中微子的区别。1934年初费米结合泡利和海森堡的思想，提出β衰变是中子放出电子和中微子而衰变为质子的过程，相反的质子转化为中子的过程必有电子和中微子的湮灭。费米不仅提出上述以粒子转化为基础的β衰变理论，还同时提出这种转化根源于一种尚未理解的新的相互作用力——弱相互作用。

中国物理学家王淦昌在其论文《探测中微子的一个建议》（1942年）中，提出测量β衰变原子核反冲能量和动量的可行方案，推进了中微子的实验发现。一般β衰变的末态是由原子核、电子和中微子构成的三体，衰变释放的能量在三体之间分配，且它们都具有连续的能量分布，因而不易测量。王淦昌建议利用末态只有二体反冲原子核和中微子的K俘获，即轻原子核俘获K层电子释放中微子的过程，以使测量工作简化。好几位科学家按王淦昌的方案实验，1942年阿伦（J.S.Allen）按王淦昌方案所进行的实验已足以为中微子的存在提供证据，1952年罗德拜克（G.W. Roderback）和阿伦的新实验则完全证实了这一方案的正确性。1955年，美国洛斯阿拉莫斯实验室的物理学家莱茵斯（Frederic Reines，1918—1998）和寇文（Clyde Cowan，1919—1974）在裂变反应堆的测量中观测到中微子与质子相撞放出正电子而转化为中子的过程，美国科学家戴维斯

（Raymond Davis，1914—2006）测量到中微子，1962年美国布鲁克海文小组的物理学家又发现另一种中微子，证实了两种中微子存在。

介子的预言和发现

早在1932年海森堡就从电磁作用类比出发，提出质子和中子通过交换力维系一个稳定结构的思想。1934年初，在费米提出β衰变理论和弱相互作用力后，苏联物理学家塔姆和伊万宁科提出由非零质量粒子传递核力的设想，但根据费米的理论计算，中子和质子之间交换一个电子和反中微子所产生的核力，理论值不及观测值的十万分之一，不足以产生β衰变和形成强大的核力。这使得玻尔倾向认为量子力学不适用于原子核，而且拒绝费米理论，并特别不满意泡利的中微子假说。

1934年11月，日本物理学家汤川秀树（ゆかわ ひでき，1907—1981）提出强相互作用的媒介不会是电子，而是一种新的重粒子。他的计算表明，这种新粒子的质量介于质子和电子之间，所以他称之为“重光子”。它的质量大约为电子质量的200倍，可能有正、负、零三种电性。核子以一定的几率放出重光子，被另一个核子吸收，由于重光子有质量，能量守恒定律不被遵守，但在量子力学不确定关系范围内，这种情况还是允许的。

汤川的理论最初并未受到重视，因为不曾存在过这样大质量的粒子，玻尔像反对泡利的中微子一样反对汤川的新粒子。1936年发现正电子的安德森（Carl Anderson，1905—1991）在宇宙射线中找到了质量约为电子质量200倍的一种新粒子，他称之为“介子”。人们以为安德森发现的介子就是汤川预言的重光子。不久康非西（M.Confesi）和彭西尼（E.Poncini）就证明，安德森发现的新粒子与核力无关，它的寿命不及汤川理论要求的1%。1942年坂田昌一（Shoichi Sakata，1911—1970）等人提出二介子理论，一种为核力的传递者，另一种不与原子核发生作用，后来前者被称为派介子（π）而后者被称为缪介子（μ），并且预言派介子可以自发地衰变为缪介子。

1939年第二次世界大战爆发，大批优秀知识分子包括物理学家逃出了德国。二战期间，同盟国许多优秀的物理学家投身到制造原子弹的曼哈顿工程之中，直到战争结束，才回到各自喜好的领域。粒子物理学在这一段时间暂停后又蓬勃起来，显见的标志就是一大批新的粒子被发现出来。1947年，英国物理学家鲍威尔（C.F.Powell，1903—1969）利用照相乳胶术在宇宙射线中找到了质量为电子质量273倍的派介子，证实了汤川的预言。派介子的寿命很短，在2%微秒以后就衰变为质量为电子质量207倍的缪介子，证实了坂田的二介子理论。1948年，苏联和美国物理学家都在加速器上产生出大量的派介子，其带电性有正、负和中性三种，中性派介子的质量为电子质量的273倍，正、负两种派介子的质量为电子质量的207倍。1948年，中国物理学家张文裕（1910—1992）发现带负电的缪子在速度减慢之后可以像电子一样在原子的轨道上形成一种特殊的原子——缪原子。汤川因理论地预言介子的贡献获1949年度诺贝尔物理学奖，而鲍威尔因实验地发现新介子而获1950年度的诺贝尔物理学奖。

奇异粒子和共振态

1947年英国物理学家罗切斯特（George Rochester，1908—2001）和玻特勒（Clifford Butler，1922—1999）在云室照片中发现了两个质量约为电子质量1000倍的新粒子，它们被称为开介子（K）。中性开介子衰变为正负派介子对，正开介子衰变为正缪子和γ光子。1949年，鲍威尔又在高空气球上的气体中记录下开介子和反派介子的径迹，从而又发现两种新粒子。1949年，英国布利斯特小组利用乳胶照相术发现——涛子（τ）。1954年，福勒（Fowler，1911—1995）等人发现质量约为电子质量

1000多倍的拉姆达粒子（Λ）。此后又接连发现质量为电子质量2000倍的超子（Σ，Ξ，ρ）。

这些粒子与光子、电子、质子、中子、正电子、中微子、派介子和缪子不同，它们协同产生非协同衰变，即在碰撞过程中两个奇异粒子一起产生，而在衰变过程中每个粒子可以独立进行，直到衰变成已知的非奇异粒子。它们产生和衰变的时间有明显的差别，产生的时间短到10^{-24}秒，而衰变的时间则长到10^{-10}秒。由于它们的这种奇怪特性一时无法解释，就称它们为奇异粒子。通过大量的实验分析，1954年盖尔曼引进奇异量子数（S），在强相互作用中奇异数守恒。

共振态粒子是那些在加速器中产生的，寿命仅有10^{-23}秒的粒子。其不稳定性似乎表明它们是其他稳定粒子的共振态。有几百这样的不稳定的粒子，它们参与强相互作用。

四、谁是基本粒子？

自进入20世纪以来，物理学就把寻找物质的基始作为一个重要的研究目标。1935年，汤川秀树在论文《关于基本粒子相互作用》中，把电子、质子、中子和光子概称为"基本粒子"，并把存在于这些基本粒子间的电磁力以及新发现的核力（后来称强力）和弱力称"基本相互作用"。

但是，随着实验的进展，在20世纪五六十年代，科学家们未曾料到的五花八门的粒子大量涌现，基本粒子的数目已经比当年元素周期表问世前的化学元素数目还要多。稳定的长寿命粒子有30多种，而不稳定的短寿粒子多达400多种。

随着粒子的增多，人们开始怀疑它们是否都是基本的，感到有必要对纷乱繁杂的粒子进行分类。开始物理学家们猜想，这诸多粒子中可能有一些是更基本的，并试图通过复合粒子模型整理分类，以建立粒子间的某种联系。后来设想某些粒子可能还有其内部结构。这样的种种尝试从20世纪30年代就开始了，深入的研究表明，假定质子、中子和介子由夸克组成是合理的，众多的粒子变得井然有序了。

粒子分类

归类大概是人类第一种理性能力，这种最初的理性能力当然也建立在直觉之上。很显然，人们会自然地把草与木算做一类，把石与沙算做另一类。这样，就会建立起一整套物质世界的谱系，把现有的事物排在其中。这个谱系同时也反映了人们对这些事物之间相互作用的认识。随着知识的积累，这个谱系中的事物会逐渐增多，某些事物的位置也会发生变化。在相当长的一段时间里，这个谱系里的东西都是人们能够用肉眼看到的，但是原子和亚原子粒子是看不到的。

人类对物质世界的认识是从两个方面入手的。一是物质之间的相互作用方式，二是物质间相互作用的基本单元。这两者又是相互联系的。基本粒子之间的相互转变，依赖于四种基本相互作用。相互作用的强度可以用转化所经历的时间来量度，如果其他条件相同，相互作用越强转化所需的最小时间就越少。四种基本相互作用依强度排列的次序为：强相互作用、电磁相互作用、弱相互作用和引力。按粒子参与相互作用的情况为线索，可把粒子分为强子、轻子、光子和引力子（引力子的概念是后来才出现的）四类：

粒子分类表

<table>
<tr><td rowspan="3">强子</td><td rowspan="2">重子</td><td>核子</td><td>如质子、中子</td></tr>
<tr><td>超子</td><td>如Ξ、Σ</td></tr>
<tr><td>介子</td><td colspan="2">如π介子</td></tr>
<tr><td>轻子</td><td></td><td colspan="2">如电子、中微子、涛子</td></tr>
<tr><td>光子</td><td></td><td colspan="2"></td></tr>
<tr><td>引力子</td><td></td><td colspan="2"></td></tr>
</table>

色子。因而强子又可按其自旋的不同分为重子和介子两类，前者属于费米子，而后者属于玻色子。

粒子分类还有粒子与反粒子的区分。前面已经叙述过电子的反粒子，后来反粒子的概念被推广到所有的粒子上去。根据相对论和量子力学，所有的粒子都存在一个对应的反粒子。粒子有许多性质，如电荷、自旋、同位旋、重子数、轻子数、奇异数等，只有一种性质相反而其他性质相同的粒子互为反粒子。但是像光子这种粒子，它的电荷、重子数和奇异数都是零，所以它的反粒子就是它本身。

四种基本相互作用不仅在强度上有所不同，在其他行为上也有差异，尤其表现在一些物理量的守恒性上。如果一个物理量在反应过程前后不变，便称之为守恒量。物理学家对于守恒定律有一种迷恋。掌握了一种守恒定律，就找到了变动不安的宇宙万物中的一种不变的性质。最早的守恒定律应该是物质不灭定律。这条定律在18世纪被化学家的精密实验所证实。除物理学中普遍存在的质量、能量、动量、角动量守恒定律外，粒子物理学还发现一些新的守恒定律，如电荷、同位旋、宇称、重子数、轻子数、奇异数等守恒定律。在基本粒子的相互作用中，能量、动量、角动量、电荷守恒定律是普遍成立的。也有一些守恒定律只对一些相互作用成立，而对另一些不成立。如弱相互作用宇称和奇异数都不守恒。

某个守恒定律总是与某种对称性的存在相联系的。杰出的女数学家艾米·诺特尔（Emmy Noether，1882—1935）在20世纪初发现，作用量的每一种连续对称性都有一个守恒定律与之对应。比如空间平移对称性对应着动量守恒，时间平移对称性对应着能量守恒。对称性与守恒定律的对应暗示着物理学家可以通过对称性寻找守恒定律。描述对称性的数学工具叫作群论。相互对称的事物可以通过与之对应的群进行转换。这种19世纪没有哪个物理学家使用的数学，在20世纪已经成为物理学家的必修课了。

复合模型

随着宇宙射线研究和粒子加速器的粒子碰撞实验，又发现了各种介子、超子和许多短命的共振态粒子。如此众多的“基本粒子”，不可能都是基本的。出于追求简单性的驱使，人们又走向探索物质结构基始的新征程。1949年，坂田昌一发表论文《基本粒子的构造》，在这篇祝贺汤川秀树获诺贝尔物理学奖的论文中，他提出基本粒子有没有结构的问题，并设想混合场方法可能是关于基本粒子结构的第一阶段。同年费米和杨振宁提出第一个复合模型，认为质子和中子是更基本的粒子，派介子是核子和反核子的束缚态。1955年，中国物理学家田渠（1900—1957）假定中子是荷正电的小球紧包着一层无限薄的负电壳，成功地解释了中子磁矩和质子磁矩的比值，不能解释核力；同年美国物理学家默里·盖尔曼（Murray Geli—Mann，1929—）提出基本粒子分类法，给出强相互作用粒子同位旋、奇异数和所带电荷之间的经验关系式，并预言两种超子的存在。1956年，日本物理学家坂田昌一发表《关于新粒子的复合模型》，认为真正的基本粒子是质子（*P*）、中子（*N*）和拉姆达

默里·盖尔曼，美国物理学家，因对基本粒子的分类及其相互作用的发现，获得1969年度诺贝尔物理学奖。

超子（Λ），他称他们为“基础子”。1959年，日本的小川和克莱因各自独立地指出，从强相互作用的对称性着眼，坂田的三个基础子可以视为一个东西。

共振态粒子实验的积累，一方面证明复合模型关于基本粒子有结构思想的合理性，另一方面又要求对复合模型做出修正。1961—1962年“八度法”分类方案被提出，重子族的质子、中子、拉姆达子和三个超子以及另两个超子，属于同一个“八重态”的不同表现。

这一重大进展是由美国加州理工学院的默里·盖尔曼和以色列驻伦敦大使馆的武官尤瓦尔·尼曼（Yuval Ne'eman，1925—2006）独立提出。按照这种八重法分类，考察当时已知的基本粒子，它们都能找到自己的位置。强子的自旋、宇称、电荷、奇异数及质量等一系列性质得到了很好解释。这是基本粒子的周期分布表。门捷列夫在排定元素周期表之后，根据表中的空缺准确地预言了几年以后才被发现的元素的性质。盖尔曼根据八重法分类中的空缺也在1962年预言了一个新粒子——奥米伽（Ω）。这个粒子在1964年被发现，它的性质与盖尔曼的预言极其吻合，而盖尔曼预言的依据仅仅是对称性。盖尔曼因此获得了1969年度诺贝尔物理学奖。

复合模型和八重态分类法都只部分地解决了基本粒子家族分类的问题。在谁构成谁的问题上，实验结果给人以更深的困惑。如果一个实验可以解释为强子A是由B和C构成的，另一个实验就可以解释为B是由A和D构成的，最后发现没有哪一个强子更基本，它们互相构成。这显然不是物理学家想要的结果。

夸克模型

按U（3）群理论，它所描述的对象必须可以分成一个一组、三个一组、八个一组和十个一组的成员。当时，八个一组八重共振态重子族和十个一组的十重共振态粒子组已经存在，而三个一组的尚未发现。一种意见认为，这尚未发现的三粒子组属于物质的更深层次。

正如元素周期表暗示着原子内部更深层的规律性，粒子的八重法也暗示着粒子内部存在着更深的秩序。1963年，盖尔曼提出了强子结构的夸克模型。夸克（quark）这个奇妙的词是《尤利西斯》的作者詹姆斯·乔伊斯（James Joyce，1882—1941）在他的另一篇小说里造出来的。在盖尔曼的理论中，夸克有三种，他分别称它们为上夸克（u）、下夸克（d）和奇夸克（s）。让夸克作为更基本的粒子，所有的强子都是由夸克和反夸克构成。比如质子由两个上夸克和一个下夸克构成，质子由一个上夸克两个下夸克构成，介子都是由一种夸克及其反夸克组成。1967年，人们又发现，三种夸克还不足以说明粒子世界的复杂现象。为此，盖尔曼引进一种新的量子数——色量子数。每种夸克都可能有3种颜色，三种夸克就会有9种色，这样就会有9种带颜色的夸克。

夸克性质表

夸克	电荷	同位旋第三分量	奇异数	重子数
上	2/3e	1/2	0	1/3
下	–1/3e	–1/2	0	1/3
奇	–1/3e	0	–1	1/3

起初，三种夸克足以解释当时所发现的强子。1974年，丁肇中（1936— ）及里希特（Burton Richter，1931— ）等人分别在质子加速器和正负电子对撞机的实验中发现一种新粒子，命名为J粒子或者ψ粒子。这个粒子不能由原来的夸克所解释，于是又假定了一种新夸克——粲夸克（c），并有了一种新的量子数——粲数。1977年，莱德曼等人发现的新粒子Y又引入了一种夸克，底夸克（b）。从对称性观点看，似乎应存在第六种夸克，以起名为顶夸克（t），它的存在也于1995年由实验证实。

夸克理论使强子获得了新的秩序。寻找夸克成了实验物理学家的一个自然的目标。但是，尽管许多实验表明，强子有内部结构，却无法把夸克从强子中拉出来，也就是说人们无法直接看到单个的夸克。这种现象被称为“夸克禁闭”。两个夸克之间行为比较古怪，当它们很接近时，彼此意识不到对方的存在，每一个都是自由的。一旦它们分开到一定的程度，就会有很强的吸引力，就像一根绳子把它们拴在一起。从经典物理学的角度，只要外力足够大，绳子就会断，两个夸克就会彼此分离。但是，对于连接夸克的“绳子”来说，外力对绳子施加的能量将足以使之产生一种夸克和反夸克对。这样，当绳子断了的时候，它释放的能量所产生的夸克与原来的夸克重新结合，人们只能看到一个介子——由一个夸克和一个反夸克组成——被打出来。

有了强子结构的夸克模型，粒子世界就可以约化为一种简明的图像。组成物质的最小单元按其统计特征分为两类：一类遵循费米·狄拉克统计法，称之为费米子，它们都是有质实体；另一类遵循玻色·爱因斯坦统计，称之为玻色子，它们是费米子之间传递相互作用的媒介粒子。按是否参加强相互作用，费米子可区分为两类：一类是不参与强相互作用的6种轻子，包括电子（e）、缪子（μ）、涛子（τ）和与之相对应的三种中微子，即电子型中微子（ν_e）缪子型中微子（ν_μ）和涛子型中微子（ν_τ）；另一类是作为质子、中子、介子等参与强相互作用的强子之组成部分的6种夸克（也叫层子），包括上夸克（u）、下夸克（d）、顶夸克（t）、底夸克（b）、奇夸克（s）和粲夸克（c），它们还都各有红、绿、蓝三种色态；每种轻子和夸克及其色态都有其反粒子；轻子和夸克在电荷和性质方面的周期性，还启示物理学家们把它们区分为三代轻子（ν_e，e）、（ν_μ，μ）、（ν_τ，τ）和三代夸克（u，d）、（c，s）、（t，b）。

五、终极理论之梦

对物质世界统一性的追求，是物理学研究最深层的心理动力。牛顿力学统一描述了天体和地上物体的运动。麦克斯韦的电磁场理论不仅统一描述了电和磁，而且把光作为电磁波纳入其中。爱因斯坦的狭义相对论在运动学的水平上统一了牛顿力学和麦克斯韦的电磁理论。广义相对论本质上是一种引力场理论，在其成功之后爱因斯坦致力于引力场与电磁场统一的理论，几十年的努力未获成功，但他开辟了统一场论方向。在原子核的强力和弱力发现后，粒子物理学的研究承继了爱因斯坦的遗志。在夸克—轻子模型的基础上，已基本完成了弱相互作用和电磁相互作用的统一理论，被称为粒子物理的标准模型。在弱电统一理论成功的激励下，把强相互作用包括在内的大统一理论和进一步再把引力纳入其中的超统一理论，在数学的水平上也获得了很大的成功，这就是超弦理论。这与物理学家们的理想已经很接近了——从一个简单的基本原理出发，建造一座宏伟的理论大厦。

爱因斯坦的统一场论之梦

爱因斯坦统一引力和电磁力的理论研究视为他的相对论研究发展的第三阶段，它不仅要把电磁场和引力场统一起来，而且要把相对论和量子论统一起来，为物理学的未来发展提供合理的理论基础。他孤独自信地探索了近40年，耗费了他后半生的精力都从未懊悔。

开始的一些年，爱因斯坦并不孤单，有一些数学家也在思考爱因斯坦所想的问题，其中包括希尔伯特（Hilbert，1862—1943）的非线性电动力学统一场方案（1915年）、韦耳（Hermann Weyl，1885—1955）的几何化的统一场方案（1918年）、卡鲁查（Theodor Kaluza，1885—

1954）的五维流形统一场方案（1919年），并且在韦耳工作的影响下1921年出现了一系列韦耳统一场的修正方案和爱丁顿的仿射统一场论。爱因斯坦1922年发表的第一篇统一场论文是关于卡鲁查五维场论的，1923年他又转向爱丁顿的仿射场研究并得出任何广义协变必要求电荷对称性，1925年他感到韦耳和爱丁顿的方向不会得到物理上有用的结果而开始另寻新方向。在其后直至他逝世的30年间，爱因斯坦几乎把他的全部科学工作都投入到统一场论研究。1928年，他转向统一场的纯数学研究，1929年完成《关于统一场论》，使他兴奋一时。1936年，他得到了一个不带奇点的场方程，认为有望达到统一场论。1945年发表《相对性引力论的一种推广》，逻辑上的成功令他满意，但物理上仍有许多困难。1948年，他已意识到成功无望，“我完成不了这项工作了，它将被遗忘，但将来会被重新发现”。1950年，他发表《非对称场的相对性理论》，作为统一场论30年探索的最后成果，但仍不具有物理意义。1953年，爱因斯坦在为他74岁生日所举行的记者招待会上，对他的统一场论研究作了这样的总结：“广义相对论刚一完成，也就是1916年，出现了一个内容如下的新问题。广义相对论极其自然地导出了引力场论，但是未能找到任何一种场的相对性理论。从那时以来，我尽力寻找引力定律的最自然的相对论性的概括，希望这个概括性的定律将是一个场的普遍理论。在后来我成功地获得了这一概括，弄清了问题的形式方面，找到了必需的方程。但是数学上的困难不容许从这些方程中得出可以同观察对比的结论。在我有生之年，完成这件事希望甚微。”

1953年，海森堡提出一个非线性旋量场方程，企图从它导出基本粒子的质量谱并解释它们之间的相互作用，但未成功。1954年，杨振宁（1922— ）和米尔斯（Robert Mills，1927—1999）把韦耳的规范场加以推广，开辟了用规范原理统一各种基本相互作用的新途径。1955年2月，韦耳在答复老友劳厄邀请他出席在柏林召开的纪念相对论50周年大会时写道："年迈力衰与疾病缠身使我不可能出席，并且说实话，我感谢命运——切同纪念个人有关的事，我一概都不参与。在这种场合，应该谈谈有许多人参加的并且远未完成的思想发展……如果说长期探索使我有所得的话，那就是这样一个结 论——我离大部分现代人（你我不包括在内）自以为已经理解了的基本过程的理解太远了，而且隆重的庆祝同现代的形势也不相称。"

1959年，海森堡专门写了一篇评论爱因斯坦统一场研究的论文《对爱因斯坦统一场论纲要的意见》，其中分析了他的失败："这个气势宏伟的尝试似乎一开始就注定要失败。在爱因斯坦致力于统一场论的那段时间里，新的基本粒子不断被发现，而与此同时也发现了与之相应的新的场。其结果，对于实现爱因斯坦的纲要来说，还不具备牢固的实验基础，爱因斯坦的努力也就没有什么令人信服的成果。"这是说爱因斯坦的失败是客观的悲剧。爱因斯坦呕心沥血40年而没能成功，但他的探索也并非徒劳无益。苏联著名物理学家约飞评价说："如果说这献身于统一场论的最后30年并未留下一些有用的成果的话，但却激发了许多深邃的思想而且为此后的物理学提出了一系列的问题。由于爱因斯坦受到当时物理学发展水平的限制，他的统一场没有取得富有物理意义的结果。但他对自然作一个统一描述的梦想，已经照亮了当代物理学家探索宇宙规律，找出最根本最简单本质的道路。"

从20世纪60年代开始，在统一场论思想指导下探索弱相互作用和电磁相互作用的统一描述，经许多物理学家20多年的努力终于获得了成功。这种成功又激励着物理学家们致力于包括强相互作用在内的大统一理论以及进一步把引力作用也统一进来的超统一理论。

弱电统一理论

统一场理论研究是在量子场论和规范原理指导下前进的。所谓量子场论，简单地说就是每一种粒子对应一种量子场，真空是量子场的基态，而激发态则表现为粒子。因而粒子之间的相互作用，就用相应的量子场间的相互作用来描述。而所谓的规范原理，简单地说就是，粒子之间的任何相互作用都要以一种规范场为媒介，而严格地说，指理论从普遍对称转到局部对称要引进新场。

在探求引力和电磁力统一的几何场论中，韦耳首先使用了规范场的方法，把电磁场处理成阿贝尔规范场，光子就是规范场量子，带电粒子间的相互作用通过交换光子实现。韦耳对后世的启发不在于他的理论结论，而在于他的理论的规范场方法。1954年，杨振宁与罗伯特·米尔斯把电磁场的阿贝尔规范理论推广为非阿贝尔规范理论，迈出统一基本相互作用的决定性一步。但是，杨—米尔斯理论在10年以后才受到物理学家的普遍重视，成为建立弱相互作用理论、强相互作用理论以及各种基本相互作用统一理论等一系列工作的起点。

物理学家明确了建立规范场理论的基本方向，弱相互作用、强相互作用和引力相互作用，也要像电磁相互作用交换光子那样交换相应的规范场量子。但是，在非阿贝尔规范理论中，规范场量子的零质量要求，成为电磁相互作用以外的其他三种基本相互作用描述的主要困难。统一基本相互作用的进展，同克服这类困难密切相关。对于弱相互作用，由于黑格斯机制的提出而得以解决，从而实现了弱相互作用和电磁相互作用统一的理论描述。

早在1934年费米就提出了弱相互作用理论。在李政道（1926— ）和杨振宁关于弱相互作用宇称不守恒被吴健雄（1912—1997）的实验证实以后，1958年费曼和盖尔曼等人又提出新的普适的弱相互作用理论，即*V–A*理论。这理论仍然是费米型的，但区分了*V*和*A*两种矢量流。弱流是相当于电流的矢量V和轴矢量A的叠加。在唯象水平上，在低能近似下，这理论能成功地描述轻子—轻子、轻子—强子和强子—强子三类弱相互作用过程。在20世纪60年代初，许多人注意到弱相互作用和电磁作用的类似性，类比电荷和电场引进弱荷和弱流来描述弱相互作用，与电磁相互作用传递者只有光子一种不同，弱相互作用需要三种质量非零的，自旋为1的规范玻色子和中间玻色子W_{+}、W_{-}和Z_{0}。在数学上弱相互作用理论与电磁相互作用的不同在于，描述电磁相互作用对称群是U(1)，而描述弱相互作用的对称群是SU（2）群。玻色子质量非零化是建立弱相互作用理论的拦路虎。在1961年，日本物理学家南部一郎等人把超导唯象理论中的自发破缺概念引入量子场论，而哥德斯通证明要系统的拉氏函数自发破缺须有零质量和零自旋的粒子存在。1964年，英国爱丁堡大学的黑格斯提出一种消除零质量粒子的方案，使得问题有所进展。

在对称自发破缺和黑格斯机制思想的基础上，美国的温伯格(Steven Weinberg，1933— ）于1967年，国际理论物理学中心的巴基斯坦物理学家萨拉姆（Abdus Salamm，1926—1996）于1968年，分别提出了只描述轻子的弱电统一理论。它要求四个矢量玻色子，其中的一个对应电磁光子，其余三个都对应弱相互作用，其中的两个荷电，另一个对应于预言为弱中性流。在数学SU（2）×U（1）群描述。这个模型包含四个基本规范场，在自发破缺发生前，它们都是无质量的，自发破缺使它们使得三个玻色子获得质量。1970年，格拉肖（Sheldon Glasow，1932— ）等人将温伯格和萨拉姆的理论推广到包括强子的相互作用，表明强子的弱流和电磁可以用四夸克模型正确地加以描述，从而形成了一个比较完善的温伯格—萨拉姆—格拉肖弱电统一理论。1973年，理论预言的中性流为欧洲核子中心发现，1974年，布鲁克海文实验室和斯坦福直线加速器中心发现的J/Ψ粒子证实了四夸克模型的正确性。温伯格、萨拉姆和格拉肖分享了1979年度的诺贝尔物理学奖。1983年，C·鲁比亚实验小组又在高能质子—反质子对撞机中发现了三种规范玻色子，弱电统一理论得到了充分的实验支持。鲁比亚在第二年就获得了诺贝尔奖。

在夸克—轻子模型基础上建立起来的弱电统一理论，被称为粒子物理学的标准模型。迄今为止，人们对物质基始所达到的可靠认识，就是由这一标准模型描述的。虽然还没有发现实验结果与标准模型理论有明显的不一致，但它也并非尽善尽美的理论，很多基本疑难问题仍然有待解决。为什么自然界中存在这么多种的轻子和夸克？为什么轻子和夸克在质量上有如此大的差别？它们在相互转化中所遵从的对称性和对称性破缺规律的根源是什么？存在问题，是理论得以突破的契机。标准模型理论预言的黑格斯粒子和质子衰变，在很长时间也没有实验上的证实。这也成了实验努力的两大方向。但是，两者有质的不同。由于标准模型预期质子的寿命为10^{32}年，远远超出宇宙的寿命，所以观察不到也就理所当然。人们希望寄托在寻找黑格斯粒子上，这是标准模型预期的第4个粒子。然而，这一找就找了30年，以至于被称为上帝粒子。自1983年鲁比亚等人发现三种规范玻色子之后，理论物理处在一个漫长的停滞期，按照惠勒的说法："新的发现有，但是新的定律没有。"

2012年7月4日，欧洲核子中心宣布发现了黑格斯粒子，打破了漫长的沉寂。事实上，在2010年前后，黑格斯粒子已经成为物理学家的热点话题。这一发现会引发哪些后果，物理学家翘首以盼。

超弦理论

在弱相互作用和电磁相互作用已经实现了理论上的统一以后，把强相互作用包括在内的大统一理论一直是物理学基础理论研究的重要目标。强相互作用的研究也是在杨—米尔斯场论的基础上发展的。1973

年，霍夫特（Hooft，1946— ）与格罗斯（D.J.Gross，1941— ）等人提出了描述强相互作用的理论——量子色动力学理论。这个理论的数学特征是用SU（3）群描述其对称性，它要求八种胶子在夸克之间传递强相互作用。胶子的交换在夸克和胶子自身之间产生的力是如此之强，以致想要把强子中的胶子和夸克分离进行单独观测是不可能的。这种夸克禁闭假说对观察不到孤立的夸克的现象给予了某种程度的解决。

大统一理论的基本思想是，建立一种把强弱电三种相互作用都包含在内的统一理论。1974年，乔治（Howard Georgi，1947— ）和格拉肖，帕蒂（J.C.Pati，1937— ）和萨拉姆分别提出两种不同的大统一模型，试图把弱电理论与量子色动力学统一起来。大统一的基本数学特征是SU（3）×U（2）×U（1）。它要求12个规范场量子作为传递相互作用的玻色子，一个对应于传递电磁作用的光子，3个对应于传递弱相互作用的中间玻色子，8个对应于传递强相互作用的胶子。把引力也包含在内的统一理论称之为超统一，四种力只是一种统一力的四种不同表现方式。超统一还要求增加传递引力相互作用的引力子。20世纪70年代发展起来的超引力理论和20世纪80年代发展起来的超弦理论是对超统一的两种探索。超引力理论提出了在费米子和玻色子之间的超对称，它将填平物质粒子和作用粒子之间的鸿沟。超弦理论认为物质的基元是一维弦，粒子是弦的振动模式。超弦理论是当今“终极理论梦”之旅的前锋，它作为一种包罗万象的理论，在数学上有着其他理论不可比拟的美学优势。

超弦理论有着非同寻常的历史。最早的弦理论是维尼齐亚诺（Gabriele Veneziano，1942— ）提出的，在1968—1970年作为解决强相互作用的一种方案问世。维尼齐亚诺的强子模型是描述一根弦的量子运动，作为连接着夸克的相互作用力的“橡皮筋”的运动。弦理论在早期一直被认为不过是粗略的近似，并且看来似乎只适合用于描述玻色子。

1970年，施瓦茨（John Schwarz，1941— ）和尼夫厄（Andre Neveu，1946— ）找到了描述费米子的弦理论，作为强子模型是它虽然取得了一定的成功，但到1974年量子色动力学提出并成功地描述了强相互作用以后，大多数人放弃了这一方向。但施瓦茨和谢尔克（Joel Scherk，1946—1980）合作发现弦理论描述引力子的可能性，使得它不至于由于被人完全遗弃而消亡。经过一些人十多年的努力，解决了几乎所有数学上的问题，发展成几乎所有物理学家都重视的优秀的物理学理论。因为它在协调相对论和量子力学方面迈出了重要的一步。

原始的弦理论的时空为26维，1971年经拉蒙特（Pierre Ramond，1943— ）等人改进而降为10维。在这个基础上，1980年施瓦茨等人使理论具有了超对称性，使其能包含超引力理论，因而为超弦理论。超弦理论的最重要的特点是，用一维弦曲线代替点（粒子），以描述四种基本相互作用。这弦可以不同的方式振动或摆动以及转动，其中的任何一种被认为是某种特殊类型的粒子，电子、光子、中微子、夸克、引力子等都不过是其中的一种振动模式。超弦理论预言存在所谓的影子（shadow matter）物质，它与我们知道的普通物质不发生相互作用，因而是不可见的。

从基因论到生命科学

生物学的重要问题之一是遗传与进化。“牛生牛，马生马”和“种瓜得瓜，种豆得豆”这样的谚语，在生物学中用“遗传”这一术语概括。而对于“我们这个大千世界的千千万万种生物是怎样来的”这一问题的回答，生物学用“进化”解释。经过多年的努力，人类在19世纪下半叶才提出生物进化论和遗传基因论的科学理论。在20世纪的100年里，基因论得到长足的发展，由于20世纪50年代遗传物质分子结构的发现，生物学的研究进到分子水平。随着DNA双螺旋结构模型的提出和遗传信息传递“中心法则”的确立以及基因重组技术的兴起，几乎所有生命现象的研究都深入到分子水平去寻找本质的规律，分子生物学成为生命现象研究的核心理论。

作为生命基本单位的细胞和作为生命活动最高形式的神经活动，这两个现代生物学研究的最活跃的领域，由于采用了分子生物学的新的研究思想和新的研究手段，获得了新的生命力，与分子生物学一起构成当代生物学三大热点。生物学中最古老的学科分类和进化，也改变了形态附以生理的研究模式，接受了分子生物学的思想和方法，采用RNA或DNA序列比较的方法，建立已绝灭生物的基因库，研究生物的进化与分类问题。甚至考古生物学和体质人类学也引进了分子生物学的方法，人们在保存几千年的木乃伊中发现了仍有一定活性的DNA分子，并通过比较DNA中核苷酸的顺序来确认血缘关系，还发现了保存在琥珀中的1.2亿年前的象鼻虫DNA。当代生物学中出现了一系列新的分支学科：分子遗传学、分子细胞学、分子分类学、分子神经解剖学、分子药理学、分子病理学、分子流行病学等。

一、基因论

虽然自古以来人类就知道种瓜会得瓜、种豆能得豆，但是却不知道种瓜为什么会得瓜，种豆为什么能得豆。为了搞清楚这些“为什么”，许多生物学家耗费了毕生的精力，产生了多种生物学的流派，走过了曲曲弯弯的道路。遗传基因的提出使得这一问题的研究得以步步深入，通过从基因定位到细胞的染色体直到DNA分子的双螺旋结构等诸多的发现，人们为种瓜得瓜、种豆得豆给出了微观解释。

早在公元前约400年，古希腊著名医生希波克拉底（Hippocrates，约公元前460—前370年）就对于父母的特征为什么会传给子代的问题提出了自己独特的见解。他认为来自身体所有部分的“种子物质”，将通过体液携带到生殖器官。受精包括了父母种子物质的混合，所以蓝眼睛的父母有蓝眼睛的儿子，如果亲代身体的某一部分不健康，其子代相应部分或许也不健康。希波克拉底的这种思想在生物学领域称为生源说或生子说。古希腊的著名哲学家亚里士多德对生殖问题也有很大的兴趣，并给出了与希波克拉底不同的见解。亚里士多德认为雄性和雌性的贡献是不同的，雄性的精流提供成形的形式，雌性的月经血是非成形的物质，它是通过精液的形式而成形的。古希腊人虽然已经认识到性的结合是解决遗传问题的关键，但对于遗传物质究竟是什么，却是困扰这些先哲们的一大难题。直到17世纪用显微镜观察到植物的细胞结构，解决这一问题才有了可行的思路。

大约在1590年前后，荷兰的一个眼镜制造商制造了世界上第一台显微镜。1665年，英国科学家胡克（Robert Hooke，1635—1703）首次用显微镜观察到细胞的结构。显微镜的改进使得生物学家能在植物细胞和某些动物细胞中观察到细胞核。英国植物学家布朗（Robert Brown，1773—1858）在1833年第一次将细胞核看成是活细胞的一个有机组成部分。1838年，德国植物学家施莱登（Mathias Jacob Schteiden，1804—1881）发表《植物发生论》，提出细胞是组成植物的基本单位。受施莱登影响的德国生理学和解剖学家施旺（Theodor Schwann，1810—1882），以极大的热情投入细胞学的研究，1838年发表了三篇论文，1839年又把他的工作汇集成一本专著《关于植物的结构和生长一致性的显微研究》，论证植物和动物均由细胞这一基本单位组成，从而奠定了细胞学说的基础。

细胞学说很快被推广用来研究精子。开始有人认为精子是精液中的寄生虫，1841年，克利克尔（Rudolph A. von Koliker，1817—1905）证明了精子是细胞，1852年，雷马克（Robert Remak，1815—1865）指出卵子是细胞。制备生物材料的切片机的发明和固定各种生物材料的深色技术的发明促进了细胞学的研究，使得生物学家们对细胞和受精过程的认识更进了一步。1879年，弗尔（Hermann Fol，1845—1892）发现了成熟卵核的分裂，观察到精子穿透卵子的过程，从而证明了雌核与雄核的混合产生出生物所有的细胞核。1882年，弗莱明（Walther Flemming，1843—1915）发现，在这种分裂的某些阶段，核似乎被线状、条状、带状物质所充满，因而他称之为有丝分裂。由于这些丝可以被染色，被称之为染色体，细胞核就是由一条或更多条染色体组成的。每种生物的每个细胞里，都含有恒定数目的染色体，例如人有46条染色体。当细胞开始分裂时，核膜消失而每条染色体都纵向分裂成两条。这个分裂不仅存在于动物的细胞核中，也存于植物的细胞核中。动物和植物细胞分裂过程的这种严格一致性，表明了动物和植物的细胞过程的统一性。

1869年，瑞士生理学家、有机化学家米歇尔（Friedrich Miescher，1844—1895）通过对细胞核的研究，从细胞核中得到一种未知的有机物质，发现这种有机物质中含有丰富的磷，并给这种物质命名为核素，它是细胞核中真正起作用的物质。1879年，德国生物化学家科赛（Albrecht Kossel，1853—1927）通过水解发现核素中的碱基（两种嘌呤和两种嘧啶）。1889年，阿特曼（R. Altmann，1852—1900）用纯化核素的方法来研究核素，发现它是酸性物质，于是他把去掉蛋白质的核物质部分称为核

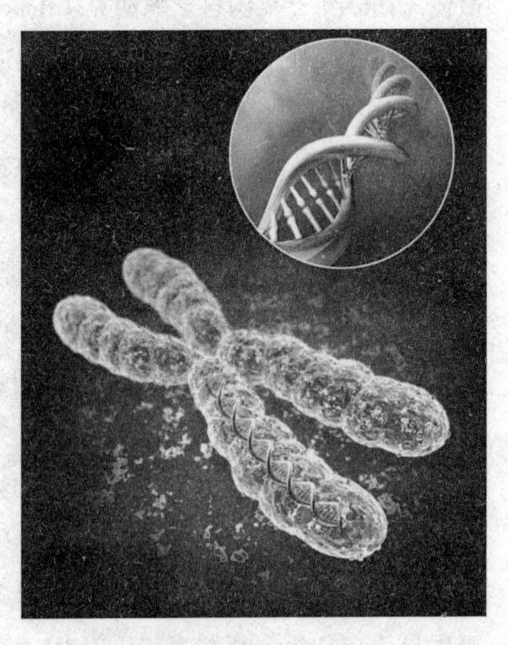

染色体最早是1879年弗莱明提出的用以描述核中染色后强烈着色的物质。现在认为染色质是细胞间期细胞核内能被碱性染料染色的物质。染色体的基本化学成分为脱氧核糖核酸核蛋白，它是由DNA、组蛋白、非组蛋白和少量RNA组成的复合物。

酸。1883年，魏斯曼（August Weismann，1834—1914）将细胞核称为“种质”，并认为种质就是遗传物质。

查尔斯·罗伯特·达尔文，英国生物学家，进化论的奠基人。

英国生物学家达尔文（Charles Robert Darwin，1809—1882）于1859年出版了他的生物进化论的巨著《物种的起源》，以自然选择理论解释物种的演化。达尔文的贡献不只使进化论成为科学理论，而且也探讨了亲代的性状如何在外界条件影响下直接传到子代的问题。尽管在他的自然选择理论中，关于变异的概念思路混乱，但也促进了其他人为了得到更好的解释而进行探索。在达尔文后不久，遗传学说由于奥地利生物学家孟德尔（Gregor Mendel，1822—1884）的贡献也成为生物学的科学理论。他于1866年在自然史学会的会志上发表了他的豌豆杂交实验论文，以遗传因子解释传宗接代繁殖多样性的基本规律。

19世纪60年代，尽管孟德尔对当时在细胞学上的发现并不知晓，但是他推测性状是由“相同和不同因子”所代表。在他的著作中曾多次使用“因子”这一概念，但他并没有给因子下定义。他认为，如果因子是相同的，在受精之后雄与雌的同源因子将完全混合；如果因子不同，它们在杂合体中的联合是暂时的，在杂合体的配子形成时，会再度分开。孟德尔对34个变种的豌豆进行实验，其中有22个变种在进行自花授粉时保持特定性，他种植了这22个变种的豌豆，他发现了豌豆的许多遗传规律。通过多次实验得出了孟德尔遗传学的分离组合定律。

但在19世纪，达尔文的进化论成为生物学的显学，几乎完全遮盖了遗传学，使之湮没无闻。在20世纪初，三位植物学家重新发现孟德尔遗传学论文以前的30多年里，虽然它多次被引用，但没有产生实质性的学术影响。进入20世纪之后，由于重新发现孟德尔，生物学的主流才从进化论转向遗传学。

奥地利生物学家，孟德尔，遗传学奠基人，被誉为“现代遗传学之父”。

1900年，荷兰植物学家德佛里斯（Hungo de Vries，1848—1935）、德国植物学家柯灵斯（Garl Correns，1864—1933）和奥地利植物学家丘歇马克（Erich Tschermak，1871—1962）差不多同时各自独立地重新发现了孟德尔的论文和他的遗传定律。英国遗传学家贝特森（William Bateson，1861—1926）的热情提倡和普及工作使得孟德尔遗传学兴起并形成孟德尔学派。接着德国生物学家魏斯曼（August Weismann，1834—1914）的细胞学说又为孟德尔主义提供了基础，不久遗传学就变成生物学中的一门极重要的学科。1903年，美国生物学家萨顿（Walter Sutton，1877—1916）把细胞学和遗传学结合起来并把孟德尔的遗传因子定位在染色体上；1908年，丹麦生物学家约翰森（William Johannsen，1857—1927）引进“基因”（gene）代替“因子”等模糊概念并区分了遗传的“表现型”和“基因型”；1911年，美国遗传学家摩尔根（Thomas Hunt Morgan，1866—1945）通过对果蝇的研究提出基因论，他的《基因论》（1926年）的出版标志着肉眼和显微镜能见的经典遗传学的完成。

1919年，美国生物学家列文（P.A.Levene，1869—1940）发现核酸可以区分为脱氧核糖核酸（DNA）和核糖核酸（RNA）两种，1934他又发现核酸的基本单位核苷酸并且它是由碱基、脱氧核糖（或核糖）和磷酸连接而成的。到20世纪30年代，遗传学家们已充分认识到所有动物和植物细胞都具有DNA和RNA。1946—1950年间查伽夫（Erwin Chargaff，1905—2002）的生物化学实验确认染色体上的基因就是生物大分子DNA。这个时期，人们对DNA做了大量的研究，懂得了它在遗传上的重要作用，直到1953年发现核酸的结构，使遗传学稳固地建立在了分子水平上。

二、生命的蓝图

DNA的双螺旋结构的发现为描绘生命的蓝图奠定了分子的基础。它的发现者是美国生物学家沃森（James Dewey Watson, 1928— ）和克里克（Francis Harry Compton Crick，1916—2004）。这是20世纪的重大科学发现之一，其重要性可以与19世纪达尔文与孟德尔的成就相媲美。DNA双螺旋结构为理解DNA的自我复制、发育与功能以及突变提供了基础。双螺旋理论不仅为生命科学的发展提供了无限的前景，而且也对哲学的思考产生了深远的影响。

美国噬菌体研究小组的成员，青年生物学家沃森带着当时遗传学要解决的关键问题——基因的结构问题，于1951年深秋来到英国剑桥大学卡文迪什实验室，学习与蛋白质有关的晶体结构分析工作。当时克里克已在卡文迪什实验室从事蛋白质晶体结构的研究，他在二次世界大战前是物理学的博士生，战后才转向生物学的。沃森与克里克相遇后，由于共同的理想和兴趣开始了合作研究。他们的成就也是建立在他人工作的基础上的，有三项工作成了沃森和克里克获得重大发现的基础。一是加州理工学院鲍林（Linus Pauling，1901—1994）发现了蛋白质的α螺旋结构，二是伦敦国王学院的弗兰克林（Rosalind Franklin，1920—1958）成功地获得了一些漂亮的DNA的X射线衍射图，三是查伽夫发现了嘌呤（AT）与嘧啶（GC）的等分子数关系。其中弗兰克林的工作尤为重要，有人认为，她事实上已经发现了DNA的结构，至少应该成为共同发现者之一，分享诺贝尔奖。这是科学史的一大疑点，后来有更多的人从女性立场为弗兰克林打抱不平。

经过18个月的努力，他们提出了DNA结构的双螺旋模型。这模型的最重要的特征是碱基配对，A只能与T匹配，C只能与G匹配，通过氢键在双螺旋内侧形成结构互补成对的共面碱基。他们的这一研究成果发表在1953年4月的英国的《自然》杂志上。

核酸是遗传信息的承担者，核酸分子是由许许多多核苷酸相连接的长链。而每个核苷酸都包含碱基、核糖和磷酸三部分，依据核糖结构的不同，核酸分为两类，含核糖的和含脱氧糖的，分别称之为核糖核酸（RNA）和脱氧核糖核酸（DNA）。DNA分子存在于微生物、植物、动物和人类的细胞中，是细胞核的特征。不同生物类群的细胞核中有不同的DNA分子含量。原核生物与真菌的DNA分

血气方刚的沃森（左）和克里克（右）在讨论DNA双螺旋结构模型。

子含量最少，有尾两栖动物、肺鱼及一些植物类群的DNA分子含量最多。一年生植物的DNA含量通常少于多年生乔木的DNA含量。生长速度很慢的物种的DNA含量一般多于生长速度快的物种的DNA含量。

DNA分子的结构是双螺旋形的。它的双链像一个扶梯，其“扶手”是三个单元组成的核苷酸可严格重复的结构，而其“横档”是由成对的互补碱基构成的。

核苷酸的三个组成单元是：脱氧核糖、磷酸和碱基。其中碱基有4种，它们分别是腺嘌呤（A)、鸟嘌呤（G)、胸腺嘧啶（T）和胞嘧啶（C)。因为一种核苷酸只含一种碱基，所以组成双螺旋扶梯之扶手的核苷酸也有4种。双螺旋双链的每条都是由这些扶手单元（有脱氧核糖、磷酸和碱基组成的4种核苷酸）连接和伸展而成的。他们的连接方式是，脱氧核糖和磷酸交替出现。双螺旋扶梯的两条扶手，由许许多多的“横档”连接起来就成为一个扶梯。

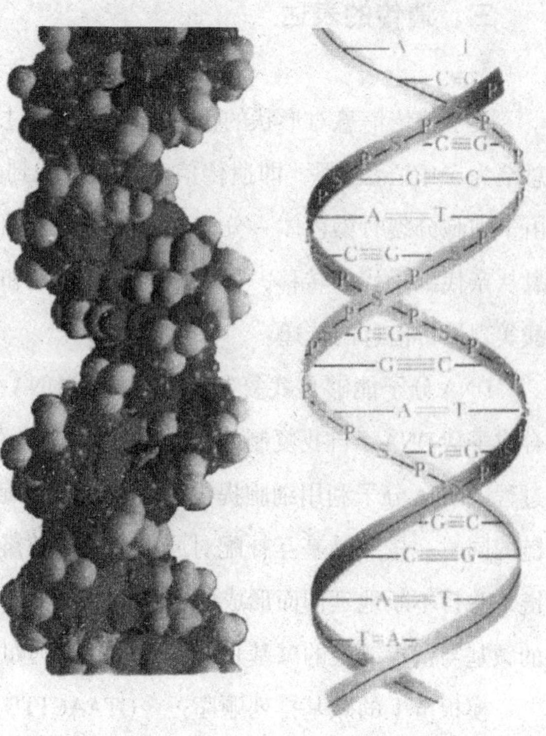

DNA双螺旋结构模型

扶梯的“横档”是碱基对，由每个“扶手”出一个碱基，按碱基配对规则结合而成。碱基是一一配对的，即A与T配对（AT、TA)，C与G配对（CG、GC)。A与T之间，C与G之间表现为一种互补关系。下图是扶梯“横档”的碱基配对示意图。图的上部是腺嘌呤（A）与胸嘧啶（T）配对的情况，图的下部是鸟嘌呤（G）与胞嘧啶（C）配对的情况。通过碱基配对，首尾相反的两条多核苷酸单链被连接成盘旋的双链DNA分子，并且每10对碱基形成一个完整的螺旋周期。DNA分子两条长链上的脱氧核糖和磷酸交替排列顺序是稳定不变的，而长链的碱基对的排列组合则是千变万化的。DNA分子楼梯的扶手可以很长，相邻横档的间距却只有3.4毫微米。

RNA分子的结构与DNA类似，也是双螺旋形的。不同之处在于：其核苷酸组分中核糖取代了脱氧核糖，尿嘧啶（U）取代了胸嘧啶(T)。

三、遗传的表达

关于遗传信息对形状的控制作用及流动过程，1958年，克里克将其总结为“中心法则”，即遗传信息是从核酸到蛋白质的。更具体地说，由于细胞分裂时染色体一分为二，DNA一方面通过自我复制实现遗传信息从亲代到子代的转移，另一方面通过转录和翻译编码蛋白质中的氨基酸实现遗传信息的传递。

DNA分子能够自我复制，即以亲代DNA为样板（生物学称模板）合成子代DNA。自我复制的行为是一种包括解旋和碱基配对同时进行的过程。DNA分子利用细胞提供的能量，在解旋酶的作用下分裂成两条单链的同时，按照碱基互补配对原则，每条单链都作为模板合成出子代双链，并且不断地延伸而形成两个新DNA分子。在复制过程中，互补链上的碱基与模板链上的碱基是一一对应的，例如：

模板链上的碱基排列顺序……GTAACTTG……

互补链上的碱基排列顺序……CATTGAAC……

正是DNA分子的这种自我复制机制保证了生物在传宗接代过程中传递遗传信息。而在后代生物个体发育中的遗传表达，即使后代表现出与亲代相似的形状，则是由DNA控制蛋白质合成而实现的。但遗传信息并不能由DNA直接传递给蛋白质。因为DNA主要存在于细胞核中，而蛋白质的合成要在细胞质中进行。因而DNA必须由一种能进入细胞质的载体把遗传信息转移到蛋白质，这可能的载体就是RNA。

基因控制蛋白质的过程包括遗传信息的“转录”和“翻译”两个重要步骤，而这两步都是通过RNA实现的。转录是在细胞核内由信使RNA完成的，而翻译则是在细胞质内由转移RNA完成的。

所谓转录，就是以DNA分子的一条单链为模板，与一条互补的RNA分子单链装配成一条新的双链RNA分子。例如：

DNA分子单链的碱基排列……GTAACTTG……

RNA分子单链的碱基排列……CAUUGAAC……

这样形成的新RNA分子称之为信使核糖核酸（mRNA）。之所以这样称呼它，是因为它转录了DNA的遗传信息，也就是说mRNA具有了来自DNA的信息。由于mRNA分子可以进入到细胞质中去，迁移到细胞质中的mRNA也就将DNA的信息带到了细胞质中。

进入细胞质中mRNA要编码蛋白质中的氨基酸，还要求适当的场所。细胞质中的核糖体就是通过编码氨基酸合成蛋白质的合适的场所。从细胞核出来的mRNA进入细胞质的核糖体，同时携带着蛋白质氨基酸的转移核糖核酸（tRNA）也进入核糖体，并且在这里发生，tRNA以mRNA为模板连接氨基酸的蛋白质合成过程。

蛋白质是由一条或几条多肽链组成，多肽的单元是氨基酸。每个蛋白质分子由50~500个氨基酸组成，而氨基酸都是由碳、氢、氧、氮组成，并有一个可变的支链R。由于支链R的不同形成了20种不同的氨基酸，如亮氨酸、谷氨酸……1953年，英国科学家桑格（F.Sanger，

1918— ）完成蛋白质胰岛素中的51个氨基酸的全部序列，第一次揭示蛋白质有确定的氨基酸序列，它决定蛋白质的三维结构及其功能。蛋白质的序列结构表明，氨基酸支链R并不参与多肽链中相邻氨基酸的键合，并且氨基酸多肽链也像核苷酸链那样，具有严格重复的主干。

每一个tRNA分子都能在一种特定酶的作用下与一个氨基酸分子连接，形成一端是氨基酸分子而另一端是三个碱基的构成体。作为氨基酸的运载工具的tRNA在糖体的一个特定结合点与mRNA的互补片断键合，而特定酶再引导氨基酸脱离tRNA并连到多肽链上。核糖体再沿着mRNA链向前移动三个碱基的位置，使下一个三联碱基接受一个tRNA。这个过程反复进行，一个多肽链就形成了，从核糖体中脱离出来就成为一个蛋白质分子。这种以mRNA为模板合成具有一定氨基酸顺序的蛋白质的过程，就是所谓的“翻译”。

我们可以把蛋白质的20种氨基酸或它们的支链看作字母表中的字母，而蛋白质中的氨基酸序列就像一个句子。蛋白质像句子一样是一种有序结构，也像一个句子一样表达某种意义。生物的遗传程序是DNA分子用20种氨基酸写成的，在DNA分子线性排列的碱基序列中，连续的三个碱基称为一个三联体密码子，例如AAA，ATA，CGA……由于DNA分子中有4种碱基，所以可以有64种三联体密码子。因为氨基酸只有20种，所以氨基酸与密码子不能一一对应，许多氨基酸的密码子不止一个。到1966年，64种生物遗传密码子已全部被破解。64种密码子中的61种用于编码特定的氨基酸对应，而其余的3种不与任何氨基酸对应，而是用做编码终止信号，指令肽链合成的终止，也就是蛋白质句子的“句号”。

由于DNA分子的复制和DNA分子信息的转录和翻译，使生命得以一代一代相传。但是DNA分子信息的转录和翻译过程有时也会出现错误，有可能错误地把A当成G或者把C当成T，有时也会出现遗漏或者重复某个句子。一次错误的复制有可能使某些机体的DNA包含两种蛋白质的编码。

地球上的人类已经有几千年的历史，某些生物的历史更为久远。不论是人类还是其他动物、植物，子代都继承了亲代（父母代）的性状。物种遗传是由生物体内的DNA分子决定的。不同的物种除DNA分子的含量不同外，核苷酸的顺序也是不同的，DNA分子中的碱基配对（AT、TA、CG、GC）提供了遗传信息。遗传信息是通过控制蛋白的合成而控制有机体的各种遗传性状的，也就是说由DNA组成的遗传物质并不参加建立新个体的躯体，而是作为一种蓝图，作为由遗传程序所指派的一组指令起作用的。

一百多年来对遗传和变异现象的研究经历了漫长而曲折的道路，人们对遗传物质结构与功能的认识，经历了一次又一次的升华。曲折的道路还在延伸，认识的升华还会多次发生。正是在曲折与升华之中，人类增强了对生命本质的认识和对自然的把握。

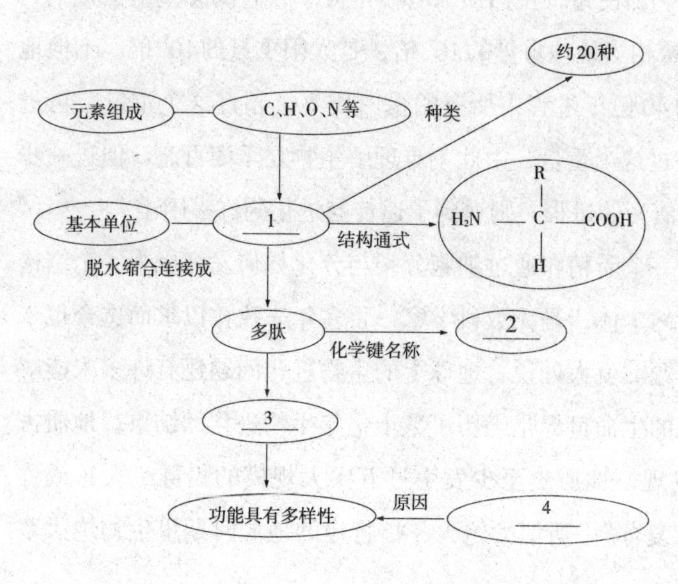

蛋白质分子的概念图：1. 氨基酸 2. 肽键 3. 蛋白质 4. 分子结构多样性

四、遗传与进化的统一

当20世纪遗传学作为科学理论被确立起来时，人们一时还没能认识到孟德尔遗传学也可以成为达尔文进化论的理论基础，达尔文的理论退居次要地位，这种状况持续到新达尔文主义出现，进化论与遗传学统一理论的探讨才成为时尚。

分子生物学建立在对生物体基本物质成分的认识上。构成生物体的最基本的物质是蛋白质，它是生命活动的主要承担者，一切生命活动无不与之相关。而几乎所有蛋白质都是由20种氨基酸以及肽键连接而成的。蛋白质有四级结构：氨基酸的有序排列称之为一级结构；氨基酸之间首尾连接形成的肽链称之为二级结构；肽链由于肽键以及侧链的相互作用称之为三级结构；折叠卷曲成一定形状的三维体称之为四级结构。一个仅有100个氨基酸的蛋白质是最小的蛋白质，在这样一个小蛋白质中，20种氨基酸有高达10^{130}种可能的排列方式，也就是说可以构成10^{130}种不同的蛋白质。即使每种蛋白质只有一个分子，它的总重量也将达到10^{100}吨。这个重量相当地球重量的10^{78}倍，是太阳重量的10^{72}倍。不但地球上生命进化的40亿年过程中所有的蛋白质不会超过这个重量，再过40亿年也不会超过这个重量，由此不难理解生物之千姿百态。但进一步追问它们产生和演变的过程，则遇到了遗传与进化的许多困难。

从小处说，一个受精卵通过细胞分裂与分化如何发育成为一个结构与功能都很复杂的个体，是无数科学家一百多年来孜孜以求而迄今也未能解决的重大课题。就大处说，地球上的生物进化问题还有许多未能解决。今日地球上的生命世界是经历了数十亿年生物进化的结果。地质古生物学的研究发现，地质史至少发生过五次大规模的集群绝灭（或称“大绝灭”）和“复苏”。所谓大绝灭，指特定的地质时期里生物绝灭率突然升高，各种生物门类、大量生物属种在短暂的地质时隔内（如100万~300万年）发生全球性绝灭。这五次大绝灭发生在晚奥陶世、晚泥盆世、晚二叠世、晚三叠世和晚白垩世。这些“绝灭”和“复苏”之谜长期无解，被“突变论”作为重要证据向占统治地位的达尔文生物进化“渐变论”提出了挑战。当今诸多日益严重的人类社会问题，如人口、地球环境、食物、资源与健康等重大问题，都曾寄希望于生命科学与生物技术的进步。而以分子生物学（包括分子遗传学）、细胞生物学、神经生物学与生态学为主干的今日生物学的进步，亟待遗传与进化如何统一这一核心问题的解决。

遗传与进化的统一是生物学中紧密相关的大难题。德国生物学家魏斯曼在19世纪末就曾试图建立遗传与进化统一的理论。他的努力失败了，但生物学家们对这一难题的关注却从未中断。1928年，美国生物学家威尔逊（Edmund Beecher Wilson，1856—1939）出版《发育和遗传中的细胞》，提出细胞中的基因活动是发育的根本原因，遗传特性表现时空秩序。1934年基因论创始人摩尔根出版《胚胎学和遗传学》，提出在发育的不同阶段有不同的基因在起作用。20世纪40年代，在摩尔根群体遗传学的基础上，朱利安·赫胥黎（Julian Sorell Huxley，1887—1975）和杜布赞斯基（Феодосий Григорьевич Добржанский，1900—1975），把进化论和遗传学结合起来，发展出新达尔文主义（或称综合进化论）。新达尔文主义主张，进化速度和进化方向

E.B威尔逊，美国生物学家和细胞学家。

主要是由自然选择决定的，因为中性基因十分有限，基因突变、迁移和随机漂变在进化中只起辅助作用，并且基因突变对于新种形成的作用也只能是逐渐积累的。因为进化的驱动力主要归结为自然选择，又忽视发育在进化中的作用，虽然对于小进化能给予遗传机制上的说明，但对于形态进化或大进化的遗传解释则遇到重重困难。

1967年，新达尔文主义的信徒木村资生提出中性进化理论，认为分子水平上的大多数进化变异及物种中的大多数多态不是自然选择，而是由选择上呈中性或近中性的突变等位基因的随机漂变形成的，把进化的主要驱动力从自然选择转移到随机的遗传漂变。但这也只是在分子进化水平上的解释，对形态进化并没有具体的说明。

在20世纪80年代，分子生物学对发育的研究证实了摩尔根等古典遗传学家关于发育特征的时空秩序思想。分子发生遗传学对同源异形突变和细胞谱系突变的研究表明，对于形态发育和形态进化来说，最重要的是调节基因（亦称选择基因），而不是结构基因（亦称实施基因），一个或少数几个调节基因的变异就足以产生分类意义上的形态特征。既然形态进化主要是控制发育的调节基因或遗传程序变异的结果，因而可能以跃变的方式进行，新达尔文主义关于形态进化是由许多细小的基因突变积累的观点受到怀疑。

如果说生命的奥秘记录在DNA信息档案中，那么遗传就是对生物双亲的信息档案进行混写，发育是根据混写好的档案进行表达而生成个体，进化是物种群信息档案的集合或系统的演化。个体的发育受遗传程序控制，形态进化主要是控制发育过程的少数几个调节基因或遗传程序发生变异的结果，并且其历史可能记录在基因结构中。

现代的“自组织”观念也是被用来指导解决遗传与进化统一的一种哲学观点。远古的有机分子的海洋中发展出了植物、动物、人类和全球生态系统。是什么驱动自然世界朝着复杂性前进的呢?达尔文进化论以自然选择学说来说明，生物学家一直把自然选择看作是有序的唯一来源。自组织是最近发现的某些复杂系统的固有性质，即某些非常无序的系统自发地“结晶”成为高度有序的状态。远离热力学平衡的开放系统，当外界变化达到一定的阈值时，其中的某些涨落可能被放大而使系统达到一种在时间上、空间上或功能上的新状态。自组织是生命世界的重要特征之一，计算机模型揭示了这类复杂系统如何能自发地自己组织起来以实现稳定的基因活动循环。这样，有机体之所以具有某些特征，也许并不是因为自然选择造成的，而是因为自然选择作用的对象具有自组织特性。人们已经开始认识到，进化是自然选择和自组织相结合的产物。

五、生命起源的疑难

人们关于生命起源问题至今了解甚少。有关生命起源问题的思考和研究可大致划分为三个时期：17世纪之前的臆测期、17—19世纪的检验期和20世纪以来的模拟期。在臆测期，西方有神创说和自然发生说，在中国有季真的“莫为”（即自生）说和接子的“或使”（即有使）说。自文艺复兴以来神创说日趋衰落，生命尤其是简单的生命可于短时期内由无生命物质自然发生的观点日益占据主导地位。200多年来的诸多检验，如意大利医生雷迪（F.Redi，1626—1698）于1668年所进行的腐肉实验、意大利微生物学家斯帕兰札（Lazzaro Spallanzani，1729—1799）于1767年进行的沸肉汤实验、德国生物学家施万（Theodor Schwann，1810—1882）于1836年所进行的热空气实验、法国微生物学家巴斯德（Louis Pasteur，1822—1895）于1862年所进行的肉汤消毒实验，最终否定了“自然发生说”。此后托马斯·赫胥黎（Thomas Henry Huxley，1825—1895）于1870年提出“生源说”（biogenesis），强调生命始终来自先前已经存在的生命。后来有关地球上的生命起源问题，从“自然发生说”和“生源说”演变而形成“化学进化说”和“宇宙胚种说”两种基本观点。随着计算机科学的发展，由计算机生成或构造表现生命系统行为的人工生命研究，使人们理解生命起源也获得了进展。考夫曼一直猜测生命的起源可能取决于某一基本原理，它使明显随机的、毫无希望的复杂化学相互作用出现有序。人工生命学家设计的“自催化网络”，即在模拟化学药品中产生类似生命的自繁殖（或自进化）的简单系统，在合适的条件下会发生“相变”，使系统成为“自催化的”，也就是会自发地产生具有更大复杂性和更大催化能力的多聚体。考夫曼相信这种过程会导致生命的出现。

我们在这里主要要介绍“化学进化说”和“宇宙胚种说”，因为1993年在巴塞罗召开的第十届国际生命起源学术会议表明，当代关于生命起源的假说仍可都归为这两类。化学进化说追到底，还有一个蛋白质和核酸谁先谁后的问题。宇宙胚种说只是主张地球上的原始生命来自宇宙空间，并不否认其化学起源，蛋白质与核酸谁先谁后的追问也是不能回避的。

化学进化说

恩格斯在《反杜林论》里就曾指出：“关于生命的起源，自然科学到目前为止所能肯定的只是：生命的起源必然是通过化学的途径实现的。”根据现有知识可知，地球上的生命应该是从无生命的物质产生的。地球上没有生命的阶段，是地球的化学发展阶段，然后才是有生命的阶段。原始地球上碳、氢、氧、氮、磷五种元素的存在，为重要生命物质的形成准备了条件。因此，生命起源问题首先是原始有机物的起源与早期演化问题，这是考虑和研究生命起源的基础和关键。苏联生物化学家奥巴林（Алексá ндр Ивá нович Опá ри，1894—1980）和美国化学家米勒（Stanley Lloyd Miller，1930—2007）对地球生命起源的化学进化说做出早期的贡献。奥巴林于1924年第一个提出了一种可以验证的假说，认为原始地球上的某些无机物质在来自闪电、太阳辐射的能量的作用下变成了第一批有机分子。米勒的功绩在于，他在1953年首次成功地验证了奥巴林的假说，即用氢、甲烷、氨和水蒸气等模拟原始地球上大气成分，通过加热和火花放电合成了氨基酸。继米勒之后，许多通过模拟地球原始条件的实验又合成出了生命体中重要生物高分子的其他组成原材料，如嘌呤、嘧啶、核糖、脱氧核糖、核苷、核苷酸、脂肪酸、卟啉和脂质等有机小分子。由于人工合成蛋白质和核酸的成功使人类进入了开始进行人工合成生命研究的新时代。多肽以及寡核苷酸等生物大分子也在模拟条件下非生物地生成。特别是“泡沫理论”提出以后，核糖核酸RNA分子既有遗传信息功能又有酶功能的发现，又为生命起源的难题的解决提供了新的契机。

现在已知生命的化学进化过程包括四个阶段：从无机小分子物质生成有机小分子物质，从有机小分子物质形成有机高分子物质，从有机高分子物质组成多分子体系，从多分子体系演变为原始生命。原始生命是最简单的生命形态，它至少要能进行新陈代谢和自我繁殖，才能生存和传宗接代。原始生命形态从自催化发展成为酶催化需要一定的物质基础，也需要一定的形态结构。人们推断，地球上的生命在发展成为细胞形态以前，得先有非细胞形态，如团聚体或微球体等形态。细胞是生命体具备完整功能的基本结构单位和功能单位，细胞起源问题是生命起源的重要问题。生命起源和细胞起源问题的研究试图重建一个历史过程，完整的起源过程不可能在实验室很快得以重复。

各种有关早期生命演化的假说都需要得到化石记录的验证。地球作为太阳系中的一个行星至少存在已有45亿年。地球上最古老的岩石的年龄大约为40亿年。由距今约35亿年的古老岩石中发现的原始细菌与单细胞藻类的化石推断，生命的历史可能和岩石圈的历史一样久远。在长达35亿年的化石记录中，最令人困惑不解的现象是古生物学家通常所说的“寒武纪大爆发”（Cambrian Explosion），以距今5.7亿年的寒武系底部为界，生命演化的化石记录被分为截然不同而且很不相称的两部分：有明显动物化石记录的自寒武纪开始以来的显生宙和缺乏明显动物化石记录的寒武纪以前的“隐生宙”（包括距今25亿~5.7亿年前的元古宙以及更古老的太古宙）。在寒武系之下的地层中，多细胞生物的化石不仅非常稀少，化石中尚无一种可以确认是已知动物门的直接祖先，寒武纪动物群似乎是突然涌现出来的。寒武纪大爆发成为生物演化史上最突出的重大事件。传统观点认为，如果达尔文的生物进化论是合理的，多细胞动物必定在寒武纪之前就已经历了一个漫长的早期演化阶段。现有的化石证据，尽管很零星，但足以表明多细胞生物演化在寒武纪开始之前至少已有10亿年历史。分子生物学的研究结果也表明多细胞动物的演化分异存在着一个寒武纪以前的漫长过程。对于多细胞生物特别是多细胞动物在寒武纪以前缓慢演化以及在寒武纪大爆发的原因，人们尚处于猜测阶段。

宇宙胚种说

诞生生命的条件不仅存在于地球，也存在于宇宙空间或其他星球。这不仅可以设想，而且是可以检验的。

早在20世纪60年代，人们就已通过微波谱线寻找到四种星际分子，此后50年来又发现了近百种星际分子。在已发现的星际分子中，有机分子多于无机分子，且有相当一部分是地球上或实验室中尚未发现的。在大量的星际有机分子中，最主要的是甲醛、氰化氢和氢基乙炔分子，它们恰好是生命前物质中的最主要的成分。研究表明，星际空间有形成生命的物质基础，而且通过几十年来对陨石的分析人们还发现，其中包含有氨基酸、嘌呤以及DNA成分。这表明，星际空间也有合成有机大分子的物理和化学条件。对星际消光曲线的研究还发现，星际空间还存在病毒和细菌的微粒，这表明有机物质乃至低级生命形式，在太阳系形成前就已存在于银河系了。

据此，对于地球上的生命来源，奥巴林提出生命是由其他星球“传染”到地球来的（1957年），开尔文（Wiliam Thomson，1st Baron Kelvin，1824—1907）认为是由陨石带到地球上来的，霍伊尔（Fred Hoyle，1915—2001）认为是由彗星带到地球来的（1981年）。在1993年召开的第十届国际生命起源学术会议上，有人坚持认为，造成化学反应并导致生命产生的有机物质，毫无疑问是与地球碰撞的彗星带来的。

霍伊尔是宇宙胚种说的代表。他对星际云中的有机分子如何进到太阳系做出了猜测，认为天王星和海王星是孕育生命孢子的“温床”，而彗星是将这些“生命孢子”运到地球上来的“搬运夫”。

天王星和海王星何以有温床的作用？按有些太阳系起源假说，天王星和海王星的形成要比地球晚，在地球诞生后的一段时期内，它们所在的区域仍是弥漫的星云物质，经3亿至5亿年才凝聚成了星体。在凝聚过程中，先是形成大量彗星似的冰质星云，其核径约为10千米，外层可能保留着从星际来的有机物质。在形成天体的过程中，星云由于受到小物体的冲击，可能形成局部“热塘”。由于离太阳系太远而没有致命的辐射，有机物在这里有可能由简单形式发展为相当复杂的生命形式，然后再由彗星带到地球上来。

彗星把生命物质带到地球附近，由于引力的作用，带有生命物质的部分星云可能形成椭圆轨道。它们在接近太阳时就会蒸发而进入星际空间，当它们接近地球时就有可能落入地球大气层的上部而最终达到地球表面。

由于彗星挥发含量的成分与细菌和哺乳动物的含量很接近，且与星际霜也很近似，使得许多人觉得宇宙胚种说可以作为假说接受。

蛋白质和核酸孰先孰后

蛋白质是按核酸中编码的结构生成的，没有酶的作用核酸也不能进行工作，包括形成更多的核酸。简言之，没有核酸蛋白质就不能形成，而没有蛋白质也不能形成核酸。基于这样的思考，生命起源的问题就如同古老的“先有鸡还是先有蛋”的问题。蛋白质和核酸究竟哪个在先?

如果按分子生物学中心法则推测生命起源，必然得出核酸先于蛋白质的结论。然而这样的结论也许是不能接受的。因为迄今为止的有关生命起源的研究都表明，在原始地球的条件下，核酸或类似核酸的物质是难以按非生命的途径生成的。一些研究还表明，在没有核酸的情况下，细胞是能够产生并继续繁殖的。1971年，诺贝尔化学奖得主，德国生物化学家艾根（M.Eigen，1927— ）提出生命进化的超循环论以避开蛋白质和核酸究竟哪个在先的问题，认为蛋白质和核酸在一个超循环中共同进化。这个模型要求以高度有序（事实上已富含生物信息）的多肽和多核苷酸作为起点。

在20世纪80年代，生命起源于RNA的学说被提出。分子生物学家凯奇和奥特曼通过许多实验发现，某些RNA自身可以起酶的作用，把它们自己一分为二，并把分开的各部分再次结合起来。这一结果使凯奇和奥特曼获得了1989年度的诺贝尔奖。从而人们认识到，既然RNA可以起到酶的作用，那么它就可以在没有蛋白质的帮助下自我复制。RNA可以起着基因和催化剂的作用，因而RNA可能是最早出现的能自我复制的分子。事实上，许多病毒只含单链RNA而不含DNA，能直接利用RNA的核苷酸顺序，既是载体又是模板地合成蛋白质。于是人们猜想，在原始的“有机汤”中，有些具有酶活性的RNA分子和核苷酸连在一起，自我复制核苷酸顺序；互容共生的RNA分类群彼此互相催化；一些新催化的RNA进化为能与氨基酸结合的分子并继而作为模板合成氨基酸多聚体。这样，生命的起源的过程被归结为：由RNA世界到RNA-蛋白质世界，再由RNA-蛋白质世界到DNA世界。要证实这种进化图景仍有许多困难，其中最大的困难是RNA的起源。

基于上述的进展和困难，把蛋白质的最初形式视为原始生命的最初形式的观点得到更多认可，越来越多的人认为，核酸和蛋白质共存的原始生命形态，最可能形式是RNA、蛋白质、DNA的三角关系。这样就使得生命起源和进化的自组织观点更加值得重视。

从递归论到认知科学

认识自身和认识外界是人类认识的两大领域。认识自身可分为两个部分，一部分是对身体的认识，在心物两分的思维模式中，这部分往往被划分到自我之外，等同于身外世界。的确，对这一部分的认识也相对容易一些。另一部分就是对思维本身的认识，这是认识自我中的难中之难。所谓不识庐山真面目，只缘身在此山中。

长期以来，有关思维问题的研究停留在哲学思辨式的讨论或过分经验的观察之中，进展不大。直到20世纪70年代诞生了认知科学（cognitive science）才有所突破。认知科学发展了关于认知和智力研究所特有的基本科学概念和科学方法论，它研究包括知觉、注意、记忆、动作、语言、推理和思考乃至意识在内的各个层次和方面的人类的认知和智力活动，从而进入到一个建立在现代科学基础上的新的历史阶段。

认知科学的认知计算理论和认知神经科学对智力的本质问题做出了贡献，前者注重研究“智能和机器（计算机）关系的问题”，而后者注重的是“精神（智力）和大脑关系的问题”。来自计算机科学、神经科学和心理科学的三个浪潮还在对认知科学核心概念不断发出巨大冲击，激发和孕育着认知科学未来的更大发展。但是，有关人类智力起源的问题及精神和物质的关系问题，可能是人类认识自己方面的永恒的难题。

一、认识自我的困难

对于物质世界，人们似乎已经有明确的看法。山石草木、日月江河，以及我们的身体都是物质。如果一切都是物质，精神是什么？

17世纪的法国哲学家和科学家笛卡儿（René Descartes，1596—1650）说：“我思故我在。”那么，“我”是什么？作为物质的我们的身体，每日每时都发生着新陈代谢，我们生下来时身体的细胞，绝大部分都已经死亡，现在构成我们身体的物质都是后来随着我们的生长被吸收到我们体内，并将很快离开我们的身体，被现在可能在食物中、空气中或者在某个罐装食品生产线上的一个螺丝中的物质所替代。那么，是什么保证“我”能够在物质的转换中保持为原来的“我”？

如果我们想知道什么是“我”，可以采取逐步排除“非我”的办法来逼近。山河大地，日月星辰，显然不是“我”。我们说：“这是我的杯子。”杯子是属于“我”的，但杯子不是“我”，当这个杯子粉碎之后，“我”还是“我”。同样，我们也可以说：“这是‘我’的手。”手当然也不是“我”。但是，手是“我”的一部分吗？通常我们认为，手属于“我”，当“我”失去了“我”的手，比如截肢或者换一只手之后，“我”还是“我”，我的身体失去了一部分，但是“我”并没有改变。用这种方法一直排除下去，我们可以把手、脚、四肢、五脏六腑等逐一排除在“我”的外边。但是，如果我们把大脑也排除之后，“我”是否还是“我”？现代人认为大脑是思维的器官，大概也认为它是“我”的居所。那么，“我”是大脑的一个功能吗？“我”能够等同于“我”的思维吗？

如果“我”的载体只是大脑，或者说大脑是“我”的物质部分，身体其他部分的切除应该对“我”不构成影响。就如同一台计算机，更换电源对原来的程序不会有任何影响。不可能重新开机后，发现屏幕保护程序被替换了。但是，有病例表明，做换心手术的病人，换心后的性格发生了变化，并表现出心脏提供者的某些习惯和心理特征，比如吸烟、嗜酒、左撇子等。就如中国古人所说：“心之官则思。”心脏原来主人的性格通过心脏影响了接受心脏的人，这意味着“我”不仅仅与大脑有关，也与心脏有关。既然与心脏有关，是否与手和脚也有关系？对此，我们已经不敢做出截然否定的回答。自我意识是思维的前提，也是生命存在的前提，但是对自我的界定至今也还不明确。

在所有关于物质世界的规律中，我们所探讨的都是物质与物质之间的相互作用。在涉及人时，也是把人视为物质。比如人推车，是物质与物质之间的相互作用。但是，人为什么推车，人选择怎么样的方式推车，则属于精神世界的问题。当推车人发现前方出现一个障碍物，他会选择从左面绕过去还是从右面绕过去。当他做出决定后，他的决定通过脑神经传导到手及全身各部位肌肉，推动车子完成这个动作。在这个过程中，肌肉的运动，肌肉与车的作用都是属于物质与物质的相互作用。但是，最初这个命令从何而来，这个命令如何推动神经元驱动肌肉，是否还可以说只是物质与物质的相互作用？如果是，这个最初的物质是什么？如果不是，那么是否可以说精神可以与物质发生相互作用？这个精神驱动神经元与我的手指敲击键盘有什么区别吗？如果这个精神能够驱动体内的脑神经元这种物质，那么它是否可以直接驱动身体外的物质，比如，用意念折断一根火柴？

一群白蚁，可以建造出一座恢宏的白蚁宫殿，这种建造被人类认为是在本能的指引下进行的。每一只白蚁并不知道自己在做什么，但是它们却共同完成一个工程。那么，一只白蚁能否算是一个生命个体？或者，一只白蚁只是一个大的生命的细胞？这样，一只白蚁不存在“我”，一群白蚁的集合才存在一个“我”。对人而言，当我敲击键盘的时候，“我”知道我在做什么，但是，我的每一个细胞并不知道“我”在做什么，就像我所敲击的键盘也不知道计算机在执行什么任务。如果细胞也存在一个“我”，那么，细胞这个“我”与“我”完全没有关系。一个人和一群白蚁都有一个“我”，所不同的是，一群白蚁的各个部分是分离的；而人的各个部分是集合在一个身体之内的。但是，人是必须集合在一个身体之内吗？人不能像白蚁群一样各个器官分离开来吗？计算机的各个部分就不必集合在一个身体内，它的各个部分可以分离得很远，只要其各个部分之间保持足够的联系，完全可以主机放在一个国家，打印机放在另一个国家，也就是说计算机的主体可以消失。作为主体的人，按照德国哲学家费希特（Johann Gottlieb Fichte，1762—1814）的意见，应以区分“自我”和“非我”为思考的前提，那么科学该把“自我”与“非我”的界限划在哪里？

人类对自身灵魂深处的探索已有几千年的历史，如果以冯特（Wilhelm Wundt，1832—1920）建立心理学实验室作为心理学从哲学中独立出来的标志，那么人类对于精神世界的科学研究不过百余年。心理学研究的进展并不顺利，至今也没能建立起像相对论、量子论和基因论那样的能为学术界公认的基础理论。近一百多年来的心理学，在物理学、化学、生物学乃至数学的成功进展影响下，其研究方法一直追随着实证科学的时代潮流。19世纪末，冯特受化学的“构造分析法”影响，把意识经验分解成少数基本心理要素，并按“心理合成律”合成人的心理活动。20世纪初，弗洛伊德（Sigmund Freud，1856—1939）通过精神病治疗发展出“精神分析法”，把人的个性结构区分为无意识的本我、有意识的自我和超我三个部分，以它们之间的对立和冲突说明人的心理过程。20世纪30年代，数学方法被引进心理研究，赫耳（Clark Leonard Hull，1884—1952）创立了心理学的“假说—演绎”，按照几何学的方法演绎出一系列的心理定律。40年代，皮亚杰（Jean Piaget，1896—1980）将数理逻辑引进心理学，发展出一种“两难判断法”，以两难命题测试研究对象的判断。二战后，以信号检测的实验方法为基础建立起来的认知心理学，发展了统计溯因判断法。电子计算机的发展，导致人脑与电脑类比的心理学研究方法，将电脑程序功能和人的认识工程加以比较。

西格蒙德·弗洛伊德，奥地利精神病医生及精神分析学家。精神分析学派的创始人。

心理学研究的诸多实证方法，的确带来了心理学多方的进展。例如，卡尔门（Harmut Paul Kallmann，1896—1978）和西尔斯对早期智力超常问题长达50年（1921—1972）追踪调查，确认了一个人的早年智力测验并不能正确预测晚年的工作成就，推翻了对智力超常儿童的误解和偏见。但是，这些心理学家在心理学研究对象问题上却一直没有达成共识，以致学派林立。在一百年之前，美国心理学家詹姆斯（William

James，1842—1910）说，心理学所达到的水平不过是描述性的分类和推理，还没有找到推理的前提，心理学还不能被认为是科学，而是一种“科学的希望”。一百年后的今天，心理学似乎仍然处在四分五裂的状态，缺乏形成统一规范的理论核心。美国夏威夷大学的心理学家斯塔茨（A.W.Staats，1924— ）认为，心理学正遭受分裂的危险，心理学成果的不一致使得它只能是一种“可能的科学学科”。只是在脑神经科学和计算机科学得到充分发展以后，对思维或精神现象的研究才突破了心理学研究的传统。通过大脑思维功能的机械模拟和脑神经系统探察，多学科合作的认知科学正在艰难地前进。

二、思维的机械模拟

早在17世纪，德国哲学家和数学家莱布尼茨（Gottfried Wilhelm Leibniz，1646—1716）就提出思维可计算的设想，即“符号语言”和“思维演算”的思想。但真正的进展是从1930年代数学递归论的提出开始的。

“计算”属于数学的范畴，“思维计算”问题的解决必定要以数学的解决为基础。虽然在实践上“计算”或“算法”是个古老的问题，对于计算的本质追究却是近百年才认真提出来的。数学问题中哪些是可计算的，哪些是不可计算的，以及计算的一般步骤问题，这类的抽象数学问题是思维计算的数学基础。

1900年，德国数学家希尔伯特（David Hilbert，1862—1943）在巴黎国际数学家会议上提出面向20世纪的23个数学问题，其中的第十个问题是丢番图方程可解性的判别。希尔伯特第十个问题的推广就是可计算性的判决问题。

1934年哥德尔（Kurt Godel，1906—1978）提一般递归函数的概念。差不多同时，美国数学家丘奇（Alonzo Church，1903—1995）等人提出一类可计算函数，叫作拉姆达（λ）可定义函数，并且不久他们就证明了它正好是一般递归函数。于是丘奇提出了他后来很著名的丘奇论点，即每个可计算的函数都是一般递归函数。1936年英国数学家图灵（Alan Mathison Turing，1912—1954）提出理想计算机可计算的函数，翌年他进一步证明理想计算机可计算的函数与拉姆达可定义的函数的等价性。由于三种可计算函数等价，可计算函数就可归结为哥德尔的一般递归函数了，而且可计算函数的计算也就可以归结为图灵理想计算机的计算了。

图灵提出的理想计算机后来被称为“图灵机”，图灵理想计算机的计算被称为“图灵计算”。图灵机作为一种纯数学抽象，实际上是“机械计算”的一个模型。所谓图灵计算，即按某种规则，将一组数值或符号串转换成另一组数值或符号串的操作过程。图灵计算包括三个部分：

1. 一条存储信息的无限长的带子，其上有许多格子，每个格子可以存储一个数字。

2. 一个读写头，它可以从带子上读出数字，也可以在带子的空格里写上数字。

3. 一个控制装置，可以控制带子的走动或控制读写头的读写动作。

图灵证明了一个重要的定理：存在一种图灵机，它可以模拟任意给定的一个图灵机。若将它看作一个理想计算机，那么，这种可模拟任何图灵机的理想计算机就是通用计算机的一个模型。

阿兰·麦席森·图灵，英国著名数学家、逻辑学家、密码学家，被称为计算机科学之父、人工智能之父。

图灵定理实际上提出了计算的

数学理论。图灵的计算机理论，不仅解决了数理逻辑的一个基础理论问题，而且证明了制造通用数字计算机是完全可行的。1945年，图灵提出电子数字计算机总体设计的报告，并按自己的报告于1950年制成了模型机。1958年，英国电气公司生产了30台。

1947年，在一次计算机会议上图灵提出有关智能机器的报告，论证智能机器的可能性。他的这篇报告被编入《机器智能》（1969年）后，人们才认识到它的深刻意义。按照符号转换的定义，人脑或计算机进行的定理证明、文字处理和一切可归结为符号处理的操作，都属于计算。1950年，图灵又根据计算机能进行符号计算的事实，发表《计算机与智力》的重要论文，提出计算机能思维的观点，并给出了检验计算机是否能思维的一个实验，即后来很著名的“图灵检验”。一个人在不接触对象的情况下，同对象进行一系列对话，如果他不能根据这些对话判断出对象是人还是机器，那么，就可以认为这台计算机具有与人相当的智能。

1956年夏，美国的一批年轻的科学家讨论了用机器模拟人类智能的问题，提出人工智能的概念。1976年，西蒙（H.A.Simon，1916—2001）等人提出物理符号假设：任何一个系统，如果它能表现出智能，则它必能执行输入符号、输出符号、存储符号、复制符号、建立符号结构和条件性迁移操作这六种功能。反之，任何能执行这六种操作的系统，必能表现出智能。这一假设有三个推论：1. 因为人有智能，所以人是一个符号系统；2. 因为计算机是一个符号系统，所以计算机必能表现出智能；3. 计算机能模拟人的智能。该假设为人工智能提供了一个理论基础，其核心思想是，智能可以归结为六种操作符号或计算。

自从马克罗希（Warren McCulloch，1898—1969）将神经元的反应表达为是/否的形式，西蒙等人将心理活动表达为符号计算以来，随着感知、识别、推理、联想、记忆、故障诊断、优化决策等思维操作实现了计算机模拟，以及计算神经科学、认知心理学、生物智能、计算智能和人工智能等一系列新理论和新学科的不断提出，这样一种观点广为人们接受：神经元的基本功能是计算，思维即计算或者说思维是由神经元的计算功能逐级整合而形成的。

由于人类抽象思维的各种逻辑规则，可用数理逻辑中的谓词表示，而谓词的真假值又可用1和0表示，故谓词演算可转化为计算机中的计算，于是人们普遍认为逻辑思维不仅可以归结为符号计算而且可以用计算机模拟。并且对声音图像的感知和识别以及记忆和联想甚至规划和决策等具有形象思维特点的操作已在人工神经网络中实现，有人还认为形象思维也可用网络计算加以模拟，主张将人工神经网络和人工智能结合起来模拟人类的思维和智能。

在人工智能的基础上，认知科学的开创者们提出“认知即计算”假说，并以“认知计算理论”为研究纲领发展认知科学。认知计算理论作为一种方法论原则，把对于认知和智力的理解分解为三个不同抽象水平而又相互联系的独立层次：作为“实现”（implementation）第一层次，作为“表征和算法”（representation and algorithm）的第二层次，和作为“理论”的第三层次。他们认为，无论人脑和计算机在硬件（实现）层次乃至在软件（表征）层次可能是如何的不同，但是在理论的层次，它们都具有产生、操作和处理抽象符号的能力。作为信息处理系统，无论是人脑还是计算机都是操作处理离散符号的形式系统。这种离散符号的操作过程就是图灵机意义下的“计算”，按通用图灵机给出的有关计算的最一般的精确定义。认知和智力的任何一种状态都不外乎是图灵机的一种状态，认知和智力的任何活动都是图灵机定义的离散符号的、可以一步一步地机械实现的“计算”。因此这种认知计算理论也被称为“符号处理学说”。

从上面的叙述可以看到，“计算”的概念对于认知科学的基本重要性有如“能量”“质量”的概念对于物理学和“蛋白质”“基因”的概念对于生物学的重要意义。虽然计算概念使智力的研究建立在现代科学基础之上，并且认知科学取得了诸多成果，但它不是没有可质疑的。中国的认知科学家发现有众多实验支持初期知觉是一个从大范围性质到局部性质的过程，而大范围性质的拓扑性的计算较之局部几何性质的计算要复杂。计算困难程度的次序与人知觉的先后次序的这种相反，暗示人脑信息处理方式较之图灵定义的计算可能存在着根本的区别，因而把认知的本质看成计算的根本指导思想可能是不全面的。更深刻地说，认知的图灵计算纲领把人类的认知结构、认知过程和认知能力归结为“递归性”，从而也是对人脑的认知能力提出了递归限制。或许正是由于认知计算主义对人脑的这种递归限定，一些科学家极力反对“认知即计算”的认知科学研究纲领，牛津大学的物理学家彭罗斯（Roger Penrose，1931— ）写了一本大众读物《皇帝的新脑》表达他的异议。

尽管如此，人工智能的基本思想，即用计算机实现逼近人类智力功能，现在是并将来可能仍然是认知科学的基本思想。虽然它需要心理学、脑神经科学等其他科学的启发和验证，

英国数字物理学家罗杰·彭罗斯爵士

但计算机模拟毕竟是当前认知研究的最严密的方法。

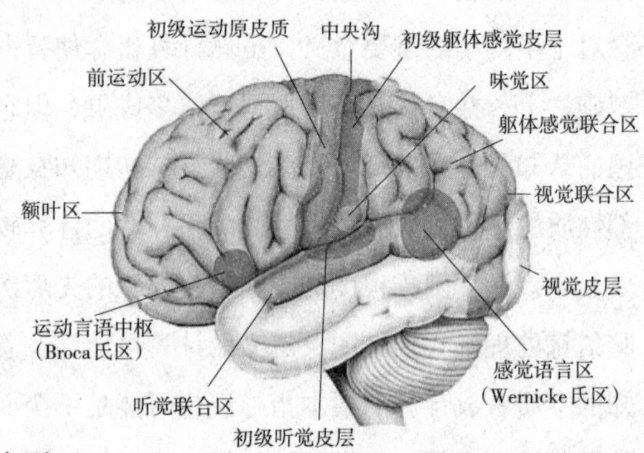

大脑皮层的基本功能区

三、大脑的思维功能

认知计算理论强调“理论”水平上的分析不依赖于“实现”水平，但是对认知过程之计算分析所提供的理论不可能具有唯一性。为了克服这个基本困难，人们越来越注意认知和智力过程的神经基础。于是便兴起认知神经科学（cognitive neuroscience）。认知神经科学强调，认知和智力是大脑的功能，“精神（智力）和大脑关系的问题”是认知研究之基本的和中心的问题。

人类大脑的重量虽然只有1.5千克，却有极为复杂的结构，分为大脑、小脑和脑干，并表现出多方面的功能。从历史看，关于脑的复杂性，功能认识早于结构认识。

早在1861年，法国医生布鲁卡（Broca，1824—1880）就注意到脑功能的分区。后来德国神经解剖学家布劳德曼（Korbinian Brodmann，1868—1918）把大脑划分为104个区，每个小区都有更小的结构，它们体现出功能结构原理。到20世纪30年代，由于德国神经外科医生福斯特（O.Foerster，1873—1941）和加拿大蒙特利尔神经研究所的潘菲尔德（W.Penfield，1891—1976）系统的电刺激实验研究，大体确定了大脑皮层的基本功能区。苏联脑科学家卢里亚（A.R.Luria，1902—1977）区分了脑的三个功能单元，每个单元都有自己的解剖结构系统。第一个功能单元是调解清醒、睡眠、做梦和关注等觉醒状态的单元，它是高度分化的，包括激活唤醒或唤起器官，并且以内部代谢信号、外部信号和心理活动信号补充唤醒器官。第二个功能单元是从事感觉信息的接受、加工和贮存的单元，它位于大脑皮层的后部并可区分为投影区、投影区之上和投影带之间三个区域。第三个功能单元是组织意识活动的单元，它占据脑皮层的前部，分为皮层运动区、皮层前运动区和前额骨区。高级的脑功能决定于大脑皮层的神经元。

1891年，德国解剖学家沃尔叶德-哈茨（Waldeyer-Hartz，1836—1921）就提出神经细胞独立的假说，并称之为神经元。西班牙解剖学家卡哈尔（Santiago Ramony Cajal，1852—1934）证实了神经元理论，因此获1906年度诺贝尔医学和生理学奖，1904年他完成了一部专门阐述神经元理论的著作《人与脊椎动物神经系统组织学》。神经元已经分化为许多不同的类型，每一类型都与特定的子功能相适应，但它们具有大致相同的以细胞体为中心的基本结构，与其他细胞不同的是它们均有接收和传输电脉冲的功能，但它们也履行与其他动物细胞一样的功能。神经元细胞由细胞体及其延伸的神经突起组成。神经突起即通常所说的“神经纤维”，是细胞体向两个方向的延伸物，区分为轴突和树突。沿细胞体向上延伸像树枝一样的分叉物称之为“树突”，而向下形成的细长物称之为“轴突”，突起的末端称之为神经末梢。轴突的主干叫作“轴索”，其末端叫作“轴梢”。

人的大脑最发达，其表面覆盖物称之为大脑皮层，由于褶皱起伏，其总面积可达0.22平方米。大脑皮层由大约10^{10}个神经元构成，这是一个可同银河系中的恒星数相比的数字。神经元轴梢和树突的尖端形成极小的纤维节，称为“突触”。神经元之间的连接就是通过突触接触而实现的。突触之间有两种接触方式，大多数是化学接触，也有电接触。电接触的间隙一般要小于10^{19}米，而化学接触的间隙一般要比电接触间隙大20倍，仍然小于可见光的波长。因为每个神经元有大约10^{4}个突触，所以每个神经元与大约10^4个其他神经元相联系。20世纪50年代，在电子显微镜下观察到突触的结构，突触小体中包含有许多囊，囊中充满了被称为“神经递质”的分子。这些分子是在细胞体内合成的，当电脉冲到达这些突触之一时，它就打开细胞膜中由电压控制其阀门的通道，让钙离子流入。这些离子激发一系列的复杂化学反应，这些化学反应通过促使构成囊的边界的薄膜与作为小体边界的薄膜合并而使得囊中的神经递质脱离小体。一些神经递质便与在突触后细胞膜上与之匹配的感受器相结合，导致该处的离子通道开启。化学突触就是以这样的机制传递电信号的。

突触的结构和功能的发现，其重要性可以与原子和DNA的发现相提并论。因为原子的发现有助于回答物质是什么，DNA的发现有助于理解生命的本质，而突触的发现对于认识脑功能至关重要。假定每个突触有两个状态，那么，人脑中所包含的不同状态总数则为2^{10}。这个数字大大超过了整个宇宙中的基本粒子（质子和中子）的总数。

人脑的结构可区分为不同的层次：分子、突触、神经元、神经网络、神经回路、投射区、神经系统和中枢神经系统。神经系统不仅能收集和加工有关环境的信息，并激发出与这些信息相呼应的肌肉反应，还能使我们建构外部世界的内部表象，记住往昔的经历，表述关于未来的假设，以根据这些假设行动。即使我们知道了大脑的全部突触、全部递质、全部离子通道和每个神经细胞的全部反应模式，我们还是不一定就能懂得脑是如何工作的。因为单个神经元是不能推理的，是不可能有智力的。就拿视觉来说，辨识某种形象并不单单取决于对视网膜上光感受细胞的物理刺激，也取决于大脑的模式生成和模式识别的机理。一个形象的“结晶”是按一定方式对视觉信号进行处理才完成的。生命和思维世界的运动和发展带有明显的整体性，有如我们不可能用色谱分析去理解梵高的油画作品中特定色彩产生的美感，不可能仅仅通过对各个音符的音频研究就能理解肖邦的琴思。

作为一个复杂多极系统，大脑的思维功能只能由各神经元的功能逐级整合而成。即大脑系统先将各神经元的功能整合为神经网络的功能，再将神经网络的功能整合为神经回路的功能，并最后将它们整合为大脑的思维功能。由于每一层次的功能都是下一层次各子系统所不具有的“突生性质或功能”，因此，思维问题不能用还原论的方法来解决，即不能靠发现单个细胞的结构和物质分子来解决，揭示出能把大量神经元组装成一个功能系统的设计原理，才是问题的实质所在。因此要探索把神经元功能整合为其系统功能的整合与转化机制。但是，人们对神经元的认识可以从不同的视角进行，神经科学家侧重探查神经元及其网络的电生理和生物化学特性，心理学家侧重认识其各种心理信息，逻辑学家侧重了解其判断和推理的工程，计算机科学家则是专注于其计算功能。

围绕着“精神（智力）和大脑关系的问题”，认知神经科学研究各个方面和各层次的一系列最富于挑战性的问题，包括常常被看作哲学问

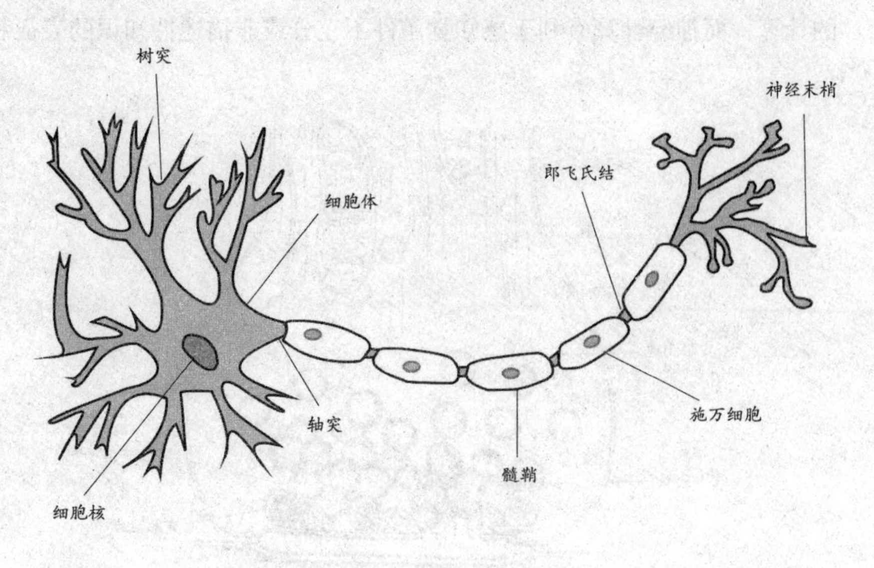

轴突(Axon)和树突(Dendrite)：轴突相当于一个发射器，会传递信号给下一个神经元，树突相当于一个接收器，会把信号从各个方向接收过来。

题而忽略或忽视的意识问题、空前困难的认知进化问题、牵涉诸多方面的智力模块性问题以及对于理解智力的产生至关重要的知识的先后天问题。

认知神经科学实验包括对大脑损伤病人的行为所进行的神经心理学实验以及以认知研究为目的的非人的灵长类的神经生物学和脑损伤的行为相结合的实验。认知科学发展了一些新的实验技术，包括脑（认知）成像技术（即能直接“看到”大脑在知觉、言语和思考等方面的认知心理活动的成像技术）、高分辨率的脑电/诱发电（EEG/EP）、功能磁共振成像（FMRI）、正电子发射射线断层照相术（PET）等。

20世纪80年代中期计算机科学中形成的神经计算原理，在一定程度上在认知科学和认知神经科学之间建立起联系。虽然神经计算原理不同于认知科学中物理符号离散计算的原理，但它却是后者的补充与扩展。近年来多数学者认为，应取两类认知计算之所长，使之更好地结合起来。离散物理符号有利于表征描述性知识，进行高层次复杂智能活动的计算，而神经计算有利于感知觉条件不充分或非描述性知识的表征和

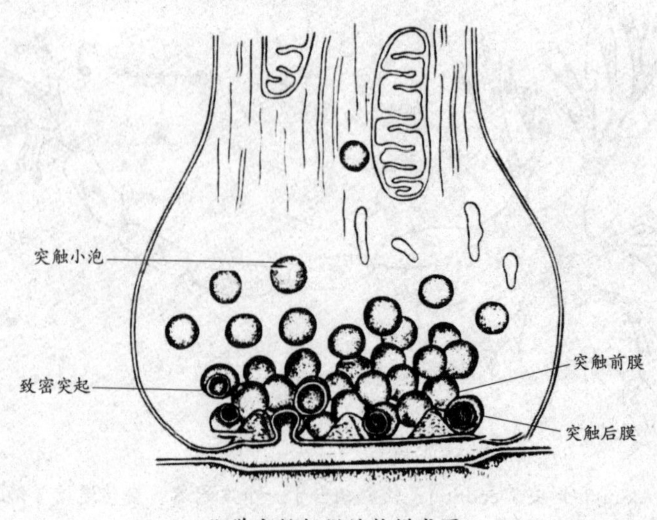

化学突触超微结构模式图

进行低层次智力活动或内隐认知计算。

就精神和大脑的关系问题而论，机能主义认为重要的不是物质的东西本身，而是物质的东西的组织方式（form）。现代的机能主义——计算的机能主义把精神（心理）和智力的本质看成是通用图灵机的计算，也就是说精神和智力的活动在本质上跟其物质载体大脑及与之相互作用物理环境没有关系。意识究竟是认知过程的一种特性还是独立于认知过程之外，是否存在着一个分离而又与认知过程交互作用的意识系统，有意识的心理过程与无意识的心理过程是截然有（意识）或无（意识）的关系，还是一个有意识与无意识结合程度问题，意识是集中注意过程的结果还是参与信息加工过程之中，这些理论性的问题都有待解决。

20世纪以来的人类关于复杂系统的兴趣和认识，对于理解生命与智力的本质带来了新的启迪。混沌学的研究表明，最初有序的动态系统和非线性系统经过一段时间可转变成混沌状态，还有另外一种反混沌现象，即某些非常无序的系统自发地“结晶”成为高度有序的状态。为了有助于理解不同的网络集中了混沌与反混沌之间的变化，有人提出了一个比拟，把网络的行为特征与物相变化联系起来：有序的网络为固相，混沌网络为气相，处于中间状态的为液相。如果一个有序的网络接近于临界的某一点，就可能轻微地“熔化”冻结部分。

未来的路可能还是十分漫长的，逐步地把心理学、神经科学和哲学等领域的研究成果综合起来，或许我们会更接近意识问题的解决的那一天。

四、人类智力的起源

人类的智力是指其认识客观事物并运用知识解决实际问题的能力，通过观察、记忆、想象、思考、判断等表现出来。它是先天素质、社会历史遗产和教育的影响以及个人努力三方面因素相互作用的产物。

从历史的角度看问题，智力源于生命，是在漫长的生物进化的过程中产生的。单细胞的菌类或藻类可以对食物浓度差或光照强度做出反应，游向食物或光线充足的地方，有人把这说成是智力的萌芽。但人类智力起源的研究一般不考虑这类低级的行为，而是从人与其他动物区别的智力行为开始。然而，虽然有关科学家已经进行了多视角的研究，但距真正解决这个问题还相当遥远。有人提出识别特征、感情评价和意识是揭开智力之谜的三大难题，如果我们接受这种看法，它自然也应当是解决人类智力起源的突破口。

人类智力的起源必然要追溯到人类的诞生及其脑的进化。在从猿到人的转变过程中，对于智力的产生和形成过程的探索包括三个方面的问题：作为智力活动物质基础的脑的进化问题；作为智力外化行为的工具的制造和使用问题；以作为智力外化高级形式的语言发明和运用问题。

像脑这样复杂的器官系统的发展进化，一定不可避免地依赖生命的早期历史，生命的发生、适应和演化，还要依赖于机体对再次变化了的条件的曲折适应。动物的脑进化有三个转折点：爬行动物的诞生、哺乳动物的诞生和灵长动物的诞生。第一次转折发生在几亿年前，地球上首次出现了一种脑内信息大于基因信息的生命体，这就是早期的爬行动物，具有了视觉的特征探测。第二个转折发生在几千万年前，地球上出现了哺乳动物，它们的大脑新皮层高度发达，使得特征探测到知觉的跃变成为可能，并且带来强大的选择压力，因而有助于形成较大的脑容量，学习记忆能力明显提高，习得性行为比例明显增加，因而行为模式变得复杂。第三个转折发生在几百万年前，包括人类在内的灵长目动物在地球上诞生，其最重要的特征是额叶的产生，使得神经系统不再是被动地、单纯地接受信息和处理信息，而是主动适应环境，乃至有意识地改变环境。

脑的进化与修饰总是在先前已有的脑组织和结构的基础上进行，通过在旧系统上面增殖新系统可以达到根本的变化。虽然脑的每一步进化都得保留原有部分，但其功能总是为新层所控制，并同时具有增殖新功能层的能力，最后形成覆盖在脑的其余部分之上的最新进化的堆积物——新皮质。新皮层进化的最出色的是人、海豚和鲸鱼，这大概已有几千万年的进化史了。在人出现后的近几百万年，这种进化又大大地加快了速度。人类大脑无疑是生物史上最伟大的成功之一。自然选择在脑的进化中起着一种智力筛选的作用，从而产生出愈来愈能胜任应付自然法则的人类大脑与智力。

人类是从灵长类动物进化而来的，能两足直立行走的高等灵长类被归入人类。经历了前人阶段、能人阶段、直立人阶段和智人阶段。现有的化石的证据表明，最早的前人是400多万年前的南方古猿的一支。最早的能人出现在240万年前的东非，脑量比南方古猿明显增大，并已开始制造石器工具。最早的直立人出现在200万年前，亚、非、欧三大洲都有遗迹发现，脑量比能人更大了，身材也明显高大，并且能制造多种

人类的诞生示意图

石器。最早的智人出现在40万年前，脑量比直立人更大，达1300毫升以上，体质形态也比直立人进步。

智人出现过程中，新大脑皮质的额叶爆炸式增大，比感知运动性智力更高级的层次上出现的精神过程起着中心作用。像语言和思维这样一些过程，取决于我们建构和操作内在表象的能力。生物学显示，我们人类祖先呈现出的建构外部世界内在模型的能力，产生了选择性的压力，这压力可与几千万年前或更早时知觉的出现所产生的选择性压力相比拟。人的智力存在年限是地球年龄的千分之几。为什么人的智力出现这么晚？这可能是因为高级灵长目动物及鲸目动物的脑的独特性能在全新世以前毫无进展的缘故。

人类与灵长动物的区别，并不在于其脑量特别大，也不在于其脑重与体重比特别高。大象和鲸鱼的脑量要比人类的脑大得多，在脑重与体重比方面都比人要高。两者之间最重要的差别可能在于人类具有制造工具的行为和作为交流工具的语言这些思维活动的外显形式。大脑的两半球机能的分化是语言产生的物质基础。这种分化在从非人灵长类向人类进化的过程中就发生了。尽管这种分化在灵长类动物中已经出现，但在人类中表现最为明显，出现左脑和右脑的分工，左脑主要执行语言的功能。但在以往的智力研究中，语言的因素被夸大了。作为智力的产物和工具的语言，是人类发明的思维技术而不是思维的规律。人类学对智力研究的启发虽然不算太多，但它对于智力中的文化与遗传的因素可能提供有益的参考。

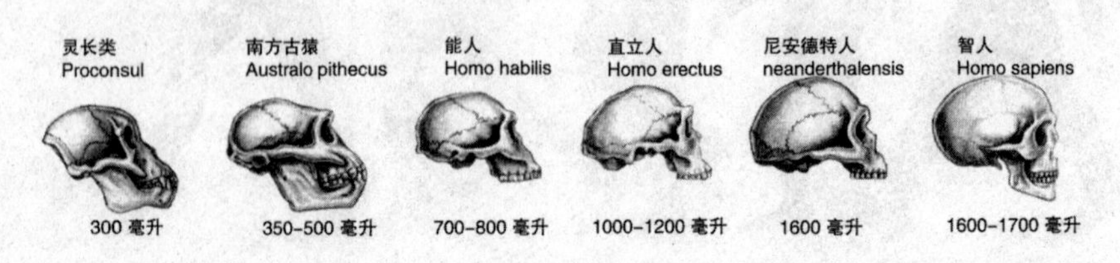

从猿到人脑的容量不断增多

言语活动是人类最复杂的认知活动，与人的知觉、记忆和思维有紧密联系。行为主义用刺激—反应机制和强化的原则来解释人的言语活动。预成论则认为人类语言表面上呈现的多样性背后，存在着一种刚性的、不变的深层结构，它已经有4万年了，比我们祖先学会种植庄稼和饲养动物还要早。构成论和预成论一样，认为行为模式是以生物学结构为中介的，但强调创造性行为主要是由发育过程建构，从知觉直到掌握语言这个广阔的人类行为领域，都是名副其实的创造性的过程。在所有人类特有的行为中，语言行为是最基本的，没有语言我们的发明和即兴创作能力的适应价值就要小得多。美国语言学家乔姆斯基（Noam Chomsky，1928— ）认为，从根本上讲，自然语言并不具有表面看上去那样的巨大差别，它们都遵守编码于我们的DNA中的“普遍语法”规则，正如白蚁建造蚁窝的规则被编码于它们的DNA中一样。在乔姆斯基看来，语言是一种生成的系统，其生成遵守一套规则——生成语法，它就像一套足以产生每个语句的计算机程序，不同语言的生成语法具有共同的编码于人类DNA中的内在知识。长期以来，乔姆斯基的理论思想对心理学关于言语理解和生成的研究有重要的影响。近年来，关于言语理解和生成过程

乔姆斯基，美国语言学家，转换—生成语法的创始人。

的研究，在广度和深度上已超越了乔姆斯基的理论框架。尽管如此，在认知心理学中却还没有出现一种统一的理论框架足以替代它。

五、精神和物质的关系

物质和精神的关系问题，在哲学领域一直是一个争论不休的问题。但随着科学的进展，这个令所有大学问家都困惑不解的问题，正在成为科学的问题，并且在物理科学、生命科学和认知科学的前沿领域得出了种种尝试解释。虽然对这个问题的讨论基本上还是哲学性的，但是科学已经越来越深地进入到这个领域，并且试图给出基于科学模型的答案。

协调两种世界图像的困难

自古以来，伦理世界对象的自主性和科学世界对象的必然性之间的对立，一直没有在科学的层面上得以很好的解决。我们每个人似乎都分属于两个不同的世界。作为经验主体的人，我们总是直觉地感到自己是行为的主体，我们能够做出审慎的选择，我们能够考虑不同行动的可能后果，并且根据比较，在多个方案中做出选择。因为我们有上述的能力，所以我们应该对自己的行动承担责任，功过奖罚对我们而言是理所当然的。价值观、伦理体系和法律规范都是以意志自由为前提条件的。然而作为自然科学描述的客体，我们受着普适的自然规律的控制；如果决定论的意见是正确的，原则上作为原子集合的人的行为应该是必然的和可预见的，不可能有什么自由意志。我们觉得我们自己是自由的，有责任感的人；科学则告诉我们或似乎告诉我们，我们是遵循严格因果规律的运动并相互作用着的原子集合。人类的自主性与自然的必然性之间的这种明显的不相容性，能够用以支持下述两个结论中的任何一个：因为我们是自然界的一部分，所以自主性肯定是一种幻觉；因为自主性是一个事实，所以我们不可能完全属于自然界，人类本性一定具有精神的或非物质的方面。

古希腊的先哲们关心并思考过这一困难。原子论哲学家德谟克里特（Democritus，前460—前370）也阐述过基于道德责任的伦理体系，他既认为我们的身体是原子的集合，又认为我们的伦理自觉是出于理智的判断，但我们已无从考查他是如何协调他的确定论的自然图像和他的道德责任学说的了。伊壁鸠鲁（Epicurus，前341—前270）则试图以原子的随机偏斜运动将人的自由与他的原子理论统一起来。在科学的原子理论——量子力学确立以后，爱丁顿（Arthur Stanley Eddington，1882—1944）等人依据原子事件的不确定性，相信微观世界的非确定论特征可能为人类自由提供科学依据。然而自苏格拉底（Socrates，前469—前399）以降，思考的主流方向长期采取物质与精神两种实在并存的方案。苏格拉底认为原子论不适用于灵魂或精神，柏拉图（Plato，前427—前347）和亚里士多德（Aristotle，前384—前322）强调灵魂的初始运动是他们所能想象的因果链的第一环，康德（Immanuel Kant，1724—1804）论证人类的自主性是不可能科学地得以理解的。由于人类具有非自然的精神维度的思想与基督教教义合拍，以致这种思想长期在西方哲学中占统治地位，直到达尔文的进化论问世才有了根本性的变化。因为达尔文的《物种起源》（1859年）使这种思想成为问题，根据物种进化可以推测最早的生命机体能自然地从非生命物质中发生。现代生物学极大地强化了这种思想，当今的每个生物学家事实上都接受了这种思想。假若人类完全属于自然界，那么人的自主性则必然被认为是一种自然现象了。因而人类自主性与自然必然性协调一致的问题便向哲学和科学提出了挑战。

客观描述与主观经验的对立

认识和知觉显然既是一个心理过程又是一个生物过程。然而至今还不大清楚应当如何把心理描述和生物描述联系起来。神经科学对于在结构的最低层次上的神经系统的解剖学和生理学已经有了相当清楚的了解，但在知觉和认识过程得以发生的层次上则刚刚开始建立其结构和功能的详尽描述。困难还不只在科学的层面，在哲学上这是一个主观的观点与客观的观点之间对立的问题。我们已经学会了越来越客观地观察世界和我们自己，在承认每一种事物为实在之前先要寻找其客观的说明。沿着区分“第一性”和“第二性”的道路科学已经取得举世瞩目的成就，甚至使许多人相信整个实在都存在于科学领域之内。然而在个人经验的核心方面似乎仍然有某种不属于外部的客观的自然科学世界的东西。这种科学描述的客观性与直接经验的主观性之间的对比，曾经成为现代哲学家柏格森（Henri Bergson，1859—1941）的中心议题，并且他从主观经验的不可还原性引出的“生命力”也曾被许多现代科学家所接受，包括神经科学家艾克尔斯（John Carew Eccles，1903—1997）和斯佩里（Roger Wolcott Sperry，1913—1994）都追随他

艾克尔斯，澳大利亚神经生理学家，1963年度诺贝尔生理学奖获得者。

而假定有一种非物质的实在介入了某些精神过程。

另一方面，采取行为主义路线的心理学长期以来忽视的精神或意识问题的研究。在心理学发展的历程中，对心物二元论采取极端态度的是心理行为主义和逻辑行为主义。心理行为主义的极端形式认为，应该在刺激—反应的历史中寻找对行为的说明，以回避精神与物质的相互作用的问题。然而，对于那些与直接刺激关系并不密切的内部心理过程对行为的明显影响，这种行为主义学说不能提供合理的说明。逻辑行为主义作为分析和理解心理学所应用的有关精神问题的词汇的一种理论，主张按照行为谓词定义精神谓词，并且认为行为谓词构成精神状态赋予的主要条件。但逻辑经验论的意义理论本身的问题和精神谓词翻译成行为谓词的意义丢失问题，以及按照行为假设定义行为倾向所必然导致的无穷倒退问题，使得逻辑行为主义缺乏说明能力。

借助于假定两个客观世界，即一个事物的世界和一个思想的世界，实际上并不能跨越客观性和主观性之间的鸿沟，而行为主义的研究理路等于放弃了解决科学描述的客观性和直接描述的主观性这一问题。从哲学考虑，下述问题应予以回答：心灵和大脑的关系是什么？是否按照刺激—反应模型就能说明行为，而不必诉诸任何精神状态的概念？如果确实存在精神状态，那么是否能够还原到物理的状态和过程？

行为主义的困难以及对精神表象的关注，使得心理学、神经科学、人工智能、语言学、哲学和人类学联合成一门新科学——认知科学，它以发现心灵表达能力和它们在大脑中的结构表现和功能表现为中心任务，并试图发现一些适用于一系列广泛的认识活动的普遍规律，并不言而喻地假定这些定律与物理科学中的定律具有同样的普遍形式。认知科学主要致力于以模型说明认知系统的能力和行为倾向。在认知科学中使用最广泛的模型是产生式系统模型，它被认为是心理上实在的。

三种研究进路的理路和问题

考虑到内在精神状态重要性的研究有三种进路，对于我们的论题应该在这里予以讨论，它们是功能主义、物理主义和进化突现主义，但也都各自有其所面临的一些严重的问题。

功能主义是认知科学的主流，它主张人的智能行为必须诉诸内在的认知过程来说明，以建立认知活动的信息处理模型。功能主义者把大脑看作一个计算系统，只询问是什么类型的功能在大脑中得到体现，而不问哪些脑细胞进行这种体现，或它们的生理学如何使这种体现成为可能。功能主义者考虑了精神状态之实现的多重性和因果作用，功能分析、普遍图灵机和精神表象的思想相结合而得出一系列的功能主义的学说。

功能主义的“计算机隐喻”隐含着如下假定：（1）一切认知系统都是符号系统，它通过对外在的和内在的情况和事件的符号化，通过处理那些符号而获得智能。（2）一切认知系统都享有一组根本的符号处理过程。（3）在一个合适的符号形式系统中，可以把一个认知理论表达为一个程序，以致当这个程序在合适的环境中运行时，会产生观察到的行为。

把程序与理论和认知机制联系起来的企图引起了许多困难，不仅计算程序在发展和检验理论中究竟起什么作用争论颇大，而且把思想看作了结构化的实体。退一步说，仅仅行为的等价也不足以揭示心脑工作机制，要想理解为什么意识应该伴随着大脑中的特定类型的活动是没有任何指望的。于是随着神经科学的进展，“计算机隐喻”向“脑隐喻”转变，以人工神经网络为物理基础的认知科学兴起。

物理主义有两种，还原论的和非还原论的。还原论的可区分为标志物理主义和类型物理主义。标志物理主义主张，每一精神状态标志等同于一个标志的物理状态。类型物理主义主张，每一心理状态类型等同于一个物理状态类型，并且每一心理性质等同于一个物理性质。物理主义所碰到的最严重的困难是，心理学向物理学还原缺乏学科间还原的必要条件，即不存在满足这种还原条件的心理—物理定律。量子物理学家玻姆（David Bohm，1917—1992）的观点代表了一种非还原论的物理主义，他以“隐序”（implidit order）概念说明意义的组织方式，并认为这既有助于克服心物二元论又能避免物理主义的还原论。他对照现代心理学中所使用的“心理体的”（psychesomatic）概念引入了一个“体意义”（somasignificance）概念。体意义与心理体概念上的差别属于一元论与二元论的差别。“心理体的”这一复合词通常是在精神和肉体各自独立存在的意义上使用的，而“体意义”则是在精神和肉体作为一个整体实在的两个方面使用的。玻姆提醒人们注意，每一具体意义都是以一些可区分元素的某种物理序、安排、联系和组织为基础的。他强调实体有两个更深的方面，即隐和显两个方面。它们与形体和意义密切相关，每一形体都有一种意义，这意义比形体更隐蔽，它可以存在于更为隐蔽的别的形体（如大脑及其他神经系统中的电的、化学的以及别的活动性）之中；而且隐和显是相对的，意义可以被组织于越来越隐蔽、越来越综合的一些整体结构之中，一个意义卷入着另一个意义，任何结构在一个层次上的隐蔽性不能完全归结于另一个层次，最终的还原是不可能的。

戴维·玻姆，英籍美国物理学家，对量子力学有突出贡献。

进化突现主义既反对功能主义又反对还原论的物理主义，坚持要把心理描述和生物的描述联系起来，并主张意识或精神是在宇宙进化中突现的。虽然现代神经生物学的认识还未达到解释主观性的水平，无论是对于主观性如何能够附加于外部世界，还是对于不可还原的主观性为什么能存在，神经生物学都还没有提供任何线索，但我们仍然可以试图了解，在生物进化过程中具有内在生命的这种性质是如何产生的。尽管早期的生命有机体中并不存在意识，但也难以设想只有我们人类才具有意识。因为主观经验是以神经系统为中介的，人们可能会设想一切具有神经系统的有机体都具有精神生活。事实上并非那么简单，意识不可能只是“内观的”神经活动，人类神经系统的大量活动也并不激励意识。例如控制人体内部组织的自主神经，它是我们的身体的一部分，但不是自我的一部分。对于我们来说，内在经验更多涉及思维、记忆、期望这样的内部过程，也涉及感觉和行动，因而意识既不是感觉运动神经活动的伴随物，也不是它专有的伴随物。突现论断言意识是作为生命机体的一种突现的性质。在宇宙进化过程中所呈现的性质、结构或进程，不仅先前不存在，而且体现了某种新颖的、科学上难以描述的要素。突现进化是等级式的，每一个体现了一种新突现原理的新层次都包含了前面的层次。在每一生物等级层次——分子、分子集合、细胞器、细胞、组织、器官、器官系统、有机体、群落，作为有序的新形式均有某些新质出现。生命本身是“突现的”，意识也是“突现的”。意识的这种似乎偶然的和不可预测的性质并不神秘，因为它能够由直觉直接地察知，甚至可以设想以自组织原理予以科学的说明。

总之，功能主义、物理主义和进化突现主义在物质和精神的关系问题上，目前还是互不相容的。按功能主义，似乎意识和精神是可以独立于活机体的，因而非生物装置可以具有意识。而按突现主义，意识是活机体进化的突现性质，非生物装置绝不可能具有意识。非还原论的物理主义的吸引力在于，适合人们关于协调世界图像和统一科学描述的信念，但达到目的的路途也最为遥远，着手的研究路线也是模糊的。它是否能在功能主义和突现主义之间架起一座物理之桥，尚待科学的进展判断。

从大陆漂移说到地球科学

人类世世代代生活的家园——地球，自古以来就是有心人思考的对象。几千年来，人们对地球的认识不断地深入。从天圆地方到地球是圆球再到地球是一个旋转的椭球，人类有关地球形状的认识，经过了漫长的历程。1957年人造卫星上天，通过它拍摄了许多地球形状的照片。从这些照片可以完整地看到地球的外貌。

一、地球构造的现状

通过人造卫星观测得到的地球轨道参数，推算出大地水准面的形状是三轴不对称的。其实，只从北极为洋南极为陆和东半球多陆西半球多洋，亦可直观地想到地球的不对称。虽然地球不是一个标准的旋转椭球体，但在处理某些问题时可以把地球近似为一个旋转椭球体。1975年第16届国际大地测量和地球物理协会修订的有关地球的参数如下：

赤道半径：6 378.140千米；

两极半径：6 356.755千米；

长、短半径差：21.385千米；

平均半径：6 371.004千米；

扁率：0.0033528千米；

赤道周长：40 075.036千米；

子午线周长：39 940.670千米；

表面积：510 064 471.9平方千米；

体积：1 083 206 900 000立方千米。

有关地球的构造，许多研究者已经得到比较一致的看法：地球是一个由同心层物质组成的圈层结构。地球圈层可区分为内圈和外圈，也就是我们平常说的地下与地上。

地球内圈层结构主要来自对地震波的分析。分析地震波在地球内部的传播及反射，可以了解地震波到达处的地球物质的成分和状态。产生地震的方式有两种：一种是天然的地震，另一种是人工产生的地震，也就是进行地下爆炸试验。地下核爆炸试验是人工产生地震波的最有力的方法。

著名“蓝色玻璃球”，这是1972年“阿波罗17号”拍摄的，当时被公认为最清晰的地球图片。

地球内圈层结构

1955年，根据地震波速度变化

的分析所得到的有关地球内部的物质密度分布信息，地球内圈层被划分为了若干个圈层，分别用A、B、C、D、E、F和G表示，其中D层又划分为D'和D"。1967年科学家又给出了各圈层厚度的具体数据。粗略地说，地球内圈层包括地壳、地幔和地核三大圈层。

通过对地震波速度的研究发现，在深度为60~250千米的上地幔圈层内地震波的传播速度较小。这一地震波低速传播的圈层称为软流圈。地核的外层是液态而内层则是固态。因此，地球内圈也可以看成由五部分组成：地壳圈层、软流圈层、地幔圈层、外核液体圈层和内核固体圈层。

厚度不均匀的地壳圈层，其主要成分是岩石，所以地壳圈又称岩石圈。岩石圈包括地球的大陆部分及海底岩石部分，亦称陆壳和洋壳。陆地，主要是五大洲，即欧洲、亚洲、非洲、美洲和南极洲，占地球表面积的1/3。海洋占2/3，主要是四大洋，即太平洋、大西洋、印度洋和北冰洋。借助于高空摄影技术，我们能鸟瞰地球的外貌，直接观察到大陆的形状，山脉、江河、湖泊、平原及海岸线的形态。海洋学的迅速发展，使我们能通过精密仪器测量海底的地形，收集海底的资料。

岩石圈的表面不是平坦光滑的，而是有各种复杂的地形。环形的火山口、终年积雪的山峰、沿海的大平原、江河入海口的三角洲、曲折的海岸线，以及海底的海沟和洋脊，蔚为壮观。岩石圈中埋藏着3000余种矿物，含几十种元素。

地球外圈层结构

地球外围由三个圈层组成：大气圈、水圈和生物圈。

大气圈是地球所有圈层的最外层。大气圈的主要成分是气体，就是我们平常所说的空气。在地表附近，按体积计，空气中氮占78%，氧占21%，其余是氩和二氧化碳、水蒸气和微量的氦、氖、氪、氙、臭氧、氨和氢等。大气圈的气体密度随着距海平面高度的增加而减少，最后过渡到宇宙空间。根据人造卫星提供的资料，在2000千米~3000千米的高空还有稀薄气体，即使在16000千米的高空仍有更为稀薄的气体存在，同时还发现有基本粒子。这表明大气圈没有严格的上界 。同样，大气圈也没有严格的下界，在上壤里有少量的空气，在某些岩石中也含有少量的气体。

尽管大气圈没有严格的上下边界，但是由于地球的引力作用，使得气体的大部分都集中在距地面100千米的范围内，其中3／4集中在离地面10千米的范围内。

根据世界气象组织的规定，按气温的垂直分布，将整个大气圈划分为五个层次，即对流层、平流层、中间层、暖层和散逸层。大气质量的75%~90%集中在对流层。对流层的平均厚度随纬度和季节不同有所变化，在低纬度区为17~18千米，在中纬度区为10~12千米，在高纬度区为8~9千米。

水圈是由水组成的。水圈是一个不连续、不规则的圈层，包括海洋、江河、湖泊、沼泽、冰川和地下水。水体主要集中在海洋里。海洋水的体积是陆地水体积的34倍。陆地上的江河、湖泊、沼泽地也集中了许多水。全球江河中有1300立方千米的水在流动，湖泊总面积270万平

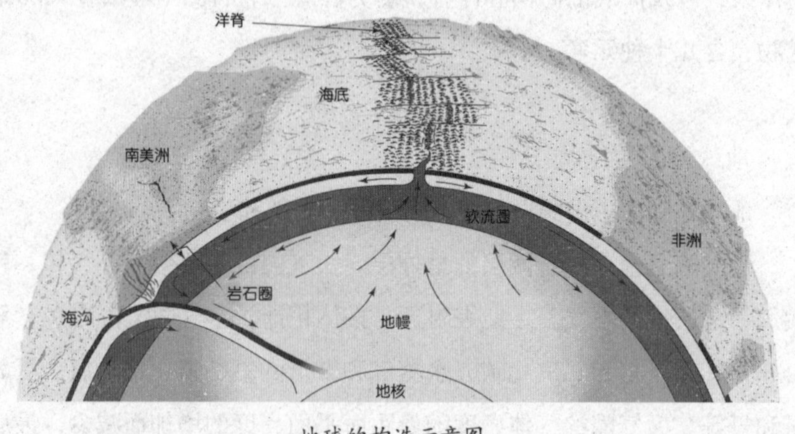

地球的构造示意图

方千米，沼泽地350万平方千米，它们储存的水也不少。地下一定深处存有地下水，土壤及某些岩石也含有水。高山上的终年积雪，存放的是固体水。冰川是固化了的水，全球冰川面积达1500万平方千米。全球总的积水量，也就是水圈的总质量约为166.4亿吨，总体积为1.395×10^9立方千米。此外，大气云层也是个储水库。

生物圈是指地球上各种有生命的物体组成的圈层。生物包括动物、植物和微生物。据不完全统计，全球现在生存的动物有110多万种，植物约40万种，微生物至少有10多万种。森林覆盖了地球表面的1／10，固定了生物圈总能量的一半。在海拔6200米的高山上有绿色植物，在几千米深的海底有不需要阳光的生物。在地球的演化过程中，有的生物灭绝了，如恐龙。据统计，在地球上生存过的生物至少有5亿~10亿种。虽然生物圈中具有生命的有机体总量尚不及地壳重量的0.1%，却使地球上的自然环境发生了深刻的变化。地下的煤炭和石油也都是生命的遗迹。地球上的各种珊瑚礁总面积达13万平方千米，都是生物骨骸的堆积。

岩石圈、大气圈、水圈和生物圈是相互渗透、相互交织在一起的。生物生存于岩石圈之上，与岩石圈不断地作用。大气渗透在岩石圈和生物圈之中，岩石圈又将水圈隔成不规则的形状。这些圈层的交织构成了人类生存的环境。

地球的结构和自转运动还形成地磁场，其强度为10^{-5}高斯的量级。

二、地壳构造的变迁

关于海陆变迁，莫过于柏拉图记载的传说“大西洲神秘消亡”最令人难忘了。他在《蒂迈欧》和《克里蒂亚斯》两篇对话中，介绍了梭伦游历埃及记事中一段迷人的故事。埃及的一位祭司告诉梭伦说，在海格立斯（今直布罗陀）之外的滔天大洋中，有一个名为亚特兰提斯的大陆及其上的繁荣的大帝国，在距今11500年前的某个时候突然消亡了。柏拉图把它叫作大西洲，并说它的面积比非洲的一部分和整个亚洲加起来还要大，从它可到达的彼岸为大洋环抱的大陆。柏拉图把大西洲描写成地球上的伊甸园，其上强大的亚特兰提斯王国有12个属国。对这个传说的研究几乎形成了一门学问——亚特兰提斯学。亚特兰提斯之谜虽至今未有定论，但这个谜本身提出的是海陆变迁的问题。

人类对局部海水进退的认识较早，唐代的颜真卿曾根据今江西省南城县麻姑山有蚌壳认为，“高山石中犹有螺蚌壳，或以为桑田所变”。但对全球海陆结构格局的真实了解则是16世纪初环球航海以后的事，而对于人类所见的这种海陆格局是如何演变而来的思考还要晚一二百年，直至20世纪初大陆漂移说的提出及20世纪60年代海底扩张说和板块结构理论的提出，才算有了真正解决它的明确手段。

大陆漂移说的诞生

打开世界地图你会看到，大西洋两岸遥遥相对的海岸轮廓非常相似。自墨卡托（Gerard Mercator，1512—1594）1569年把大西洋两岸绘成确切的地图以来，这个引人注意的特征不断为一些有心人所思考，它们的可拼接性最终导致大陆漂移说的诞生。

培根（Francis Bacon，1561—1626）在其著作《新工具》（1620年）中就曾认为这不会是巧合。在追寻原因的过程中，宗教神秘的影响一度盛行。普莱斯特（P.Placet）主张美洲与欧洲和非洲曾经是连在一起的，诺亚时期的大洪水使其裂开（1658年）。德国地理学家洪堡（Alexander Humboldt，1769—1859）认为，大西洋原是一条大河谷，诺亚方舟就航行于其上（1800年）。

19世纪中叶以来，对这个问题的思考就不再是笼统而神秘的了。地质学家斯奈德（A.Snider，1802—1885）在其著作《地球形状及其奥秘》（1858年）中，第一次用地质资料，即植物化石的相似性，论证两岸曾经连在一起，并绘出第一张大西洋周围大陆的复原图。因为这些化石是3亿年前的，这意味着大西洋东西两大陆在3亿年前还是合在一起的。

墨卡托，16世纪的地图制图学家，精通天文、数学和地理。

由于从地理分布上看，大部分大陆和大洋是对称的。格林（L.Green）认为理想的古陆应分布在四面体的四个角上，于是设想了一个地球古大陆四角分布的假说（1875年）。

在19世纪末，地质学界对南半球各大陆之间的关系进行了广泛的讨论。地质学家埃德互德·休斯（Eduard Suess，1831—1914）在其著作《地球面貌》（1885—1901年）中，根据南半球大陆的岩层和生物化石的相似性，设想它们原为统一的大陆，称之为冈瓦纳大陆。这样就产生了大陆漂移的思想。泰勒（F.B.Taylor，1860—1938）在其论文《第三纪山带对地壳起源的意义》（1910年）中提出大陆漂移的观点。这种大西洋两岸的可拼合性，也为贝克（H.B.Baker）注意，他在1911—1928年间发表了一系列论文，用大西洋两岸山脉构造可拼接起来的事实，论证大陆曾经发生过漂移，并绘出大陆拼合图。

对大陆漂移做出深刻而又详细论证的是魏格纳（Alfred Wegener，1880—1930），他先发表了他的两次讲演《根据地球物理学论地壳（大陆和海洋）的形成》（1912年）和《大陆的水平位移》（1912年），后来出版著作《海陆的起源》（1915年），1910年及1922年两次修订，系统地论述了他那著名的“大陆漂移说”。他运用取自地球物理学、地质学、古生物学、古气候学以及大地测量学等各方面的论据，详细论述了他设想的大陆漂移过程。魏格纳在其1912年的论文中，设想全球的大陆曾经都连在一起，称之为“联合古陆”，是一个单一的巨大陆块。但他在标明边界时，把这一古大陆的很多部位标为浅海。他对这一联合古陆的成因也作了一些推测。在这种思想的指导下，他给出了联合古陆破裂、漂移过程的图示。

魏格纳的“大陆漂移说”虽然有其追随者，但由于证据不完善，特别是漂移动因的不可靠而未被大多数研究者接受，甚至被认为是不可思议的设想，而将其作为神话故事看待。在大陆漂移说的这种境遇下，杜托特（Alexander du Toit，1878—1948）的著作《我们漂移的大陆》（1937年）的出版是一个重要的例外。他把目前的大陆综括为两大类，提出两个原始大陆的设想。杜托特认为这两个古大陆原在两极处形成，以后逐渐破裂，并可能生长，一部分漂移到现在大陆块的位置。在南极的古陆，他沿用休斯命名的冈瓦纳古陆，而在北极的古陆，他称之为劳亚古陆。冈瓦纳古陆包括现今的南美洲、非洲、阿拉伯半岛、斯里兰卡岛、印度半岛、南极洲、澳大利亚和新西兰。劳亚古陆是亚洲和北美洲的联合体，由几个古老的陆块合并而成，它们包括北美陆块、古欧陆块、古西伯利亚陆块和中国陆块，由活动的海槽和大洋分隔，经靠拢碰撞连接成一个整体。

海底扩张说的提出

洋底地质探查获得的资料对大陆漂移提供了新的认识，从而提出了海底扩张说。洋底勘察表明三大洋都存在近南北走向的洋中脊，而且普遍存在近东西走向的切断洋脊并显著错移开的转换断层，还有大洋边缘的海沟。海洋资料还表明洋壳与陆壳的明显差异，洋壳厚度一般在50千米~70千米，而陆壳则一般厚100千米~140千米，并且洋壳远比陆壳年轻，主要是第三纪和第四纪的岩山，即形成时间不足1亿年。根据这些经验资料，20世纪60年代以来，人们倾向认为，大洋中脊轴下面曾经发生过大量岩浆上涌而形成新洋壳，并向中脊两侧扩张，由此可以得出由于海底扩张推动大陆漂移的结论。

"海底扩张"这一术语是迪茨（Rekert Sindair Dietz，1914—1995）在其论文《通过海底扩张大陆和大洋盆地的演化》（1961年）中首次使用的。不过人们都认为赫斯（Harry Hess，1906—1969）是海底扩张说的首创者，因为正是他的论文《大洋盆地的历史》（1962年）引起人们对该学说的重视。赫斯主张，海底沿洋中脊的顶部张裂开，新的海底在这里形成，并向洋脊顶的两侧扩张，大陆不是作为独立体运动的，而是与海底连在一起并随其一起在软流圈上运。迪茨与霍尔登合作，依海底扩张和板块运动解释两亿年前的联合古陆及其解体移动的过程（1970年）。

全球板块结构及其运动

20世纪60年代末，在大陆漂移说和海底扩张说的基础上，由美国的摩根（J.Morgan，1935— ）、法国的勒比雄（X.Le Pichon，1937— ）和英国的麦肯齐（Dan Mckenzie，1942— ）共同提出岩石圈板块构造说。地震学的研究成果支持了板块构造说，使得越来越多的人接受并承认这一学说。于是岩石圈板块的相对运动被视为岩石圈大陆构造的原因，板块构造学说也就被视为新的全球构造理论。

按照岩石圈板块学说，一个刚性的岩石圈可依其地质构造特征区分成若干岩石板块。经过地质学家们的研究，多倾向把岩石圈区分为6个大板块，每个板块又可区分成若干地块。板块边界的地质构造主要有三种构造体系：全球洋脊构造体系、大陆新造山带构造体系和岛弧—海沟构造体系。这三种构造体系都是明显的变形破碎地带，活动性很强。因此全球的地震、火山绝大部分发生在板块的边界地带。板块的边界是某些地块的边缘。地块边缘的地质构造体系为大陆上老的褶皱带构造体系、大陆裂谷构造体系、稳定大陆边缘构造体系、洋底的海岭构造体系、大陆大断裂带构造体系和洋底大断裂带构造体系。这6个大板块是太平洋板块、亚欧板块、印澳板块、非洲板块、美洲板块、南极洲板块。也有人把南美洲和北美洲分开为两块，就成为七大板块。

太平洋板块是由单一的大洋岩石圈组成的大洋型板块，这个板块有9个地块。亚欧板块主要由大陆组成，中国地处亚欧板块之中。亚欧板块的内部结构最为复杂，亚欧板块有24个地块。印澳板块有9个地块。非洲板块主要是非洲大陆，大西洋的部分海域也被划分在该板块中。北美板块包括北美大陆和北冰洋盆地的绝大部分，有14个地块。南美板块主要是南美大陆，有6个地块。南极板块有9个地块。

地球在不停地运动着。由于地球的自转，地球内圈之间存在着相对运动，这六大板块作为一个整体相对于地球的内圈有一个向西的转动。除此之外，岩石圈的板块还存在一个离极运动。北半球的板块向赤道方向运动，南半球的板块也向赤道方向运动，但南北两半球板块的运动方向相反。因此岩石圈板块作为整体相对内圈的运动是这两种运动的合成。岩石圈板块除了有整体运动之外，各板块之间还存在相对运动。岩石圈板块之间相对运动有三种形式，即板块相互分离、板块相互汇聚和板块相互平移。目前，全球岩石圈板块相对运动的速率大部分已被确定下来。根据板块的这三种相对运动形式，其边界可称为分离型板块边界、汇聚型板块边界和平移型板块边界。

板块相互分离运动一般发生在较古老的大陆块的破裂带。分离运动的结果会产生一个新生大洋盆地。板块汇聚运动表现为板块之间的相互碰撞挤压。这种相对运动与全球大规模造山运动有密切关系。板块平移运动表现为两个板块以简单的方式相互滑过。板块平移运动在许多情况下是沿某种形式的扭动构造带发生的，它与板块的分离运动和汇聚运动紧密联系在一起。

三、地壳变动的动力源

关于地壳变动的动力源魏格纳曾提出“两种分力”，但未找出这些力来自何方。这是理论思考的核心，即地球动力学的主要问题。这个问题被归结为三个来源：一个是地球体积的胀缩，另一个是地球内部的地幔对流，再一个是地球自转相关力。

地球体积胀缩说

地球收缩说是解决地壳运动动力来源的最早的假说。它可以追溯到16世纪的干瘪苹果的类比，自康德—拉普拉斯星云说提出以后，就以科学的形态出现了。波蒙（Beaumont，1798—1874）第一个提出比较完整的地球收缩假说（1852年）。他认为地球从太阳分离出来时是一个炽热的熔融体，表面冷却成固体地壳后，由于内部继续冷却使地壳失去支撑而塌陷，产生侧向压力，造成褶皱和凹陷。休斯（Eduard Suess，1831—1914）在其《地球面貌》中也采取地球收缩说，以刚性地块推挤和压缩柔性地块说明褶皱山脉的形成。杰弗里斯把地球的收缩过程设想得更具体，认为地球收缩发生在地表下70千米~700千米深度的范围，使得70千米厚的地壳遭受挤压，发生褶皱。

地球膨胀的思想，培根在1620年就已提出。用地球膨胀解释大西洋两岸的相似性始于曼托瓦尼（Mantovani，1854—1933）。他在19世纪末提出了这种观点。进入20世纪，林迪曼（B.Lindeman）认为大西洋的形成是地球体积膨胀导致地壳拉张破裂的结果（1927年）。希尔根伯格（O.C.Hilgenberg，1896—1976）根据大陆可以拼合成一个球面，提出地球是从很小的体积急剧膨大而使表面张裂，逐渐分离成现在的各大陆块的（1933年）。哈尔姆（J.K.E.Halm）依据天体演化的观点，认为原始地球的密度很高，半径可能仅为5430千米，经不断膨胀才到今日的6371千米。埃吉德（L.Egyed）以水体总量不变为前提（1955年），依据古地图计算各时期的大陆面积，推算出地球半径增长的速率为0.14毫米/年。凯里（S.W.Carey）自1958年以来，通过排除后期变化，对大陆进行各种合并，复原漂移前的形状，推论出原始地球的半径仅为今日地球半径的3/4。但另有一些研究表明，几亿年前的地球半径与今日地球半径的差别并不大。

虽然地球膨胀说的信奉者仍在研究，并为其论点辩护，但因其尚有许多疑问，而不为多数研究者接受。地球大规模膨胀的可能很值得怀疑，如果半径以2的因数增加，地球表面则以4的因数增加，体积则以8的因数增加。因而地球物质的密度当以8的因数减小，从现今的平均密度5.52克／厘米^{3}回推过去，原始地球的密度当为44克／厘米^3，这样的高密度尚难解释。1968年，贝尔茨（F.Birch）根据地球内部高压冲击波的资料，推断地球半径的变化不会超过100千米。

由于收缩说和膨胀说的种种困难，于是缩胀交替的脉动说被提出。布契尔（W.H.Bucher）在1933年提出地球的收缩和膨胀周期性地交替发生，在收缩期地壳受挤压产生褶皱，在膨胀期地壳受拉张产生裂谷。1936年，葛利普（A.W.Grebau，1870—1946）把地质史上古生代全球性的反复进行的海进和海退同地球的脉动联系起来考虑，得出地球的脉动周期与这个代的纪相当的结论。1943年，施奈德罗夫（A.J.Shneiderov）用地球脉动说解释全球大地构造的发展过程，认为每次地球收缩都比前次膨胀的幅度要小些，亦即地球是脉动地膨胀着的，并据此得出较大幅度的急剧膨胀使地壳受拉张作用而形成大洋。较小幅度的缓慢收缩使地壳受挤压作用而褶皱成山脉的结论。1950年，乌姆格罗夫（J. H. F. Umbgrov）把造山运动、岩浆活动、海进海退和生物演化等全球性循环都归因于地球脉动。1962年，沃德（M.A.Ward）通过对古地磁资料的研究，计算出几亿年前地球半径的变化，与泥盆纪、二叠纪和三叠纪相应时的地球半径，分别为今日地球半径的1.12倍、0.94倍和0.99倍，似乎证明了地球的脉动。

葛利普，美国地质学家，地层学家。葛利普曾在中国从事地质、古生物研究和教学26年，有“中国地质学之父”之称。

地幔对流说

作为地壳运动的动力来源之一，地幔对流很早已被提出来。虽然霍普金斯（W.HoPkins）早在1839年就推断地壳下部存在物质对流，但把它作为地质动力提出来的是费希尔（O.Fisher）。费希尔在其著作《地壳物理学》（1881年）中用地幔对流解释火山和造山的尝试，曾一度被认为是无稽之谈而被忽视。霍姆斯（A.Holmes，1890—1965）首次用地幔对流解释大陆漂移的理论（1928年）也未引起重视。1935年，皮克里斯（C.L.Pekeris）建立了对流模式，以上升流动解释大陆的生成，以下降流动解释大洋的生成，并认为只要大陆能自动保持比大洋热些，地幔对流就将持久维持下去。皮克里斯的工作引来了格里格斯（D.Griggs）、迈纳兹（F.A.Vening Meinesz）和钱德雷斯卡（S.Chandrasekhar）等后继者。到20世纪60年代，作为海底扩张和板块运动的主要动力机制，地幔对流说得以进一步发展。各种地幔对流模式相继提出，先是“深地幔对流模式”居主导，后来为“浅地幔对流模式”取代。后来又有考虑地球自转的对流模式，以及把深浅地幔对流结合起来考虑的模式，如波动模式和热柱对流模式。福塞思（D.Forsyth）通过对板块运动的整理分析认为，即使地幔对流存在也不起主要作用。就目前的状况，有关地幔对流的机制还是众说纷纭，至于它是否能驱动板块做有规律的运动仍是悬而未决的问题。

地球自转相关力

由于地球体积胀缩力和地幔对流力都不足以形成大陆定向漂移运动，地球相关力就显得尤为重要。它涉及三个方面的问题：一是地壳所受到的自转惯性离心力，二是自转速度变化造成的地壳物质移动的构造力，三是地壳与内圈层自转速度差造成的相对运动力。

20世纪初，泰勒把大陆漂移的动力归结为地球自转产生的离心力。这种力在赤道处最大，向两极方向逐渐减小，到极地处变为零。为说明

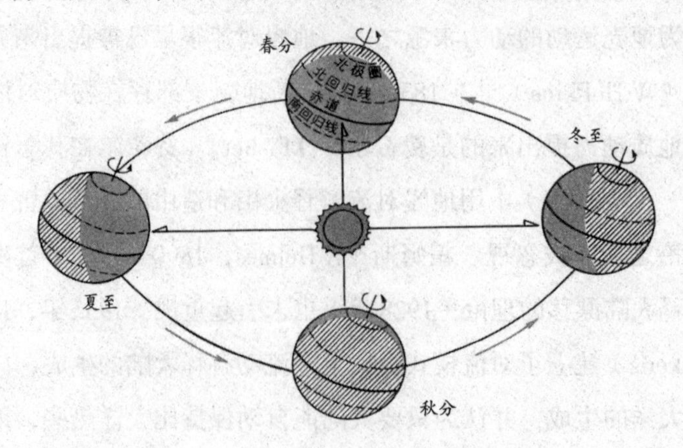

地球公转示意图

大陆漂移发生在第三纪，他假定那时地球因俘获了快速旋转的月球作为卫星而增大了自转速度，因而导致离心力增大，造成大陆漂移。

因为地球自转离心力很小，只为引力的1/300，所以魏格纳主张，月球和太阳对地球表面的潮汐摩擦减小了地球的自转速度，其所产生的力推动着大陆向西漂移。

杜托特以重力驱动机制说明大陆漂移。这种重力说实际上是一种古老的地质构造说。重力指地球的引力与地球自转离心力的合力。杜托特认为地球重力的不平衡是地壳运动的重要原因。

姚特佛斯（R.V.Eotvos）提出“离极力说”。“离极力”指浮力与重力的合力，它的方向指向赤道，也是一种同地球自转相关的力。魏格纳以它作为驱动大陆块向赤道移动的原动力。其后爱泼斯坦（P.S. Epstein）等人通过计算证明，离极力确实能推动大陆块移动。

地壳与地球内圈的相对运动是地球自转的一种次级效应。由于在地球的地质演化过程中，内圈物质不断向中心集中，使内圈的转动质量不断变小，因而自转速度不断加大。又由于地幔与地壳之间有一薄的软流层，造成内圈的自转速度大于地壳的自转速度。这种相对运动，即地壳相对于内圈反自旋方向运动，提供了一种驱动大陆块向西移动的原动力。近年已报道了来自地震波分析的结果：内核自转速度比地壳的自转速度快少许。

1982年，张伯声等把地球体积的胀缩同地球自转速度的变化联系起来，根据地球自转速度、地质演变期变慢，认为地球是脉动地收缩着的。

四、海陆格局的形成

地壳运动的动力源是上述起作用的各种力的综合，在地球的脉动中，基本上都得以体现，表现为地球上部的力场导引下的地球内部的平衡移动。蒋志的《地质体运动理论及其应用》（1995年）在这种思路下描述了当今地球的海陆结构的形成过程。

古陆的萌生

在地质过程中，地壳的行为主要由地球上部力场决定。所谓上部力场，表现为地球形状变化带来的两极压缩力、地球自转变化带来的惯性力和地球半径变化带来的侧向作用力。尽管这些变化的量不大，但对地球内部的力平衡的破坏则是相当明显的。

在地球形成之初，作为一个旋转着的长椭球的地球，在其逐渐变扁的过程中，来自两极的挤压力在南、北纬45度左右最强，其强度可达重力的1/10，是它今日之值的100倍。虽然这种压缩力会随着时间的增长而变小，即使在20亿年前它也是现在值的10倍，它在18亿年前的作用比其后强得多，并且由于那时地球内部热能积累尚不十分高，推动地质运动的主要是这种两极挤压力。

地球自转产生的离心惯性力和纬向惯性力，不仅有区域性特征，而且有时间上交替变化的特点。在7亿年以前，离心惯性力一直是赤道向两极的，并且也发育在南、北纬45度附近，纬向惯性力则一直是向西的。

两极压力和自转惯性力所形成的地球上部力场，是萌生古陆的驱动力。两个南北向力场、两极挤压力和离心惯性力，在南、北纬45度附近交汇，造成原始地球表面发生变化的特殊区域。纬向惯性力比较复杂，虽然方向向西，但升高半球与降低半球有差别，总的效果是升高半球的向西力大于降低半球的向西力。在这样的力场作用下，在7亿年以前的漫长地质史中，升高半球可能形成一个两向的牛轭形古陆，其北翼在北纬45度附近，南翼在南纬45度附近，两端跨赤道连接南北翼，在这牛轭形古陆之间是古海洋，降低半球的部分也是古海洋，但其中可能萌生一小块古陆——太平洋古陆。也就是说，形成地球的一半为大陆，陆中有洋；另一半为海洋，洋中有陆。这是一个对称的格局。

大陆的漂移

由于地球胀缩的交替发生，原始古陆经过古大西洋开闭过程而过渡到联合古陆，然后又破裂解体，冈瓦纳和劳亚以相反的方向旋转，直至南、北美洲向西漂移而重开大西洋。具体过程按时段分述如下：在前7亿~前5亿年间，地球收缩，自转加速，水平作用力向南向西期中，古大陆在前6.5亿年张开而形成大西洋，靠北极的澳大利亚向赤道漂移。在前5亿~前3亿年间，地球膨胀，自转减速，水平作用力向极向西期中，前4亿年古大西洋闭合，形成联合古陆，已越过赤道的澳大利亚向南极漂移。在前2.8亿~前1亿年间，地球收缩，自转加速，水平作用力向赤向东期中，联合古陆解体，冈瓦纳部分逆时针旋转、劳亚部分顺时针旋转各约20度，印度由南半球向赤道漂移。1亿年以来，地球膨胀，自转减速，水平作用力向极向西期中，南、北美洲向西运动，重新张开大西洋，已越过赤道的印度向北漂移。板块运动的总体方向和海陆分布的大格局就这样由地球上部的力场造就了。

山系的形成

关于山，中国的先秦典籍《山海经》，在世界上也算得上很了不起的早期专门著作了。它包括《山经》和《海经》两部分，共有31000字。其中《山经》按南、西、北、东、中的方位划分为《南山经》《西山经》《北山经》《东山经》和《中山经》。《山经》主要记述黄河和长江两大流域的自然环境，共记载大山447座，其中《南山经》实记39山，《西山经》实记77山，《北山经》实记88山，《东山经》实记46

山，《中山经》实记197山。《山经》以山为中心，描述了南至广东南海、北至内蒙古阴山、西至青海湖、东至舟山群岛的广大区域内的自然地貌。对每座山的地理位置、水文、动植物、矿产甚至神话传说，都有详略不一的记述。这是一种极可贵的尝试，然而对山的成因，除神话传说外几无所述。在中国，直至宋代才有沈括和朱熹依据山上的水生动植物化石，有了“高山为谷，深谷为陵”的猜测。

现代地学家从地球脉动导致的岩石板块运动找到了造山的动力。今日之科学已发展到不仅能对每座山的历史给出有根有据的分析，而且能对全球山脉大格局的形成达到轮廓性的了解——全球新造山带构造体系。

所谓新造山带指晚近地质时期，即中生代以来形成的褶皱山脉，同时又是岩石圈中正在发生大规模造山运动的地带。新造山带基本位于两大狭窄的地带内，相应的两大造山带分别称为环太平洋造山带和阿尔卑斯—喜马拉雅—东南亚造山带。环太平洋造山带经菲律宾、日本和阿拉斯加，以及美洲大陆西缘的落基山脉和安第斯山脉，最后延伸至南极洲。阿尔卑斯—喜马拉雅—东南亚造山带延伸，经阿尔卑斯、喜马拉雅、印度尼西亚，最后同新几内亚相接，大体横跨北非、欧洲和亚洲。

位于太平洋板块东部的北美板块，相对于地球内圈由东北向西南方向运动。北美板块的西部与太平洋板块发生碰撞挤压，使太平洋板块东部的一部分参与造山运动而被北美板块吞并，形成北美大陆西缘的巨大褶皱山系。南美板块的运动方向是向西向北的。由于南美板块接近赤

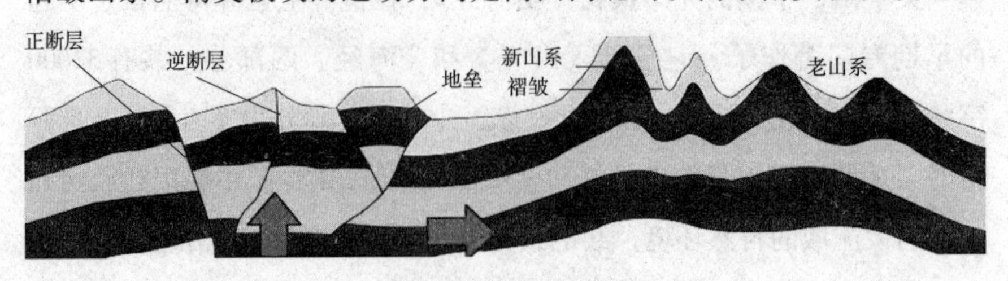

山脉的形成过程示意图

道，有一部分在赤道上，所以南美板块向西的运动胜过向北的运动，它的西部边缘与太平洋板块碰撞挤压，也使南美板块西部产生巨大的褶皱山系。北美板块与南美板块西缘的由北至南的褶皱山脉连起来成为环太平洋褶皱山系的一部分。在北美板块与南美板块的东部则形成了蜿蜒曲折而又破碎的海岸形态。

亚欧板块主要由大陆构成，由东北向西南运动，并相对印澳板块向西推进。印澳板块包括印度半岛、印度洋东部洋底、澳大利亚及其周围部分洋底。印澳板块的9个地块有5个在南半球，2个在北半球，其余2个跨越赤道，其中大部分在南半球，小部分地区在赤道以上。印澳板块作为一个整体运动板块，其方向由东南向西北。印澳板块与亚欧板块平行挤压形成了沿东西走向的褶皱山系。世界屋脊喜马拉雅、苏莱曼等山脉构成亚欧板块的阿尔卑斯—喜马拉雅东南亚褶皱山系的一部分。亚欧板块的北部形成了为数众多的大陆壳岛屿。印澳板块的南部使澳大利亚岛与新西兰岛分离，形成了塔斯曼盆地。

总之，环太平洋造山带和阿尔卑斯—喜马拉雅东南亚造山带就这样形成了，它大体上可以看作是全球性的连续造山体系。

五、地球系统研究的兴起

在全人类的生存条件和环境日益恶化的严重挑战面前，国际上不同学科的科学家共同提出了“全球变化”的课题，以促进环境质量的提高，预测未来的变化趋势，协调社会发展与生存环境的关系。这种全球性环境问题及其对区域生存环境的影响的研究，就其科学内容而言已经远远超出了传统学科的范围，“自然系统”的概念被提出，不同等级的自然系统已经成为不同目标的研究对象。从地球环境这个整体上来寻求解决的方法产生了“地球系统”的概念。

从全球尺度上看，可以把地球看作是由相互关联和相互作用的各具特性的地核、地幔、地壳、水圈、气圈、生物圈、人类圈和地球空间诸圈层综合集成的、连续开放的、复杂的动力系统，也可看成是由相互作用和相互关联的固体地球子系统、表层子系统和地球空间子系统组成的复杂动力系统。正在形成中的地球系统科学，摒弃单一学科的研究方式，开展多学科的地球环境的集成研究，试图发展一种包括了地球系统各组成部分之间物理的、化学的、生物的和人工的相互作用的地球系统的模式，并在地球系统模式和全球监测系统可提供的信息和资料基础上建立具有预测能力的全球和区域的环境模式，以进行环境变化的定量预测。

当前，全球变化是国际科学的一个前沿领域，已经设计了三个彼此独立又相互联系的重大国际计划：世界气候计划（WCRP），主要研究与全球气候有关的物理过程；国际地圈生物圈计划（IGBP），主要研究全球环境变化有关的生物地球化学过程及其与物理过程的相互作用；全球变化的人类行为之计划（IHDP），主要研究人与环境的关系。而且正在设计和开始建立的全球气候观测系统（GCOS）、全球海洋观测系统（GOOS）和全球陆地生态观测系统（GTOS），进一步还将建立完整的全球监测系统。有些科学家推测，21世纪可望建立全球的实时和高精度地球监测资料数据库，并利用巨型计算机进行地球环境演化的定量研究，在小尺度和中尺度时间过程中取得突破性进展。届时，人类可以预测100年时间尺度的地球环境的全球变化，可以将中期天气预报的水平提高到准确率90%以上，可以及时预报台风的生成和发展，可以预报地球上的一些严重灾害性事件。

固体地球系统研究

人类主要生活在大陆上，并主要从大陆上获取资源。固体地球系统研究涉及资源和能源的开拓、环境保护和减轻灾害等问题，直接关系到经济和社会的持续发展。这种研究围绕着地球动力学展开，并向地球内部发展，把岩石圈的研究与地幔研究相结合，阐明大陆的形成、变形、裂解、迁移和控制它们的基本过程、壳幔相互作用、地块间的相互作用、流体的形成和动力学、超大成矿作用等问题。

在有关地球的众多学科发展的基础上，形成和发展出一门高层次的综合性基础学科——地球动力学。地球动力学正在以大跨度的学科交叉，紧密地结合社会的持续发展的资源、环境和灾害三大主题，从四个层次进行着实测和理论研究，包括地球形状动力学研究、地球表壳动力学研究、地球岩石圈动力学研究、地球整体动力学研究。美国国家研究委员会（NRC）发表的《固体地球科学与社会》（1990年）指出固体地学的四个主要目标：了解过程、提供资源、协调环境、减轻灾害。作为基础研究的“了解过程”，他们设计了五个基本研究领域，其中包括地球岩石圈动力学和核幔动力学研究，还制定了大陆动力学研究计划。“大陆动力学”的提出标志着其与“大洋动力学”的分离，也意味着地球动力学的向下的一种落实即“大陆区域的”地球动力学。国际岩石圈计划（ILP）也在进行。

大陆动力学（亦称大陆地球化学动力学）的主要目标是揭示大陆岩石圈演化最本质的、深层次的动力学过程和机制，并服务于人类关注的资源和环境问题。其基本科学问题是大陆岩石圈物质增长、消减和保存的演化过程，而其研究内容主要包括大陆地幔地球化学和壳幔分异作用、大陆地壳生长和再循环及其演化、岩石圈流体对物质和能量的输运与交换作用等三个相对独立的研究范畴。大陆动力学以大陆地质学为基础，与地球物理学相参照，应用元素、同位素和流体地球化学等方法研究大陆岩石圈成分、结构和演化过程，特别是研究大陆物质在不同时间和空间的迁移、交换和循环的动力学速率、机制和过程。其学科特点和优势是能够同步获得大陆物质成分、时间和空间“三维”坐标信息，能够从微观到宏观尺度以精细的、定量的和动态的方式来探讨和重塑大陆演化的历史过程。大陆地幔地球化学，大陆地壳生长、演化和地壳中流体这三者，在20世纪80年代已成为国际地学界中热烈讨论的主题。地幔地球化学不均一性的事实已被普遍承认，地幔的组成、结构与动力学的研究也取得了一些进展。大陆地壳生长演化问题的研究，在地壳物质的非均匀性、多阶段增长、增长机制的多样性等方面也取得了一些进展。岩石圈中流体对物质和能量迁移与交换作用问题受到重视，地壳和地幔中的流体在岩浆、变质和成矿中作用、流体的通量和性质差异引起元素迁移和同位素扰动等已被研究，但有关流体作用过程的动力学机制的研究尚无明显进展。地幔对流、流体运动和大陆演化这三大主题仍将是今后一段时期内的地球物质研究中的重点，将三者结合起来形成一个有机整体的学科也会逐步走向成熟。

地球表壳动力学是从天文学、地球物理学、地质学、地震学、大地测量学和海洋学等多学科交叉研究派生出的一门综合性的学科。它主要借助于空间技术研究地球表面100千米厚的地壳的各种运动及其动力学机制。20世纪70年代末以来，由于卫星激光测距（SLR）、甚长基线射电干涉（VLBI）和全球卫星定位系统（GPS）等新空间观测技术的发展，已能以厘米级的精度测定地球的整体运动（地球的自转和极移）、区域性地壳形变，以每年几毫米的精度测定全球板块的相对运动以及地壳的垂直运动。与传统的地质方法不同，空间技术这种能实时而精确地测量地壳运动中微小动态变化的优点，可能发现地壳运动的非线性时变细节，进而能真正探索地震、火山爆发的成因过程与机制。20世纪70年代末，由美国宇航局（NASA）牵头组织了全球规模的地壳动力学计划（CDP），发展了观测地球各种变化的空间技术，使观测精度单位由米级提高到厘米级，并取得了一批重要的成果，例如，实时、定量地测到了板块的运动。90年代初，美国宇航局继完成CDP计划之后又开始组织未来10年的固体地球动力学计划（DOSE）。与此同时，西欧组织宗旨在研究地中海地区地壳运动、海平面变化和冰川后期地壳反弹的WEGENER计划。由欧洲联盟牵头组织的东南亚GPS计划以及以中国为主倡议的亚太空间地球动力学计划，都旨在研究区域性的板块运动、地壳形变以及与自然灾害的关系。

地表流体系统研究

地球上的大气和海洋组成地表流体系统是现代大气科学和海洋科学（主要是物理海洋学和海洋物理学）研究的对象。它们研究发生在大气和海洋中的各种运动形态和其表现（现象）的规律，以及它们和周围环境的相互作用。大气科学和海洋科学都既是基础科学又具有十分明显的实用性，例如天气预报、海况预报、气候预测、气候和环境的改良或控制等。它们是独立发展起来的，但由于大气和海洋都是地球上的流体，它们在外界能流输入、周围环境的影响以及地球的重力和科氏力作用下的运动形式有许多共同点，逐渐形成了用统一观点和方法来研究大气和海洋力学运动的学科分支——地球流体力学（亦称地球物理流体力学）。

自20世纪40年代起，通过多年积累的相当数量的全球大气和海洋的观测资料，对于全球规模的大气环流和海洋环流的空间结构以及它们的成员如长波、气旋和反气旋、太平洋的黑潮、大西洋的墨西哥湾流、赤道逆流等等，人们已经有了定性的认识并建立了能在一定程度上反映实际情况的概念模式。大气科学和海洋科学研究，尤其是它们的动力学方面，已经脱离了描述性阶段，进入观测和理论（包括计算）并重、定性描述和定量推理并重的阶段，并且达到能够为天气预报等实用目的提供知识的程度。由于来自实际应用方面的刺激，以及一批其他基础科学专家的参与，诸如云雨物理、大气湍流和边界层结构以及辐射传输等分支，也都有了长足的发展。鉴于大气中和海洋中的化学过程和生物过程或生态系统亦对气候有重要影响，大气化学和海洋化学诞生并迅速发展起来，建立环境和生态动力学亦已成为科学家的任务。

全球变化研究中最大和最突出的问题是全球气候变化问题，它不仅成为国际科学研究的重要课题，而且已成为各国政府制定政策与决策的依据。如何预测气候系统的年际和年代际变化已成为跨世纪的重大科学前沿问题。国际科学理事会（ICSU）与世界气象组织（WMO）联合制定了世界气候研究计划（WCRP)，并从1986年已开始实施。这个研究计划可以更深刻地了解各种时间尺度气候形成与变化机理，从而可以预测气候变化与异常。为实现WCRP这一目标，国际上又制定了各种研究计划，如已完成的热带海洋和全球大气（TOGA）研究计划；正在进行的全球海洋环流试验（WOCE）研究计划：从1996年开始实行的全球能量和水循环（GEWEX）研究计划和全球气候变化研究及可预报性计划。并且为了研究气候系统与生物圈相互作用，还制定了国际地圈生物圈研究计划。围绕着气候系统变化的研究而组织全球性、多学科的综合研究计划正在蓬勃发展。并且，为了进行气候变化预测研究，国际上相继建立气候预测研究中心，如国际气候预测研究所、英国海德里(Hadley）气候预测研究中心、日本的气候系统研究中心、德国的马克斯-普朗克（Max-Planck）气候研究所、中科院大气物理研究所的气候和环境预测研究中心等。大气物理学家们设计了大气环流模型（GCM）来模拟地球气候和预报未来气候变化。关于月、季时间尺度的气候变化与异常的预测研究正在深入进行，气候系统的年际变化预测的研究也在逐渐发展。

作为大气和海洋即地球流体运动的基础研究，将随着上述各个重大科学问题的研究和解决而得到重视和发展。科学家估计，在地球流体中的非线性和复杂性、湍流结构和演变、涡旋运动结构及演变、涡波流的相互作用、中尺度天气系统动力学、海洋中的中尺度涡、多相介质中的辐射传输、相变或化学反应过程与动力过程的相互作用诸问题的研究中将会有较大的进展。地球流体中的运动非线性和复杂性图像以及涡旋和湍流的多样性和复杂性过程的研究，还有可能促进相应的一般基础性数学、力学和物理学研究。

全球生态系统研究

早在1875年奥地利地质学家休斯就在对比地球的岩石圈、水圈、大气圈概念的基础上提出“生物圈”（biosphere）概念。1935年，英国生物学家坦斯利（Arthur George Tansley，1871—1955）将特定区域的生物群落及其生存环境所组成的自然体系概括为“生态系统”(ecosystem)。现在人们所称的全球生态系统作为地球系统的一个子系统，指由各类生态系统组成的地球生物圈有机自然体系。生物圈不是各类生态系统的简单线性叠加，就分布在地球表面任一地理坐标点上的特定生态系统而言，其内部过程主要由局地气候、地表水文和土壤状况等综合的大环境背景所决定。而生物圈本身的空间分布格局与过程则是整个地球系统各圈层之间在全球时空尺度上相互作用、相互适应并达到动态平衡的结果。对生物圈演变规律的研究，一般既要在局地和区域尺度上考虑生态系统内部的过程以及生态系统之间的相互影响，又要在全球范围内、在相互耦合的动力学框架上考虑生物圈与其他物理圈层的相互适应。

国际全球变化研究的焦点和重心从20世纪90年代开始转向生态系统对全球变化的反应与反馈及其功能与过程方面。在国际地圈与生物圈计划中的核心项目“全球变化与地球生态系统”（GCTE）已成为最活跃的不断扩展的研究领域。这类研究包括四种基本科学问题：生态生理学问题、生态系统的结构变化问题、全球变化对农林的影响问题、全球变化与生态复杂性问题。受大气环流模型的启发，生态学家们开始设计全球变化的生态模型。已经出台的有三种不同尺度的模型：生态系统水平上的斑块尺度模型、由若干相临斑块构成的景观尺度的模型和由景观结合而成的区域模型。景观尺度和区域尺度的模型进而联合成大陆和全球尺度的模型，即全球植被模型（GVM）和全球动态植被模型（DGVM）。

地球系统重要组成部分的海岸系统越来越受到特别的重视。从自然系统的角度看，海岸带是陆地、海洋、大气间相互作用的最活跃地带。从人文地理的角度看，仅占地球表面的8%海岸带提供了全球26%的生物产量，集中了全球50%以上的人口，是人类经济活动最频繁的区域，是全球经济持续发展最富有生命力的地带。因此，陆海相互作用（LOICZ）研究被国际地圈生物圈计划（IGBP）列为核心项目进行研究。其中心目的在于，深入了解全球规模陆—海界面的各种变动，为预测气候变化、海平面变化和人类活动对海岸带的生态系统以及资源环境及其功能的未来影响提供依据。这项计划将与全球海洋通量联合计划（JGOFS）、水循环的生物学计划（BAHC）、全球变化与地球生态系统（GCTE）、国际全球大气化学计划（IGAC）密切相关，并与世界气候研究计划（WCRP），特别是与全球能量和水循环试验计划（GEWEX）、平流层过程及其在气候中的作用计划（SPARC）、全球变化的人类影响计划（HDP），以及全球海洋观测系统（GOOS），保持紧密的协调环节。

目前对生物圈的宏观动力学过程还缺乏完整的、高质量的观测数据，有关生物圈动力学的基本理论框架亦尚未形成。因此，对生物圈的基本性质、过程和空间分布格局的时间演变规律等进行系统的观测和多学科的综合研究，尤其是通过卫星遥感与地面区域联网定位观测相结合，力求对全球生态系统演变过程的认识具有时空连续性，就显得特别重要。此外，在动力学理论方面，以非线性微分方程的理论分析方法与数据模拟方法相结合，发展以研究生态系统与气象环境相互作用为目的的生态系统动力学，发展可与气候模式及大洋模式相耦合的生物圈模式，已成为有关科学家的努力方向。

地球系统的生物圈不仅代表了我们这个充满勃勃生机的星球上物质存在的高级行式——生命过程的时空延续性，还起到了联系其他物理圈层的纽带作用。生物圈的概念已经远远超出了生物学赋予它的最初含义。随着社会经济的大规模发展，人类正以大大超过生物圈自然演变过程的速度改变着全球生态系统的自然状态，其消极的后果已从全球变暖、土地退化、物种减少等方面逐渐反映出来。认识生物圈的演变规律以及其在地球系统中的基本功能，对于避害趋利地实现人类对于全球环境积极影响，具有十分重要的意义。

人地系统研究

早在19世纪初，德国地理学家李特尔（C.Ritter，1779—1859）提出人地关系的概念。他的德文大作《地球科学——它同自然和人类历史的关系》（1817—1859）都反映他的这种观念。20世纪初，法国学者德日进（T.de Chardin，1881—1955）和勒鲁瓦（E.le Roy，1870—1954）等人引入“智慧圈”（noosphere）的概念，表示有思想的地球外层，认为其形成与人类意识的产

德国地理学家李特尔，近代地理学创建人之一。

生和发展有关。1942年，苏联韦尔纳茨（Влади́мир Ива́нович Верна́дский，1863—1945）指出“智慧圈是地球新的地质现象，在这里人首次成为巨大的地质力量”，将智慧圈理解成表示社会与自然相互关系的概念，包括人本身和人类活动所改造的范围，相当于人工生态系统总体。把自然生态的概念扩大到包括人工生态，就产生了人地系统的概念。认识到人类作为地球营力并不断加强其作用，是非常重要的进展。人类对表层系统的作用导致环境变化，使人与其所赖以生存和发展的自然界的关系越来越不协调，以致严重影响到社会生活质量、经济和社会的持续发展、人类未来的安全与生存。关心和维护“唯一的地球”，调整人与环境或人地关系，已成为人类的共识。

人类（活动）体系与自然环境系统的相互作用是不可避免的。其结果是人类赖以生存和发展的环境和资源受到破坏，经济和社会的持续发展受到影响，社会生活质量的提高得到扼制，安全与生存受到威胁。探索人地协调发展的调控机制和理论，从整体性、动态性的角度研究人口、经济、社会与环境、资源的相互作用，谋求它们之间的协调与统一，以形成相互依存、相互促进、和谐持续发展的动态平衡系统，这一复杂而艰巨的任务要求大跨度的学科交叉研究，涉及数学、地球科学，主要是地理科学以及经济学、农业科学等。正在进行着的国际性的人类活动空间计划（HDP），就是从人文角度研究全球气候和环境变化和人类社会、经济的关系等方面的问题。人与环境系统或人地系统动力学将在这种研究中逐渐形成。

李特尔提出人地关系问题以来的100多年间，这方面的研究一直停留在现状描述水平上。20世纪70年代以来，英国、美国、苏联、荷兰、德国、法国、日本等国先后在人地系统理论与应用方面进行了诸多研究。1970年，英国区域学派以人地关系概念为指导，对英国的人口、资源、城市、经济、自然条件进行了综合研究，提出的区域发展对策由于政府的支持而获得实际效果。1972年，美国麻省理工学院推出世界发展模型。1980年3月5日，联合国向全世界发出呼吁："必须研究自然的、社会的、生态的、经济的以及利用自然过程中的基本关系及利弊抉择，才能确保全球发展。"70年代以来，国际上先后开展了"人与生物圈计划"（MAB）"国际地圈生物圈计划"（IGBP）"国际空间年""国际减灾10年""全球变化人类因素计划"等一系列研究。1982年，美国中部6个州研制成AGNET区域管理信息系统，对该区内所涉及的119个人地关系问题实施全面优化调控与自动决策。MAB主要研究人类活动对各生态系统的影响，其目的是合理利用与保护生物圈资源的理论基础，改善人类与环境的关系，预测人类活动对未来世界的影响，以提高人类对生物圈资源有效管理的能力。IGBP也是研究和预测人类活动对全球气候与环境变化的影响，以便资源合理利用与环境保护及应付全球变化等。

从事人地系统研究的科学家们，正在进行着如下重要问题的研究：人地相互作用与人地系统的调控研究、区域协调发展与优化模式的研究、全球资源与环境变化和人地系统宏观调控研究、人地信息系统与分析模型的研究。在这种研究中，中国生态科学家马世骏（1915—1991）提出的"社会—经济—自然复合生态系统"（SENCE）可能为人地研究提供一种生态模式。复合生态系统的出发点是人工生态系统，即以人的行为为主导，以自然为依托，以资源流动为命脉，以社会体制为经络的人工生态系统。人地系统研究本质上属于人类生态学的范畴，而人类生态学的主要任务就是研究各种不同类型的复合系统及其与环境间的各种生态关系。马世骏复合生态系统为一三圈层的结构：核心圈是人，包括人类的组织、技术和文化，称之为生态核；第二圈是复合系统内部活动的直接环境，称之为生态基；第三圈是复合系统的外部环境亦即支撑系统，包括源和汇仓，称之为生态库。复合生态系统理论还包括四条生态控制原理：循环原理、生克原理、平衡原理和自适应原理。

日地系统研究

20世纪60年代，以日地系统作为一个整体进行研究的日地科学兴起。日地系统（solar–terrestrial system）作为太阳系和日球层中的一个子系统，指太阳—近地空间系统—固体地球系统的耦合系统，包括由太阳大气、行星际空间、地球磁层、电离层以及热中层和低层大气组成的庞大空间。日地系统研究的主要目标是日地系统的扰动过程及其对人类活动的影响，研究内容包括太阳及日球层与地球空间之间的相互作用、地球空间系统与固体地球系统之间的相互作用以及日地系统的整体行为与演变。

地球空间是地球系统的最外层次，是太阳活动影响地球的主要通道。其中包括高层大气、电离层、磁层及近地球轨道的行星际空间等几个层次，主要物质为完全或部分离化的等离子体和高能粒子，其中发生着复杂的、非线性的等离子体和磁流体动力学过程。地球空间是人类赖以生存的保护层，没有大气层、电离层和磁层，地球上的各种生物就无法生存。地球空间环境也是人类自然灾害的祸源。太阳常数千分之几的持续下降会导致地球灾难性的寒冷，百分之一的持续下降就将使人类和生物大规模毁灭。强烈磁暴严重影响卫星的姿态，加热高层大气使卫星改变轨道提前陨落，引起电离层骚扰及无线电中断，使导航系统失灵、通讯卫星带电等空间灾害，并损坏高纬地区输电系统及输油管道，造成重大经济损失。空间高能粒子对飞行器太阳能电池、计算机系统以及宇航员均有辐射损伤危害。随着人类的航天活动的进展和未来空间产业的开发需要，认识空间环境及其变化规律以及人类活动对它的影响越来越重要。日地系统整体行为的研究与人类的生存和发展休戚相关，空间扰动预报对人类活动具有现实的意义。

日地系统研究经过20世纪60年代的初期阶段和70—80年代的测绘阶段，90年代进入了认识阶段。在60年代，通过大量的空间飞行器的直接探测，发现日冕物质的膨胀形成的太阳风与太阳磁场一起延伸到行星际空间，并与地球磁场相互作用形成磁层，且地球磁层与电离层以及行星际的等离子体和磁场的形状都有随时空而变化的结构，表明日地系统还是一个包含有电磁过程、气动力学过程和热力学过程的等离子体系统。在70年代，美国酝酿地球附近等离子体起源（OPEN）计划，通过综合设计的空间探测，同时探测粒子、电磁场、运动和波动，揭示了电磁撞击波、场向电流、千米波辐射、粒子加速、磁通量传递以及许多波动和不稳定性。在80年代，美国、日本和西欧的空间局联合推进国际日地物理（ISTP）计划，发射20多颗卫星到日地系统的关键区进行空时相关探测，研究日地系统的各种耦合过程和整体行为。90年代以来，他们又扩大联合成立国际空间局合作组织（IACG），制定了日地科学计划（STSP），在1991—1996年间执行20项探测任务。国际科联的日地物理委员会发起，在1990—1995年间开展日地能量计划（STEP）。这些计划把先日地系统作为一个相互联系的整体，研究太阳各种扰动能量的产生、在日地空间中传输并最终影响地球环境的全过程，特别是其中决定日地整体性的耦合过程。未来20年内，日地系统研究可望走上其成熟期，通过全方位、多层次的研究，建立起日地耦合过程的定量模型，完善对空间环境的监测和短、中期预报体系。

地球空间系统研究的中心问题是，太阳活动所引起的行星际和地球空间系统的扰动，特别是它的等离子输出这唯一能引起全系统各层次剧烈变化的物理过程。这种扰动研究包括太阳扰动等离子体输出及其在行星际空间的传输和演化、太阳风扰动输入磁层及磁暴的形成、能量沉积在电离层和高层大气过程等问题。通过这种研究认识了地球空间环境的变化规律，就可以建立日地环境的定量模型，以提高日地环境的预报水平。一直困扰学术界的一个关键问题是太阳活动与地球天气、气候及灾害事件之间的关系。虽然现在已认识到空间扰动期间高、低层大气的耦合有助于弄清楚太阳活动对天气和气候的可能影响问题，磁扰的高频成分感应导致的地球内部导电性能结构、变化有助于对探索可能的地震前兆，地磁活动可能对人体心血管、癫痫等疾病产生影响，但许多重要问题待日地系统整体行为研究取得实质性进展后才能逐步解决。

世界各空间大国都非常重视地球空间扰动预报及研究工作。美国航天局、国防部、空军、海洋大气局等有连续监测行星际太阳风（IMP）及同步高度空间环境（GOES）的卫星，建立了太阳风监测信息系统(SWIM)、试验磁暴实时预报，并有空间物理分析网（SPAN）科学信息系统。美国国家基金委设有地球空间环境模式（GEM）项目，以促进建立“空间天气学”和“空间气候学”，为空间环境预报作准备。科学家们认为，实现对日地系统各层次整体性的成像观测和局部区域多点卫星的三维探测，在月球上建立日地科学监测站收集地球附近的太阳风和行星际介质的状态参数及磁层尾、顶部磁层的数据，将给日地科学研究带来突破性进展。

电子技术和通讯工程

人类已经经历了农业文明和工业文明，正在进入信息文明时代。如果我们以运转速度刻画不同文明时代的特征，那么农业文明时代的速度是以奔马的速度为标志的时代，工业文明时代的速度是以汽车和飞机的速度为标志的声速时代，信息文明时代的速度则是以电磁波的速度为标志的光速时代。电子技术是为信息社会提供光速运转的最基本的技术。

1864年，麦克斯韦的电磁场在理论上预言了电磁波的存在，1887年赫兹（H.R.Hertz，1857—1894）用实验证实了电磁波的存在，1901年意大利工程师G·马可尼（Guglielmo Marconi，1874—1937）发明的无线电报使电磁波获得了实际用途后，人类又逐渐发明了基于电磁辐射的无线电广播、电视、雷达等技术。

随着波段利用从中波到短波再到微波，电子器件从真空电子管到晶体管再到集成电路，信息处理从模拟信号到数字化信号，电子技术带给人类的是一场信息技术革命。

G·马克尼，意大利无险电工程师，使用无线电报通信的创始人，1909年获诺贝尔物理学奖。

电子技术渗透到人类生活的方方面面，它的最重要作用应该说是对人类通讯交流方式的改变。13世纪前后，成吉思汗建立了一个横跨欧亚非的大帝国。由于不能进行有效的统治，这个帝国只好分成四个子国，其中一个就是中国的元朝。这个帝国是短命的，四个子国在14世纪被逐一毁灭。不能达成有效统治的一个重要原因就是，其通讯不足以在有效的时间内覆盖如此广阔的领域。一个子国发生的事情传到帝国中央所需的时间常常以年计，等帝国中央的反馈措施传回子国时，早已时过境迁。就如一个反应迟钝的巨人，当它的脚被火烧烤时，被火烧烤的信息需要一天才能传到大脑，等大脑做出的躲避或者灭火的指令传到脚时，脚已经被烧得不存在了。而在当今这个时代，由无线电、光缆和通讯卫星组成的通讯系统已覆盖全球的各个角落，甚至延伸到地球以外的太阳系。地球村是通讯能力达到今天这个程度的必然结果。如果当时成吉思汗有现在的通讯手段，历史毫无疑问将会改写。

一、无线电—电子技术的奠基

无线电—电子技术的应用领域包括无线电通讯、广播和电视、雷达和电子控制等诸多方面。从技术上讲，主要是如何实现电磁波的发射、接收和显示，这需要有产生和放大电磁波的电子器件以及由电阻、电容和电感组成的电路以及显示设备。正是在这些方面的几十年的积累性的进步，在20世纪的前50年内，在认识和利用电子在真空中的运动规律的基础上，人类实现了无线电的通讯、广播、电视、雷达、电脑和各种电子控制。

早在1897年英国就成立马可尼无线电公司，进入20世纪以来，无线电通讯和广播电视的发展迅速。1906年，美国人费森登（Fessenden，1866—1932）登首次实现调制无线电波收发音乐和演讲，1910年开始用于广播，无线电广播由之诞生。1907年爱尔兰与加拿大之间开始无线电报业务，1909年英国人巴克在巴黎—伦敦间实现了无线电传真，1913年德国人科恩（Arthur Korn，1870—1945）用无线电从柏林向巴黎传送图像，1916年美国电话电

约翰·莫奇利——世界上第一台电子计算机ENIAC的设计者。

报公司完成横跨大西洋的无线电话试验。1925年英国短波无线电发送成功，1929年法国人克拉维尔（A.G.Clavier）开始微波通讯计划。1931年美国哥伦比亚广播公司开始试播电视，1936年英国正式播放电视广播，1940年美国开始播送彩色电视。1941年美国开始调频广播，1945年美国莫奇利（John Mauchly，1907—1980）和埃克特（Presper Eckert，1919—1995）制成世界第一台电子计算机，同年英国人克拉克（A.C. Clarke，1917—2008）提出卫星通信的设想，1948年美国人申农（Clande Elwood Shannon，1916—2001）提出通信的数学理论。

在电真空器件的发明方面，1904年英国人弗莱明（John Ambrose Fleming，1849—1945）发明了真空二极管，1906年美国人德福雷斯特（Lee De Forest，1873—1961）发明了真空三极管，1919年德国人肖特基（Walter Schottky，1886—1976）发明了真空四极管，1931年荷兰菲利普公司发明真空五极管，1939年美国人瓦里安兄弟（R.H.Varian和S.E. Varian）发明超短波调速管，1940年英国人布特（A.H.Boot）和兰德尔（J. T.Randall）以及苏联人阿列克谢耶夫（ВасилийМихайлович Алексеев）和马略罗夫分别独立发明微波多腔磁控管。

在电子电路设计方面，英国人哈里斯（O.Harris）发明碳膜电阻（1897年），美国人普平（Michael Poping，1858—1935）发明加感线圈（1899年），英国人莫塞基（I.Mosciki）发明管状玻璃电容器（1904年），美国人皮卡德（Greenleaf Whittier Piccard，1877—1956）发明硅晶体检波器（1906年）。德国人斯拉比（A.Slaby，1849—1913）发明共振电路（1901年），德国人迈斯纳（Whalther Meissner，1882—1974）发明反馈电路（1911年），法国人德福列斯特（Lee de Forest，1873—1961）发明再生式电路（1912年），美国人费森登发明外差接收法（1912年），美国人阿姆斯特朗（Ediwin Howard Armstrong，1890—1954）发明超外差电路（1919年），美国人皮尔斯（George Washington Pierce，1872—

1956）发明电压振荡器（1923年），英国人安森（R.Anson）发明锯齿波电路（1924年），阿姆斯特朗发明频率调制技术（1933年）和调频制（1935年），美国人索思沃斯（George Clark Southworth，1890—1972）发明微波波导管（1936年）。

在电视方面，德国人布劳恩（Karl Ferdinand Braun，1850—1918）首先发明用电场控制电子束的阴极射线管（1897年）；俄国人罗金格（Б.Л.Розинг，1869—1933）发明机械扫描装置并用于阴极射线管做屏幕显示图像（1906年）；英国坎贝尔-斯文顿（A.A.Campbell-Swinton，1863—1930）提出用阴极射线管接受无线电传像原理（1907年），并发明铷膜的电视显像阴极射线管（1911年）；美国人库利奇（William David Coolidge，1873—1975）发明热阴极射线管（1913年），美国人兹沃里金（Vladimir Kozma Zworykin，1889—1982）发明电视显像管（1924年）；英国人贝尔德（John Logie Baird，1888—1946）发明机械扫描电视（1925年）。1926年，贝尔德用无线电播放电视图像成功，贝尔实验室实验成功性能良好的电视（1926年），贝尔德进行彩色电视机实验（1928年），美国人艾夫斯（H.E.Ives，1882—1935）在纽约和华盛顿之间进行彩色电视图像传送（1929年），兹沃里金发明光电摄像管（1933年）。

在电子控制和雷达方面，迈斯纳首先提出无线电导航原理（1911年），接着日本的飞机开始用无线电方位探测仪（1937年），英国军舰装上无线电探测仪（1939年），美国开始船舶的无线电定位（1945年）。自苏联制成由光电管识别图纸的光电控制机床（1940年），特别是美国人德克雷尔发表电子管控制机械的理论和设计方案（1944年）以后，机械控制开始向电子控制转换。雷达始于1935年，英国皇家物理研究所制成一台脉冲雷达，翌年美国也研制成功一台雷达装置，1938年雷达开始在防空中得到应用，1942年美国人应用射击雷达定位器，1943年德国雷达操纵火箭，1946年美国人用雷达探测月球。

电子显微镜的发明始于1932年，德国人鲁斯卡和克诺尔制成发射式电子显微镜；1937年德国人克劳塞制成优于光学显微镜的电子显微镜，而加拿大人海勒所制造的电子显微镜的放大倍数达到7000，可以用于观察病毒和蛋白质；1939年兹沃里金（Zworykin Vladimir Kosma，1889—1982）制成一台高性能的电子显微镜，德国人阿尔登则发明了通用的电子显微镜。1943年美国无线电公司研究所开始用电子显微镜研究原子结构，1944年美国人维克夫（R.W.G.Wyckoff）使电子显微镜看到三维立体图像。

二、电子电路集成化

真空电子管被广泛用于无线电广播、电视、雷达、电子计算机和载波通信等设备，但是难于小型化，特别是不能集成化，因为它们的工作原理基于在真空中控制电子运动，物理工作区大于毫米量级。1947年12月23日，世界上第一只晶体管在美国贝尔实验室诞生。而晶体管的工作原理是基于控制固体内的电子运动，其工作区在微米的量级，因而为电子电路集成化提供了物理基础。

晶体管问世以后，1950年美国无线电公司首先制成实验晶体管电视机，1956年美国电气实验站制成最早的晶体管计算机。在晶体管替代真空电子管走上电子设备小型化的同时，电子电路集成化的努力也开始了。1952年英国人达默（G.W.A.Dummer，1909—2002）提出集成电路的设想，1958年美国人基尔比（Jack Kilby，1923—2005）和诺伊斯（Robert Noyce，1927—1990）就各自独立地制成了最早的集成电路。40年来，集成电路已经经历了从小规模集成到中规模、大规模、超大规模过程，并正在向极大规模挺进。

杰克·基尔比是集成电路的发明人之一，2000年获得诺贝尔物理学奖。

晶体管的诞生

晶体管的发现不是一个孤立的精心设计实验的历史，而是作为一项颇为广泛的半导体物理研究计划的一个步骤，由一个科学家小组历时大约两年的理论和实验研究才实现的。

半导体研究史可追溯到1833年英国物理学家法拉第（Michael Faraday，1791—1867）发现氧化银的电阻率随温度的升高而增加。其后，在还没有半导理论的情况下，同晶体管有关的半导体的两个物理效应，光电导效应、光生伏打效应、整流效应，也相继发现。1873年，英国物理学家施密斯（Willough Smith，1828—1891）发现晶体硒在光照射下电阻变小的半导体光电导现象；1877年，英国物理学家亚当斯（W.G.Adams，1819—1892）发现晶体硒和金属接触在光照射下产生电动势的半导体光生伏打效应；1906年美国物理学家皮尔士（George Washing Herce，1872—1956）等人发现金属与硅晶体接触能有整流作用的半导体整流效应。20世纪20年代，随着半导体光生伏打效应和整流效应进入商业利用的发展时期，人们注意到这两种效应只是半导体的表面效应，而光电导性和电阻的负温度系数则是同半导体材料整体相关的。1931年，英国物理学家威尔逊（H.A.Wilson，1874—1964）依据固体能带理论，提出一个能把半导体许多性质彼此联系在一起的半导体导电模型。但这个模型只能较好地说明与体内有关的半导体行为特征，对表面现象则无能为力。当时人们设想，金属与半导体或半导体与半导体接触形成一个空间电荷层，它产生一个可阻止电子流动的势垒。1939年，英国物理学家莫特（Nevill Francis Matt，1905—1996）、苏联物理学家达维道夫（Б.Давидов）和德国物理学家肖特基（Walter Schottky，1886—1976）应用这种概念各自建立了整流过程理论。不久，人们就发觉这种整流理论是不适用的，因为它所预言的整流能力与金属的功函数相关、N型硅与P型硅之间的接触电势差、同一种材料N型和P型接触构成一个良好的整流等，这些都从未被发现。

正是在这种情况下，贝尔实验室分散研究固体物理的科学家们，在1945年1月被授权成立了一个正式的固体物理学研究组，由化学家莫尔根（Stanley Morgan）和物理学家肖克莱（William Shockley，1910—1989）领导。与此同时成立的还有费斯克（James Fisk）领导的电子动

威廉·肖克莱，是一位英国出生的美国物理学家和发明家，一生共获得90多项专利。并获得1956年度诺贝尔物理学奖。

力学组和伍耳瑞奇（Dean Wooldridge）领导的物理电子学组。由于费斯克的建议，1946年又成立了一个小组，由肖克莱直接领导，其中包括巴丁（John Bardeen）和布拉顿（Wailter Houser Brattain）以及其他人。这个新的小组集中于硅和锗的表面研究。

肖克莱提出一个假说，认为半导体表面存在一个与表面上俘获的电荷相等而符号相反的空间电荷层，使得半导体表面与其内部形成一定的电势差，正是这个电势差的存在决定着半导体的整流功能，而且利用电场改变这空间电荷层会使表面电流随之而变，从而产生放大作用。为了直接检验这一假说，布拉顿设计了一个类似光生伏打实验的装置，测量接触电势差在光照射下的变化。对N型和P型硅以及N型锗的表面光照实验所发生的电势差变化，证实了肖克莱的半导体表面空间电荷层假说及其电场效应的预言。

几天以后，巴丁就提出一个利用电场效应做放大器的几何结构设计。把一片P型硅的表面处理成N型，滴上一滴水使之与表面接触，在水滴中插入一个涂有腊膜的金属针，在水和硅之间所加的8兆赫频率的电压会改变从硅流到针尖的电流，实现了功率放大。用N型锗实验效果更好。经若干改进，最终选用的结构是，在锗片表面形成间距约为0.005厘米的两个触点，分别作发射极和集电极。这种双极接触结构在10兆赫频率下达到了100倍的放大。这一天是1947年12月23日。

翌年7月，巴丁和布拉顿以致编辑部信的方式向《物理评论》作了报道，1949年4月的《物理评论》发表了他们的详细报告。同年，肖克莱又提出以两个P型层中间夹一个N型层做半导体放大结构的设想，1950年肖克莱与斯帕克斯（Morgan Sparks，1916—2008）和迪耳（Gordon Kidd Teal，1907—2003）一起研制成单晶锗N-P-N结晶体二极管，此后结型晶体管基本上取代了双极点接触型晶体管。巴丁、布拉顿和肖克莱由于这方面的贡献共同分享了1956年度诺贝尔物理学奖。

集成电路的进步

晶体管问世以后，1950年美国无线电公司首先制成实验晶体管电视机，1956中美国电气实验站制成最早的晶体管计算机。在晶体管替代真空电子管走上电子设备小型化的同时，电子电路集成化的努力也开始了。1952年英国人达默提出集成电路的设想，1958年美国人基尔比和诺伊斯就各自独立地制成了最早的集成电路。

集成电路的出现打破了电子技术中器件与线路分立的传统，晶体管和电阻、电容等元件及其连线都做在小小的半导体基片上，开辟了电子元器件与线路一体化的方向，为电子设备缩小体积、减小能耗、降低成本提供了新途径。

集成电路之成为现实，除物理原理外得助于许多新工艺的发明。其中重大的工艺发明包括：1950年美国人奥耳（Russel Ohl，1898—1987）和肖克莱发明的离子注入工艺、1956年美国人富勒（C.S. Fuller）发明的扩散工艺、1960年卢耳（H.H.Loor）和克里斯坦森（H. Christensen）发明的外延生长工艺、1970年斯皮勒（E.spiller）和卡斯特尼（E.Castellani）发明的光刻工艺。

罗伯特·诺顿·诺伊斯，是仙童半导体公司和英特尔的共同创始人之一，他有“硅谷市长”或“硅谷之父”的绰号。

这些关键工艺，为晶体管从点接触结构向平面型结构过渡并使其集成化，提供了基本的技术条件。

最初的双极型点接触结构晶体管不可能做得很小，1950年肖克莱等人发明的平面型晶体管工艺为集成化提供了可能性。这样一个晶体管的面积可以小到数百平方微米，还可以在这个范围内进行微米级或亚微米级的几何结构图形和杂质分布的精确设计和加工，使上千万只的晶体管有机地组合在一个小硅片上。

对于双极型晶体管，千万只晶体管集成在一起遇到功耗的困难。每只工作电流0.1毫安，1千万只就是5千瓦，所散发的热量足以把集成电路烧毁。单极型的金属—氧化物—半导体（MOS）场效应器件的出现为解决这一难题开辟了道路，因为它是电压控制器件而不是电流控制器件，输入电流近于零。1958年法国人研制出第一只场效应晶体管，当年美国通用电器公司就开始生产这种场效应管，1963年美国无线电公司制成金属—氧化物—半导体场效应管芯片，1968年又制成互补金属—氧化物—半导体（CMOS）集成电路。大规模和超大规模集成电路原则上有了技术原理上的保障。

大规模集成电路的出现，特别是金属—氧化物—半导体集成电路作为计算机内存储器的可能性，为轻便的个人计算机问世提供了条件。虽然美国IBM公司在1964年就制作了世界上第一台集成电路的计算机，但要等到1969年才由美国通用电气公司的法金（Federico Faggin，1941— ）提出台式微处理机的设想方案，1971年第一部通用微型电子计算机问世。英特尔公司后来居上，1972年把微处理器从4位提高到8位，1978年到16位，1981年到32位，1993年到64位。

三、信息处理数字化

从模拟转向数字是信息处理的一个重大突破。模拟信号是与数字信号相对而言的。传统的盒式录音机的工作原理大致如下，被录的声音通过空气使声波传到麦克风，使麦克风上的纸盆随之振动。纸盆的振动与声波构成了一种对应，或者说是对声波的一种模拟。在纸盆后面绕有线圈，线圈之中有一块永久磁铁。线圈随纸盆在永久磁铁的磁场中振动，线圈内产生感生电流，电流的变化与纸盆的振动构成一种对应。这个变化的电流产生的变化的磁场又使涂有磁介质的磁带表面发生改变。于是，磁带表面就记录了所有录制的声音信号。这个信号就是模拟信号。以上过程逆转过来，就可以将所记录的电磁模拟信号还原为声音。模拟信号就是以这种方式把声音信号和视觉信号记录下来。

数字信号是将模拟信号进一步处理转化成二进制数字而来的。这个过程叫作模数变换。

我们通常所用的进位制是十进制，但十进制不是唯一的进位制。中国曾经实行过一斤等于十六两的重量制，这是十六进制。圆周一度为六十分，是六十进制。二进制也是一种特殊的进位制。二进制的好处是只有0和1两个数字。应用在电子线路上，可以用“开”和“关”两种状态代表，或者，可以代表“开”和“关”两种状态。比如一排灯泡，如果有8个灯泡，就可以代表一个8位的二进制数。全部开着，可以代表11111111（=256），全部关着，则代表00000000（等于0）。不同位置的开关代表不同的数或者状态，共有2^8=256种状态。在集成电路中，代替这些灯泡的是一个个小电容或者小磁芯，其数量非常庞大，就可以表示非常多的状态。把模拟信号数字化，就是把连续的模拟信号变成分立的数字信号。同样以声音为例。一秒钟的声音对应着磁带上的一段距离。如果把一秒钟的声音分成10份，每一份为0.1秒。每一份用一个二进制的数字来表示。这样，一秒钟的声音就变成了十个二进制数。显然，这个二进制的数字位数越高，所能代表的声音的状态越多，对声音的表达就越准确。当记录信号回放时，我们听到的实际上是十个声音，这个声音可能不够圆润，可能会有断断续续的感觉。但是，如果我们把一秒钟的声音分成更多的份数，比如100份、1000份，我们所记录的声音就与被记录的声音更为接近，甚至超过人耳所能分辨的精度。

数字信号有许多模拟信号无法比拟的优点，其中最重要的两个是纠正错误和数据压缩的能力。

一盘记录模拟信号的磁带在反复复制之后，失真会越来越大，噪音也会越来越大。但是一张记录数字信号的磁盘，无论怎样复制，所得到的信号都与最初的记录相同，除非磁盘磨损到不能使用。数字信号所传递的只是0和1两个数，接受方所要识别的也只是0和1两种状态。只要信号能够读出来，在传递过程中就不会失真。如果传递距离过长，可以设立中继站，在信号失真到不能识别1和0之前，把干扰去掉，达到纠错的目的。

数字信号的处理极为方便。数据压缩是对数字信号的一种常用的处理方法，也是数字信号所具有的重大功能。比如，在一个电影镜头中，并不是所有的物体都处于运动中，其背景在相当长的时间里是不变的，或者相似的。用模拟信号记录，必须每一个画面都全部记录，而用数字信号记录，则可以把相同的背景只记录一次，同时附加一个记录，记录这个背景在何时何处再次出现，这样，就可以大大地压缩所要记录的内容。当然，这只是一种形象的说法，实际的数据压缩并非如此。事实上，数据压缩的能力往往超出人们的想象。到了1995年，对于数字影像，已经可以把每秒45000000比特的信息压缩到1200000比特。

数字信号的纠错功能和数据的压缩功能大大提升了数据传递的能力，人类生活的许多方面都已经或将要因此而改变。

数字化首先冲击了对于社会生活至关重要的大众传播行业，并使所有的媒体都呈现出新的面貌。

数字化导致了“多媒体”的诞生。传统媒体可分为第一媒体：印刷品（包括报纸书刊等）；第二媒体：广播；第三媒体：视听媒体（从技术上可分为电影与电视）。第一媒体以文字形式通过视觉作用于大脑的第二信号系统；第二媒体通过声音作用于大脑的第二信号系统；第三媒体直接作用于视觉和听觉，并通过听觉作用于第二信号系统。而所谓“多媒体”则是以计算机为工具，集多种传播手段于一体的信息传播方式，它包括了文字、图片、声音甚至电影与电视。多媒体的一个重要载体是CD光盘。CD光盘与激光唱盘的外形差不多，但是信息储存的格式更加多样。CD光盘要用计算机阅读，它除了具有其他媒体原有的特点，还具有一些其他媒体所不能实现的功能。比如它的快速检索功能，超级链接功能等。在数据传输网络化之后，多媒体不一定要物化为CD光盘，可以通过卫星、无线电、光缆以及计算机构成的网络在短时间内传递到地球的任何一个角落。

数字化同时使传统媒体发生了改变。它对视听艺术的作用最为明显。由于数字信号的处理比模拟信号的处理要容易得多，很容易使图像变形、移植，这种手段很快被用到电影特技上。对于数字化电影特技的神奇效果，人们已经能够从各种电视节目的三维动画片头和《侏罗纪公园》《阿甘正传》《泰坦尼克号》等美国影片中得到深刻的感受。数字化不但使视听艺术获得了更为丰富的表现能力，也使视听艺术的本体发生了变化。

首先，数字化将取消各种视听媒体之间的差别。电影和电视就成了一个统一的视听艺术的不同输出方式。

其次，数字化与小型化结合起来，会使制作视听作品的设备家庭化，从而产生大量的视听艺术的业余作者，从而使整个视听艺术的表现形态发生根本的改变。

数字家庭化有两个前提：足够小的体积和足够低的价格。这两个条件已开始满足。可以预计，当数字式摄像机和多媒体技术普及之后，一台稍加补充配置的家用电脑将承担编辑机的功能。那时，一个人将能在家庭中独自完成一部视听艺术作品。

当然，数字化这种技术首先进入的领域不仅有传播业，它也使通讯行业产生许多飞跃的进步。从前的电话所应用的都是模拟信号，它会随着传播的距离增大而失真。长途电话所传递的声音常常被噪音所掩盖，或者失真严重到听不清楚。建立数字程控电话网络之后，由于数字信号所具有的纠错功能，这个问题已经不存在。数字信号还可以用一种“分包”技术传递，即把一个长的信息分解成许多小的片段，每一个片段都附上接受方的地址和校验码，信息传到接受方之后，再把它们组装起来，还原为原来的信息。采用分包技术，信息传递的带宽大大增强。就好比一条公路，如果一个超重卡车上路，就把道路封住，不许其他的车辆通行，这条道路的利用效率肯定是不高的。但是，如果大家都堵在路上，这条路的利用效率也很低。分包技术使载重卡车分解为一些小摩托，每一台上路的摩托都迅速往目的地跑，道路的利用率就大大提高了。

目前计算机、光导纤维、卫星通讯等技术结合发展，已形成数据传递的网络化时代。

四、数据传输网络化

集成化与数字化结合导致信息技术发生整体性革命。虽然早在1937年就已提出了脉冲编码调制通信，但在电子数字计算机成为信息处理的普遍工具和光导纤维出现以后，已经形成数字化信息革命的形势。音像模拟信号转变成数字信号，由于其可压缩性和可纠错性，极大地提高了信息传输的效率和质量。半导体激光技术和光导纤维技术与卫星通信技术以及网络技术结合，正在形成完整的全球通行网。一个生动的信息社会正在成长。

人类的生存范围总是与它所能达到的有效的通讯范围相一致的。在地球上繁衍了几百万年的人类已经使地球本身发生了改变，造成了诸如生态问题、能源问题等全球性问题。与此同时，人类的通讯能力也达到了覆盖全球的程度，地球确实变成了一个小小的村落。人类必须联合起来才有可能解决生态等全球性问题。

20世纪90年代，信息高速公路成为各方面人士所关注的对象。这是将要通过科学技术获得的又一个重要的工具。而这个工具不是单一的工具，它的综合能力比以往任何一个都高。甚至，它将使人类社会发生一次重大的改变。

信息高速公路将给我们带来一个与以往有着巨大差异的新社会，社会范式（social paradigm）将发生从工业社会到信息社会的转变。在新的社会范式中，由于信息交流的便利，物质交流的总量将大大降低。这就是所谓从A（atom原子）到B（bit比特）的转变。从前被一部分人掌握的信息资源将被民众分享。社会的轴心将由权力、财富转向知识，知识将成为社会的决定力量。

虽然信息高速公路尚未建成，但是我们能够通过目前的国际互联网感受信息高速公路的强大力量。“计算不再只和计算机有关，它决定我们的生存”。

国际互联网（INTERNET）是从1969年开始建立的。它的前身是美国军方的一个网络。当时的目的是使得战争期间一旦电力和通讯中断也能继续保持信息传输的畅通。80年代中期，美国国家科学基金会大量投资建造了高速远距离计算机传输网，这个网就成了因特网的主干。它包括高容量的电话联线、微波、激光、光纤和卫星，从而把各个网络、计算机站和全世界各地的人连接起来。人类可以通过因特网利用世界各大图书馆的资料及其他资源。1993年，全球网信息服务系统（WWW）的建立对国际互联网的发展起到了巨大的促进作用。WWW中文译为“万维网”，这三个汉字的汉语拼音字头也恰好是WWW。万维网是互联网上的一个服务系统，它提供包括文字、图像、声音等多媒体的“页面”，页面采用超级链接方式，可以使用户非常方便地从一个页面跳到另一个页面，也可以使用户轻松地从一个网站跳到另一个网站。整个互联网的信息就成为一个巨大的信息库。现在，互联网已经成为许多人获得信息、与人交流、发送电子邮件、娱乐、购物等活动的重要工具。在互联网上，真正实现了“天涯若比邻”。一封电子邮件可以在几秒钟内发送到地球的另一端，来自全球各地的人们可以在网上聊天站里共同讨论某一件事情；不同国家的人们可以利用互联网合作一个项目，比如共同办一本杂志。所有这些都与地域无关。只要带上一台笔记本电脑，无论走到哪里，只要有电话线，有宽带，有wifi，有手机信号，就可以进入互联网。

互联网使多媒体进一步发展为第四媒体。关于第四媒体，目前还没有一个可以被共同接受的界定。大体来说，第四媒体是以互联网为基础，在网络上发布多媒体信息的一种传播方式。第四媒体与前三种媒体有着很多重大的不同，其中主要区别有：

1. 即时性。在即时性上，第四媒体有些类似于电视。其信息可以随时发布，也可以进行网上直播。但是，电视只能提供画面，而第四媒体还可以提供相关的文字、图片资料供受众使用。

2. 传播者与受众的平等性。传统媒体中，媒体和受众的地位是不平等的。媒体总是能够居高临下对零散的受众进行控制。在第四媒体中，信息的传播方与信息的接受方具有平等的地位，任何一个人都既可以是信息的接受者，也可以是信息的传播者。每一个人都可以通过电子邮件，或者借助公共的布告栏、聊天站，或者建立自己的网站来发布信息。发布信息的权利扩散到每一个人了，在互联网上，没有人能够垄断信息。

3. 即时互动性。传统媒体也接受受众的反馈，但接受的主动权掌握在媒体手中，反馈的接受与公布与否取决于媒体。在第四媒体上，由于信息的接受者与发布者具有同样的地位，其反馈的接受与否、公布与否不受信息发布者的控制。另外，接受信息者在阅读信息的同时就可以发表自己对这件事的看法，这种反馈可以是即时的。这种反馈的即时性在将来的数字电视的节目点播中会有更好的体现。

4. 受众的广泛性与受众的主体性。在互联网上发布的信息具有最大的潜在受众群体。每一个登上互联网的人都是所发布信息的潜在接受者。同时，在庞大的信息面前，受众具有更强的主体性，阅读哪一个网页，阅读哪一条信息，全是信息的接受者做主。这样，接受者各取所需，发布者也可以发布专门针对某一种群体的信息，而不必担心没有人看。

就在2000年以前，有限电视网络与通过电话线连接通过电脑阅读的互联网还是互不相关的两部分，在数字电视家庭化之后，媒体的形态发生了巨大的变化。电脑和电视机、收音机、录像机、电话机、传真机以及影碟机等的结合越来越密切。所有这些电器可以统一在一个平台上。视听媒体已经融合在第四媒体之中，广播成为第四媒体中的一个部分。报纸出版的必要性也被减弱。现在的报纸为尽快送到读者手中，使用分点印刷的办法，每个印刷点印上几万份以满足所在地区的需要。未来的发展仍可以理解为分点印刷，但是每个印刷点只需印刷一份，满足印刷者自己的需求，其实，他根本不必要把报纸印出来，直接在屏幕上阅读就可以了。

信息技术革命对艺术的传播、创作及存在形式也将发生重大的作用。它将表现在以下几个方面：

1. 改变艺术的传播形态。人类从古至今，已有七大门类的艺术形式。音乐、诗歌、舞蹈、戏剧、美术、雕塑（建筑）和电影（电视）。其中，只有电影是科学的技术的产物，可以知道确切的诞生日期。其余的艺术形态都是从远古时期就已经存在了。

信息技术革命改变了人类的信息传播方式，人们可以更方便、更快捷、更低成本地享受新的艺术作品，同时，也可以分享被囿于深宅大院的经典艺术资源。比如通过互联网访问卢浮宫。

2. 提供新的创作手段，丰富艺术表现的可能性。就音乐而言，数字技术为乐器家族贡献了一个新成员——电子乐器。电子乐器除了模仿传统乐器之外，还具有传统乐器所不具备的音效；多媒体技术可以使一个音乐家一个人合成出一个交响乐队的效果。对于美术，多媒体技术提供了更丰富的视觉效果，使美术设计产生了一个质的变化。对于雕塑，艺术家将可以利用多媒体的三维技术在电脑中完成设计，并用电脑控制的机器手成型。瓦尔特·本雅明（Walter Benjamin，1892—1940）称电影为机械复制时代的艺术，其最大的特征是没有原稿；数字复制时代，雕塑可能也成为没有原稿的艺术，3D打印技术已经使这一点部分成为现实。目前我们能够看到的被数字技术影响最大的应该是电影。传统技术难以设想的画面特技和音效大大地改变了电影的视听效果。数字技术对于舞蹈、戏剧的舞台表现也有不同程度的影响。大约唯一不受影响的是诗歌。

3. 改变视听艺术的存在形态。视听艺术的传统存在方式和传播方式是电影和电视，网络不仅提供一种新的传播方式，也提供一种新的视听艺术形式——网上多媒体节目。从另一个角度说，随着数字式摄录器材和高清晰度电视在技术上的完善，这些形式间的差别也在缩减。各种不同形式可以视为一个统一的视听艺术的不同输出方式。

4. 简化视听艺术的创作。不能否认，每一门技术都需要自己的专业技能训练。比如雕塑，需要用很长时间掌握各种雕塑工具和技能。但如果电脑机械手能完成雕与塑的工作，可以设想，会有更多对雕塑感兴趣的人参与雕塑的创作。影视创作所要求的专业训练和大规模资金是普通人难以企及的，每个人都可以写出不能够发表的诗，但只有极少数人有能力有财力拍一部不求公演的电影。但是，随着成本和体积进一步降低和缩小，摄录器材将实现家庭化。进一步普及的数字式摄像机与家用多媒体电脑结合起来，个人在家庭中独自完成一部视听艺术作品将不再是一件高不可攀的事。这样，将会产生大量的视听艺术的业余作者，大众将不仅是视听艺术的观赏者，也是其创作者。视听艺术将不再为少数专业人员所垄断，将呈现出更加丰富的表现形态。视听艺术创作的权利和知识也在扩散着。

5. 触觉成为艺术表现手段，艺术与现实的界限模糊。人类接受外界信息的感官有五种，其中绝大部分信息来自视觉与听觉。再现了某一现实片段的视听信息，也就再现了这一现实片段的绝大部分。除雕塑与触觉略有关系外，其余的艺术形式都只作用于视觉和听觉。但是，所谓的虚拟现实（virtual reality）技术将能够再现触觉信息，使触觉信息成为一种艺术表现手段。virtual reality 一般译为“虚拟现实”，金吾伦（1937—）建议译为“虚拟实在”，钱学森则建议译为“灵境”。各种译法有不同的侧重。“虚拟现实”侧重于具体的技术，“虚拟实在”则着眼于更抽象的“实在”。从视听艺术的延伸考虑，称为“灵境”或许比较合适。灵境技术再现出来的现实将更加逼真，这种逼真到了极致，使再现出来的现实与真的现实难以区分。

金吾伦先生认为虚拟实在将给我们的实在观带来根本的变革。由于虚拟实在与实在的难以区分，现实与艺术之间的界限将发生进一步的混淆，艺术对人的生存将产生更深远的影响。当代人的许多情感体验已经不是在现实生活中体验到的，而是在电影电视中体验到的，很多伴随着电视长大的孩子已经不能区分现实与电影、电视及电子游戏。对于将来的孩子，虚拟的现实将不仅影响他们的人生，也将构成他们的人生。

五、社会生活信息化

集成化和数字化信息革命可以说是刚刚启动就受到广泛的关注，其前景还尚难确切预言，人们就已经开始滔滔不绝地谈论它的社会意义了。许多人都认为，这是信息史上的一次革命，也是科学技术整体的一次革命，它必将引起一次产业革命和社会变革，使人类从“原子”时代走向“比特”时代。

1992年9月克林顿就把通过兴建信息高速公路推动经济增长作为其竞选美国总统的口号，上台后于1993年9月推出“国家信息基础结构行动计划”。1995年2月西方七国集团召开会议，讨论建设全球信息高速公路问题，并提出11项分工合作计划。1996年5月在南非召开“信息社会与发展”部长级会议，40多个国家派出政府代表团，18个国际组织派出代表，近千人出席了会议，酝酿全球信息基础设施计划。信息高速公路建设已成为必须由各国政府决策和国际协调合作的重大问题，在科学技术发展史上似乎没有哪一项科学技术受到过类似的礼遇。信息革命的影响是相当广泛的。

经济学家关注的是信息经济问题。早在1961年斯迪格勒（George J. Stigler，1911—1991）就提出了“信息经济学”的概念，并建议将它作为经济学的一个新的分支学科。1977年波拉特（M.V.Prat）出版了九卷本著作《信息经济》，不再遵循传统的三次产业分类法，而增加信息作为第四次产业。在1966年，苏联经济学家库兹涅茨根据三次产业论的分析，指出经济增长的动力是技术创新和社会创新。近些年来人们把美国

20世纪90年代以来经济发展的“一高两低”现象，即高增长率、低通胀率、低失业率，归因于集成化和数字化信息革命。有人还从经济发展的长波理论论证，信息革命对应着第五个经济长波。按这样的估计，随着集成化和数字化信息革命的进展，世界将进入又一个新的高经济增长率时期。

社会学家们关注的是信息生存方式。1959年美国社会学家贝尔（Daniel Bell，1919—2011）首先提出“后工业社会”的概念，1962年美国马鲁普（Fritz Machlup，1902—1983）在《知识产业》一书中提出“知识社会”的概念，1962年日本梅桌忠夫在其《信息产业论》中首先提出“信息社会”的概念。许多社会学家都接受了“信息社会”的概念，如托夫勒（Alvin Teffler，1928— ）的《第三次浪潮》（1981）和奈斯比（John Naisbit）的《大趋势》，贝尔还写了一本《信息社会的结构》（1981）。所谓信息社会指信息产业的产值和劳动力在社会总产值和劳动力中的比重超过一半。在社会学家们看来，这种结构的变化导致的最直接的变化是，随着企业信息化而来的生产自动化和智能化，劳动时间将日益缩短。劳动时间有可能从现在的2000多小时缩短到1000小时。这意味着每周只工作三天，休闲时间多于工作时间。少数人用少数时间所生产的物质产品就足够供世人享用，多数人的多数时间将用于“生产知识”。

政治学家们关注的是信息政治。从政治活动家们总是把信息革命同军事对抗和经济竞争相联系的言行，我们不难看出其冷战思维的积淀。而学者们则从信息全球化导致经济一体化看到了更深远的景象。如美国哈佛大学政治学教授亨廷顿（Samuel.P.Huntinton，1927—2008），他在1993年发表的《文明的冲突》中认为，西方世界与非西方世界的对垒将从意识形态对抗转向文化的对抗。虽然他并不认为军事对抗和经济竞争已不复存在，但他的这种重点转移论亦确实值得深思。试回忆核均衡所带来的原子弹失效的结局，“比特弹”会逃脱这种均衡命运吗？在信息社会里作为权力分配的政治状况理论界尚在争论。以罗尔斯（John Rawls，1921—2002）为代表的“权力政治学”与以桑德尔为代表的“公益政治学”之间的一般政治理论争论，亦应从信息社会的现实和未来予以评价。

思想家们关心的是信息观念。有学者提出了物质、能量和信息作为世界三要素的思想。“没有物质，什么东西都不存在；没有能量，什么事情都不会发生；没有信息，什么都没有意义”。对世界描述的信息主义思潮正在上升，达尔文的进化论被推向信息进化论。实际上生物学家艾根（Manfred Eigen，1927— ）已经十分明确地断言，进化根源于信息。信息实在论，包括由信息技术中“虚拟现实”引申而来的“虚拟实在”概念，吸引着许多哲学家的兴趣。

在人类作为一个整体被信息技术革命所改变的同时，人类的个体的生存也将被信息技术所改变。

追溯起来，人类自古以来就是生活在两重现实或实在之中的。借用卡尔·波普尔（karl Popper，1902—1994）的概念，

卡尔·波普尔，20世纪最著名的学术理论家、哲学家之一，他的哲学被美国哲学家巴特利称为“史上第一个非证成批判主义哲学”，在社会学上亦有建树。

一重是世界一，物质世界；一重是世界三，携带着人类精神活动信息的物质，如书籍、建筑等。这两重实在一直是交互作用的。原始人就相信他们的艺术可以与现实发生作用，他们祭祀的仪式，他们刻在石头上的岩画可以帮助他们猎取更多的食物。民族文化与民族心理更多地是由世界三传承的，一个农业社会的孩童的成长是与在大地上的劳作和父兄的教诲及家族的传说紧紧相伴的，对他们而言，世界一与世界三是一个浑然的整体。只是在传统社会中，无论世界三还是世界一都非常稳定，在一个人一生之中，都不会发生太大的变化。对于一个生命个体，他所继承的文化心理一旦形成，就退隐成一个背景，很少再发生改变。

而现代人则需要时时接受两重现实的巨变。随着历史的推移，世界三在人类生活中所占的比重越来越大，并且与世界一产生了冲突。对于现代人而言，世界三通常体现为由电影电视等所谓大众传媒构成的影像实在。影像实在由于其对视听信息的丰富再现，更为趋近世界一。现代人的很多情感并不是在现实生活中体验到的，而是在电影或者电视中体验到的。就如某位作家所说，谁说是艺术模仿生活，分明是生活模仿艺术。人们每天谈论的不再是家长里短，而是前一天上演的肥皂剧。就如原始人与祖先的灵魂生活在一起，现代人是与无休无止的连续剧的角色生活在一起的。在几届美国总统的选举中，迪士尼的米老鼠也得到了不少选票，排除其中恶作剧的成分，可视为两重现实界限混淆的一个结果。影像现实对人们的心理产生了巨大的影响。举例来说，长期在影像中面对暴力而无能为力的人们对暴力会产生漠然的心理，这种心理使他们在面对现实暴力的时候同样漠然。20世纪末，在美国发生了几个儿童有预谋的持枪杀人的事件，对于这几个儿童凶手而言，他们只是在做一次电子游戏。他们精确的枪法、准确的策划和杀人后镇静的心理素质均来自于电子游戏。这是影像实在与现实实在发生混淆的又一案例。

虚拟技术诞生之后，第二重实在除了与第一重实在更加不好区分之外，更为重要的变化就是它的互动性。这也许会对人的心理产生与影像现实有所不同的影响。比如，同样面对暴力，你必须有所行动，是参与还是逃跑？无论怎样选择，你都不能对此保持漠然的心态。而且，选择逃跑的人也许会感到耻辱。澳洲一个土著部落认为，梦与现实等同，并且人能够参与自己的梦。如果一个孩子在梦中害怕一个野兽，他们相信他在现实中也会怕它。解决的办法是，告诉孩子命令自己，再次梦到类似情形不许逃跑，必须要冲上去，与它战斗。让自己在梦中战胜对手是这个部落孩子的一项必修课。在梦中胜利的孩子才会成为现实中的勇士。与梦相比，虚拟实在要更容易被人控制。

可以想见，对于将来的孩子们，虚拟的现实将不仅影响他们的人生，甚至也将构成他们的人生。

假作真时真亦假，随着信息技术进一步深入地参与到人的生存，现实与艺术、现实与虚拟现实的界限进一步模糊起来。它给人类带来的深刻影响，很快就会随着技术的发展而显现出来。这种影响自然是福祸并存。存其益、去其害虽然是人们的共同愿望，但谁也无法把它们分得一清二楚。事实上，新的生存方式必然到来，我们只能在新的生存之中做自己的选择，而不能选择这种生存方式本身。

生活在信息社会中，人类的许多方面也将为信息所改变。然而电影无论多么逼真，观众都只能是观众，对于电影提供的视听信息只能被动接受，见到片中自己喜欢的人受人凌辱也只能忍住怒火，眼巴巴地看着。与作品发生相互作用的愿望在传统艺术中当然是无法实现的。然而，自20世纪90年代开始，这种愿望却在另一个看起来与艺术完全无关的领域得到了一定的满足，这就是建立在计算机技术基础之上的电子游戏。电子游戏的名声一直不大好，在相当多数人看来，电子游戏文化层次低，制造粗糙，对青少年有害无益，这或许也是实情。但如果从发展的眼光看，则不妨对比一下电影的历史。电影在刚刚诞生的时候，也被人认为是不登大雅之堂的杂耍，根本不被看作是艺术，百老汇的一流舞台演员都不屑于参加电影的演出。只是在越来越多的文化人加入电影的创作后，电影才不仅仅是商品，而成为第七艺术。电子游戏也将会经历同样的过程，并且它由丑小鸭到白天鹅的过程比电影快得多。现在的许多角色扮演类电子游戏，已经在曲折的情节之外有了性格鲜明的人物和丰富细腻的情感。不能否认，电子游戏已经具备了视听艺术的一些基本因素。

电影的完整再现和电子游戏的人机互动是两个理想，这两个理想在信息时代中将由一个新技术结合起来，这就是所谓的虚拟现实。关于它具体的技术细节，在许多书中均有详细的描述。这里不妨用王小波在《盖茨的紧身衣》中的形象说法：

“光看到和听到还不算身历其境，还要模拟身体的感觉。盖茨先生想到一种东西，叫作VR紧身衣，这是一种机电设备，像一件衣服，内表面上有很多伸缩的触头，用电脑来控制，这样就可以模仿人的感觉。……比方说电脑向你输出一阵风，你不但可以看到风吹杨柳，听到风过树梢，还可以感到风从脸上流过——假如电脑输出的是美人，那就不仅是她的音容笑貌，还有她的发丝从你面颊上滑过——这是友好的美人，假如不友好，来的就是大耳刮子。”（《沉默的大多数》，中国青年出版社1997年版，第353页。）

进一步说，你不但可以挨美人的耳光，也可以还她耳光。你差不多可以为所欲为，因为你的想象很难超出电脑所储存的无穷可能性。

无论看多么紧张的电影，只要观众稍稍注意一下，就可以意识到自己是在看电影，毕竟有大量的电影之外的感官信息能够被人所接受。但是，如果灵境技术在给人提供视听信息触觉信息甚至嗅觉信息的同时，又隔绝了非灵境信息，那么，进入灵境状态的人将无法区分自己是否处于灵境状态之中，直到灵境电影结束。就如在密封船舱中的旅客不知道自己是处于静止还是匀速直线运动状态，一个进入灵境飞行状态的飞行员单凭感官将无法区分他是在模拟飞行还是在真正地飞行。

一个去过现实希腊的孩子和一个去过数据希腊的孩子，对希腊的感受会有哪些不同呢？在此，我们似乎可以再运用一下相对性原理。如果我们不能区分引力和加速度，那么引力就可以等价为加速度；如果我们不能区分虚拟现实与现实，它们就是等价的。引力与加速度的等价使爱因斯坦得出了广义相对论，那么，虚拟实在和实在的等价将产生什么？

现在，以电子技术为核心的互联网已经把整个地球变成一个村落，云技术使得计算机本身的概念发生了巨大的变化，人类的生存已经牢牢地建立在这些技术之上。人类的生存方式与这些技术形态紧紧地捆在一起，共同演化人对技术的依赖达到前所未有的程度，这其中的福祸尚难分说，而可以肯定的是，人类活动所耗费的自然资源会急剧提高。

核技术与核能工程

1895 年 11 月 8 日，德国科学家伦琴（Wilhelm Conrad Röntgen, 1845—1923）发现了来自物质内部的X射线。论文发表后，在全世界引起了强烈反响。物质世界内部的隐秘向关心它的人们打开了。1945年8月6日，美国军队在广岛投下了第一颗原子弹，60%建筑物被炸毁，7.1万人当场死亡，6.8万人受伤。三天后，第二颗原子弹在长崎爆炸，44%的建筑物被炸毁，3.5万人死亡，6万多人受伤。从X射线发现到原子弹爆炸，总共只有半个世纪。在这半个世纪里，人们的认识迅速地深入到原子内部，弄清了原子的内部结构，知道原子是由原子核和绕核运动的电子组成的，而原子核又是由质子和中子组成的；还发现了原子核的裂变和核聚变释放能量的科学原理并发明了控制它们的技术。在其后半个世纪中，核弹的爆炸声重新唤醒了人类的理性，物理学家也开始反思，他们是否应该制造后果如此严重的杀人机器，人们意识到以核武器相互残杀会使整个人类毁灭，核冬天不仅是一种可能性，而且随时都可能成为现实。人们努力寻找核技术和平利用的途径，并在很多领域得以实现。

一、放射性和核蜕变

现在我们经常就是否应该建造核能发电站展开争论，然而直到19世纪末，许多权威的科学家还不相信原子的存在。在古希腊，原子意为物质存在的最基本单元，它的自身不再有结构。道尔顿（John Dalton，1766—1844）在1800年左右用“原子”代表参加化学反应的最小基元，为18世纪积累的化学做了一个总结。1868年前后，门捷列夫提出元素周期律之后，科学意义上原子的概念才得到普遍的承认。但是原子是一种数学抽象，还是一种物质实体，人们仍在争论。19世纪末，X射线、放射性和电子的发现，导致20世纪对原子内部复杂结构的认识。

放射性的发现

1895年11月8日，德国维尔茨堡大学校长伦琴照例去了他的实验室，对当时发现不久的阴极射线进行研究。熄灯之后，他发现涂着铂氰化钡的屏幕上闪着黄绿色的荧光。这完全是实验目的之外的一个偶然发现。伦琴认为一定有一种未知的射线射到了屏幕上，因为阴极射线管已经被黑纸遮得严严实实，不会有光透过。显然，这种未知射线有很强的穿透能力，不仅能穿透黑纸，还能穿透约千页厚的书籍、15厘米厚的木板、叠在一起的几张锡箔、几厘米厚的硬橡胶和玻璃板。他还发现，如果把手放到放电装置和屏幕之间，可以看到骨骼的影像。人类还从来没有发现过能穿透不透明物质的射线，所以伦琴把它命名为X射线。伦琴给他的妻子拍了一张手的X线照片，伦琴夫人的手骨清晰可见，还有戴在手指上的结婚戒指。对于今天的人们而言，X线毫无神秘之处，它不过是能量比较高的电磁辐射而已，与光线的性质相同，只是波长比紫外线还短。现在，在医院里拍一张X光片已经是一个非常一般的检查了，但它的发现在当时却是轰动世界的新闻。X射线激起了科学界的好奇，关于X射线的研究迅速在世界各国开展起来，物质世界内部幽深的大门从此逐渐被打开了。1901年第一次颁发的诺贝尔物理学奖就颁给了伦琴。进入20世纪以来，不仅物理学，整个世界的面貌，都因这X射线的发现而发生了巨大的变化。

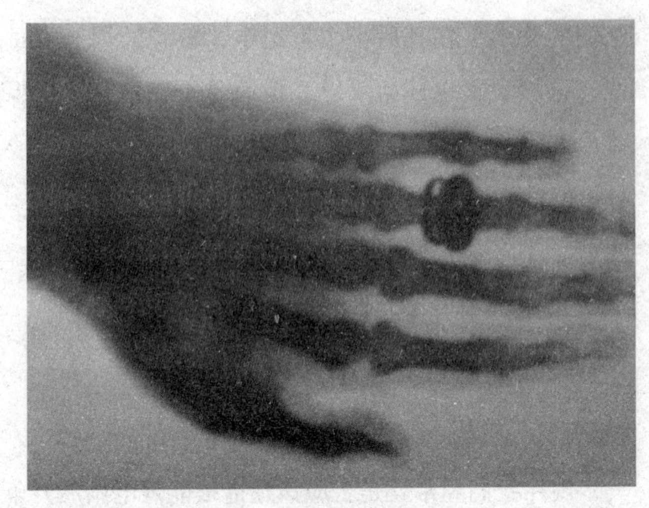
1895年圣诞节前夕，伦琴给他妻子的手，拍了一张X光片。

继X射线之后，许多其他物质的放射性现象也被发现出来，甚至不少人为一些子虚乌有的射线争夺发现权。1896年，受X射线研究热潮的影响，法国科学家贝克勒尔（Antoine Henri Becquerel，1852—1908）开始研究荧光物质的发光与阳光照射的关系。贝克勒尔选用的荧光物质是一种铀盐，由于连日阴天，只好把铀盐和包在黑纸里的底片一起放到抽屉里。几天后，却发现底片已被感光。继而他发现，无论多黑的地方，只要把铀盐和底片放在一起，底片就会感光。而且，同一包铀盐可以不断地使底片感光。这表明，这块铀盐在没有诸如通电、光照等外界的任何作用的情况下，能不断地发射出某种能使照相底片感光的射线。那么，这种射线一定来自于铀盐的内部，而且应是来自于原子的内部。那么，原子本身就必定不那么简单，而是有其内部结构的。

1897年，J·汤姆逊证实，阴极射线实际上是比氢原子质量小得多的、带负电的、来自原子内部的一种粒子。这种粒子就是1881年斯托尼（G.T.Stoney，1826—1911）赋名的“电子”——最小的电荷单位。电子的发现，不仅进一步证明原子是有其内部结构的，而且表明电子必定是原子的一个重要组分。

在放射性研究中接着做出重大贡献的是居里夫妇。玛丽·居里（Marie Curie，1867—1934）婚前的名字是玛丽·斯克沃多夫斯卡（波兰文为 Marie Sklodowska），1867年生于波兰。因家境贫寒，中学毕业后，当过6年家庭教师。1891年她来到巴黎索邦大学攻读物理学，1893年获得物理学硕士，1894年获得数学硕士。1895年与皮埃尔·居里（P.Curie，1859—1906）结婚而成为居里夫人。铀的放射性被发现后，居里夫人逐一测试了当时已知的元素，发现钍也具有放射性。这使居里夫人坚信，放射性不只为铀和钍元素所独有，它应该是一类元

居里夫人，法国波兰裔女物理学家、放射化学家。她是放射性现象的研究先驱，也是两次获得诺贝尔奖的第一人。

素的特性。1896年，居里夫人观察到，一种沥青铀矿和铜铀云母的放射性非常之强，比同体积的纯净氧化铀的放射性要强得多。于是她认为，在这种矿中一定存在一种比铀放射性更强的元素。居里夫妇利用奥地利政府提供的几顿废铀渣，在既像马厩又像土豆窖的实验室里，进行了新元素的提炼。1898年7月，他们得到了一种比铀放射性强400倍的新元素，居里夫人把它命名为“钋”，这是居里夫人的祖国波兰的第一个音节。这一年的12月26日，刚过完圣诞节，居里夫人在法国科学院又宣布了由她发现的第二个放射性元素，她将其命名为“镭”。当时他们测定的镭放射性比铀的要强900倍，1899年测定的则是强7500倍，几个月后发现强10万倍。1902年居里夫人从几吨重的沥青铀矿中，提取出0.12克左右的纯氯化镭，并用它测定了镭的原子量为225。居里夫妇和贝克勒尔三人，由于对放射性研究的贡献分享了1903年度的诺贝尔物理学奖。当时的居里夫人36岁，居里44岁，贝克勒尔51岁。1910年居里夫人又提炼出金属纯的放射性镭，它的放射性比铀要强300万倍，为此居里夫人又荣获了1911年度的诺贝尔化学奖。

在放射性本身特性研究方面，首推英国科学家欧内斯特·卢瑟福。1899年他开始研究镭的放射性，并发现了镭射线中包含两种成分。一种穿透能力弱，他命名为α射线；另一种比α射线强100倍，命名为β射线。1900年1月，居里发现α射线带正电，而β射线带负电。同年4月，维拉德又发现其中还有一种穿透力更强但不带电的射线，被命名为γ射线。几年以后，α射线被证明是一种粒子流，是氦的原子核，带2个单位的正电荷，原子量为4；β射线其实是高速运动的电子流；γ射线则是一种电磁波，比X射线的波长还要短，能量也更高。

元素蜕变的发现

镭还有很强的热效应，居里夫妇和卢瑟福等人都对此进行过测量。

1克镭每小时放出的热量可达100卡，这热量远远高于化学反应所释放出来的热量。那么，放射性元素的能量从何而来？居里夫人在1899年和1900年有过两种假设：一种可能是放射性物质从外界摄取能量然后再放射出来，另一种可能是放射性物质自身释放出来的能量。如果第二种设想成立，就意味着作为物质基本单位的元素本身也是处于不断的变化之中的，而不可能是永恒不变的了。

1902年，卢瑟福和青年化学家F·索迪共同发表了一篇论文，宣布放射性元素会通过发出α粒子及β粒子使自己蜕变成另一种元素的原子。1904年，卢瑟福提出放射性产物的链式蜕变理论，根据这个理论重放射性元素将逐渐变成比自己轻的放射性元素，最后蜕变成稳定的元素铅。比如镭，它的直接衰变产物是放射性气体氡，氡继续衰变成为另一种放射性元素，然后再衰变，直到最后成为铅。卢瑟福因放射性物质研究的贡献获1908年度的诺贝尔化学奖。

元素蜕变的观念令时人震惊。一座用砖砌成的大厦，如果砖本身在变化，大厦怎能牢固！原子是物质大厦的砖块，如果它在蜕变，世界岂不乱了套！元素蜕变假设还意味着，放射性元素内部的能量不是无穷无尽的，终究会有衰减完结之日。当时已经有了这种旁证，虽然当时发现的放射性元素铀、钍、镭、锕等的放射性似

欧内斯特·卢瑟福，英国著名物理学家，原子核物理学之父，因放射性研究的贡献获1908年度诺贝尔化学奖。

乎经年不衰，但居里夫人发现的钋却是按指数规律衰减的，每140天衰减一半。由此可以断言，其他放射性元素也一定衰变，只不过衰减得比较慢，一时显现不出来，并且这种衰变能一定源于某种未知的新机制。

1911年，卢瑟福用α射线轰击铝箔，发现大部分α粒子几乎无障碍地穿过，只有极少数α粒子发生大角度反射。这表明原子内部似乎非常空虚，绝大部分质量集中在原子的中心。根据α粒子散射的角度分布，卢瑟福提出原子的有核结构模型。直到1932年物理学家们才弄清楚，元素的原子核是由荷正电的质子和不荷电的中子组成。元素的原子序数决定于质子数，而原子量则决定于质子数与中子数之和，两个质子数相同而中子数不同的元素称为同位素。由于原子的化学性质只与原子序数或者质子数相关，所以同位素的化学性质完全相同，在元素周期表上占据同一个位置，故有此名。所有元素的原子量都是整数，少数原子的非整数原子量只是其共存的同位素取平均的结果。

二、核的裂变和聚变

既然原子核是由质子和中子组成的，原子核的质量似乎应该等于组成它的核子（质子和中子）之质量的总和。然而事实并非如此，原子核的质量总是小于其组分核子之质量和。例如氘核由一个质子和一个中子组成，它的质量并不等于质子和中子的质量和，而是小于两者之和，质量减少的数量为3.965×10^{-30}千克。

核子组成原子核时的这种质量减少叫作“质量亏损”。按爱因斯坦1905年从狭义相对论推出的质能等当定律，核子在结合成原子核时要释放能量，这部分能量叫“结合能”。结合能的大小由爱因斯坦的著名质能关系式$E=MC^2$来计算，E是能量，M是质量，C是光速。由于光速是一个非常巨大的数值，每秒30万千米，所以非常微小的质量就对应非常大的能量。一个指甲盖的质量如果完全转化成能量，就足以供应一座城市一天的消耗。按这个公式计算，氘的结合能为2.23兆电子伏特。这个能量是很可观的一个数量，所以可以认为原子核内蕴藏着巨大的能量。

不同的原子核的结合能是不同的。氘核的结合能最小，为2.23兆电子伏特；铋核的结合能最大，为1640兆电子伏特；其他原子核的结合能在两者之间。原子核的结合能除以其组分核子数的比值叫作“比结合能”。

比结合能是原子核稳定程度的标志，比结合能大的原子核相对比结合能小的原子核要稳定。质量较轻的原子核和质量较重的原子核之比结合能都是比较小的，而中等质量的原子核之比结合能是比较大的。因而把轻核聚合成较重的核，把重核分裂成中等质量的核，这两种过程都将释放出相应的能量，前者叫作轻核聚变，而后者叫作重核裂变，它们是人类利用核能的两种基本途径。为利用它们原子科学家们发明了控制核反应过程的技术——核反应堆。

人工核反应

中子很快成为物理学家探察原子内部的新武器。1919年，卢瑟福用高速α粒子锤子轰击氮原子核，就使氮原子放出了质子，实现了原子核的人工蜕变。1934年1月，约里奥·居里夫妇用α粒子轰击铝，得到了一种自然界中不存在的放射性元素——磷的一种同位素，表明在放射性元素和普通元素之间并无截然的界限。即使稳定元素，也可以有放射性同位素。美籍意大利裔物理学家费米（Enrico Fermi，1901—1954）考虑用中子代替α粒子，会实现更多的核反应，因为中子不带电，可以不受电磁力作用，易于接近原子序数较大的原子核。费米和他的助手按照原子序数逐一用中子轰击当时已知的92种元素。就像一个得到了新玩具的孩子，迫不及待地要玩遍它所有的功能。在几个月内，他们就得到了37种不同元素的放射性同位素。

恩里科·费米，美国物理学家。他在理论和实验方面都有第一流建树，1938年度诺贝尔物理学奖获得者。

总的来说，一个轻原子核，被中子轰击后，经常会发出一个α粒子，变成一个少一些电量的核。而一个重核则把中子吸收，变成原来元素的一个重同位素。对于第92号元素铀，费米认为它也会吸收一个中子。但实验得到的产物却让费米困惑，不是铀的同位素而似乎是一种原子序数大于92的元素，也就是说他认为它可能是一种新元素，第93号元素。这件事在1934年5月发表后，被意大利官方新闻界宣扬为法西斯主义在文化领域中的胜利。费米不得不向新闻界正式声明，第93号元素尚未得到确证。4年后他们终于明白，费米所发现的并不是什么新元素，而是铀裂变的产物，即铀不但没有吸收中子反而被中子打得裂开了。不管怎么说，费米的这项工作毕竟把原子科学家们领到了核裂变的大门口。

1934年10月，费米发现，中子通过石蜡之后再轰击原子核，比直接轰击所能产生的核反应要强数百倍。费米认为这是由于中子与石蜡中质子发生碰撞而大大减速，因而延长了经过原子核附近的时间，更容易被原子核俘获。慢的炮弹竟然比快的炮弹更好使，这看起来有些不可思议。但慢中子的确比快中子更有效，各国物理学家很快掌握了这一法宝。

费米是一个少年天才，1922年在比萨大学获得博士学位的时候，只有21岁。他先后去德国哥丁根大学随马克斯·玻恩（M.Born，1882—1970）及荷兰莱顿大学随P·厄仑费斯特（P.Ehrenfest）工作，于1924年回到意大利。由于费米及其小组的工作，意大利一度成为核物理研究的一处重镇。但是，随着意大利法西斯的统治日益强化，费米的助手们纷纷离去。1938年，37岁的费米因为在核物理方面的贡献获得了这一年度的诺贝尔物理学奖。1938年11月，费米带领全家前往斯德哥尔摩，领取了诺贝尔奖之后，他没有回意大利。因为费米的妻子有犹太血统，1939年1月2日，费米一家移居美国。法西斯使美国又多了一位重要的原子物理学家。

核裂变的发现

费米关于超铀元素的意见发表后，立即遭到德国女化学家依达·诺达克（Ida Noddack，1896—1978）的反对，她认为很可能是铀在吸收之后分成几块。费米觉得不大可能，虽然慢中子比快中子更有效，但一个在重锤敲击下安然无事的核桃，总不会被手指轻轻一碰就裂成了两半。稍后不久，当时的放射化学权威奥托·哈恩（Otto Hahn，1879—1968）与他的长期合作者、奥地利女物理学家迈特纳（L.Meitner，1878—1968），以及德国物理学家施特拉斯曼（F.Strassmann，1902—1980）在柏林也得到了与费米类似的结果，奥托同样不相信诺达克的想法。1938年3月，纳粹德国占领奥地利，迈特纳于当年7月逃到瑞典，去了斯德哥尔摩的贝尔研究所。居里夫人的女儿也是一位物理学家，她与约里奥结婚后，保持了居里这个伟大的姓氏，称作约里奥·居里夫人。1938年9月，约里奥·居里夫人同她的助手、南斯拉夫物理学家萨维奇（P.P.Savic，1909— ）做了类似的实验，发现反应后的产物中有一种放射性元素的化学性质接近镧，而镧的原子序数只有57，如果是超铀元素，那么它的化学性质应该接近原子序数是89的锕。约里奥·居里夫人的报告引起了哈恩和施特拉斯曼的注意，他们立即用约里奥·居里夫人的方法重复了自己以前的实验。经过仔细分析，他们宣布，慢中子轰击铀原子后，最后的产物是镧、钡、铈的同位素，其原子序数分别是56、57、58。结果竟被诺达克言中。这个结果实在是有违常理，哈恩自己也感到难以置信，但他还是公布了这个实验结果。同时，他把这个结果寄给了在瑞典的迈特纳。1938年圣诞节，迈特纳的外甥，哥本哈根玻尔理论物理研究所的物理学家奥托·弗里希（Otto Frisch，1904—1979）到瑞典看望她，正巧她接到了哈恩的来信，迈特纳相信哈恩是一个优秀的化学家，他的实验报告应该是确切无疑的，他们所需要做的是如何对此做出解释。

根据弗里希的回忆，他们的大部分讨论是在瑞典一座小镇的滑雪场上进行的。从"大清洗"的苏联中逃出来的物理学家伽莫夫曾提出，原子核更像一个液滴，对此，玻尔表示同意。弗里希他们想到，如果一个液滴被拉长，只要表面的张力稍稍被破坏，这液滴就会分成两半。一个真正的液滴的表面张力会阻止液滴分成两半的，但是原子核中质子的静电或许会抵消表面张力。弗里希与迈特纳在树林里开始计算，表明铀核所带的电量完全可以抵消表面的张力。铀核就像一个左右摇摆的、不稳定的小液滴，只要一点小小的扰动，比如单个中子的撞击，它就会分裂成两半。但是，分裂后的两个部分会因为相互间的斥力而高速反向运动，这个能量大约有200兆电子伏特，这个能量从何而来?

早在1897年，发现电子的J·汤姆逊就测量过电子的荷质比，到20世纪30年代电量的测量已经达到比较高的精度，物理学家已经能够根据荷质比算出电子、质子、中子等基本粒子的质量。质子比中子稍微轻一点点，它们比电子要重1836倍。碳12质量的十二分之一被定义为原子的质量单位，一个原子质量单位等于1.6606×10^{-27}克，中子的质量是1.0087个原子单位，质子是1.0073个原子单位。12个核子的质量和比它们所构成的碳12的质量要大，这就意味着，在核子结合成原子核的时候，有一部分质量失去了。这个现象可以用爱因斯坦的质能关系来解释。质能方程解释了元素与构成它们的质子与中子之间微弱的质量差，也解释了当年困惑居里夫妇的镭的能量来源问题。但是，当时没有人想到这种与质量相关的巨大能量能够这么快就被人类释放出来。

根据迈特纳的记忆，她计算了铀原子核的质量和新生成的两个原子核的质量之和，发现二者之间有一个相当于五分之一质子能量的差值，按照爱因斯坦的质能关系式，这个质量恰好等于200兆电子伏特。这个结论表明，铀原子可以人工分裂，释放出潜藏其中的巨大能量。弗里希不大敢相信这个结论，1939年1月3日他回到哥本哈根，把这个结论告诉了正准备去美国的玻尔。玻尔兴奋地拍着前额说："就应该是这个样子!"

弗里希与迈特纳通过电话合作这篇论文。弗里希问一位生物学家，怎样称呼细胞由一个到两个这样的过程，回答是"裂变"。弗里希采用了这个称呼。裂变，一个新生命蓬勃生长。

弗里希在写论文的同时，又把实验重做了一遍。

裂变的链式反应

1939年1月7日，玻尔乘坐瑞美轮船公司的货轮前往美国，与玻尔同船去美国的除了他的儿子物理学家埃里克·玻尔外，还有比利时物理学家罗森菲尔德（L.Rosenfeld），他们在船上一直讨论着关于裂变的各种问题。玻尔曾对弗里希承诺，在得到他们的文章付印的消息之前不把此事告诉美国同行，但他却忘了把这个诺言告诉罗森菲尔德。罗森菲尔德把信息透露给美国普林斯顿大学的物理学家惠勒，这个消息在普林斯顿物理学家的聚会上引起了轰动。几天后，哈恩的论文也传到了美国，好几个小组都争着做核裂变试验，其中包括刚刚到达美国哥伦比亚大学的费米。玻尔不能阻止美国同行做这个实验，他只好在每一次同行的会议上强调迈特纳和弗里希的解释，以保住他们的优先权。

每一个核物理学家都知道这意味着什么。原子核内蕴涵着无比巨大的能量将要在人类的控制之下了。许多人自然想到了下一步——链式反应。铀原子核吸收慢中子发生裂变，裂变的两个碎片都有可能再放出一两个中子，这些中子将有可能被其他铀核吸收，从而发生新的裂变，这个过程不断地进行下去，巨大的能量将会自动爆发出来。物理学家开始研究链式反应的可能性及其发生的条件，也想到了制造原子弹。流亡在美国的匈牙利裔科学家西拉德（Leo Szilard，1898—1964）于1939年7月正式建议美国总统制造原子弹。

1939年初，玻尔根据原子核液滴模型提出，具有奇数个中子的铀容易发生裂变，偶数中子的铀同位素则不易发生裂变。在天然铀矿的主要成分是偶数中子的铀238，奇数中子的铀235，只占0.7%。虽然是奇数中子的铀，似乎它的自然链式反应也不容易发生，因为如果自然链式反应能够发生，天然铀矿也就不可能存在了。但这并不等于经过提纯的铀235不能发生链式反应。原子科学家们想到，可能存在一个铀质量的临界值，一旦超过临界质量，铀235的链式反应会自发进行，如果小于临界质量，因为铀块的体积不够大，则裂变时放出的中子穿过表面逃逸太多而不足以维持链式反应。计算临界质量涉及众多未知的参数，最初有人估计临界质量可能会有几十吨，不可能用来做炸弹。1940年初，弗里希与一位从柏林流亡的英国的物理学家鲁道夫·派斯重新计算了铀的临

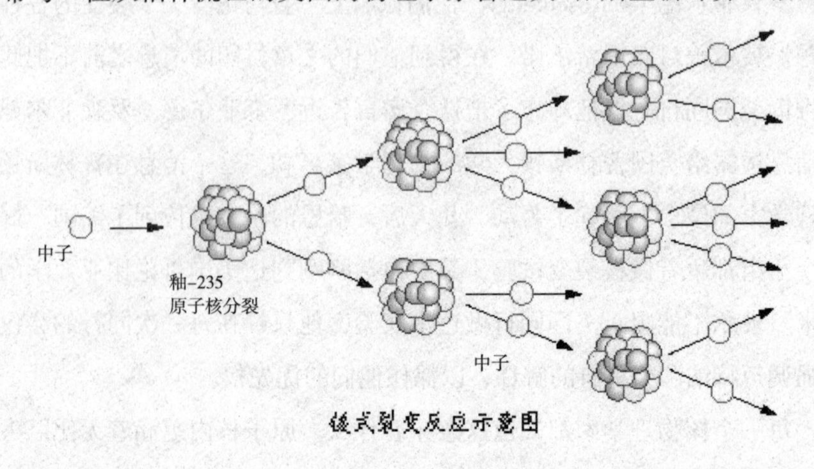

链式裂变反应示意图

界质量，发现铀235的临界质量只有一两磅，比一个高尔夫球还要小。

偶数中子的铀238也并非无用。1940年，美国物理学家麦克米伦发现铀238俘获中子后变成镎239，核化学家西伯格发现镎239经过β衰变成为钚239。而钚239这种奇数中子的放射性元素与铀235类似，也能在慢中子的作用下发生裂变，这样就可以用铀238作为生产钚239的原料了。于是铀同位素的利用就有了两个途径，一是从天然铀矿中提取铀235，另一是用铀238生产钚239。详细计算临界质量的结果是，铀235的临界质量约为15千克，钚239的临界质量则仅约为5千克。所以很显然，制造原子弹由从两方面下手，一面提纯铀235，一面生产钚239。

同位素的分离只能用物理的方法，因为同位素的化学性质相同。同位素分离的物理方法是根据元素之间的质量不同，用气体扩散法或者电磁法把它们分离开。但是这种物理方法的分离效率并不高，玻尔曾夸张地说，要想把铀235分离出来除非把全国变成一个分离工厂。尽管如此，原子弹的可能性已经具有了现实性。科学共同体内的科学家相互了解彼此的工作，交战各国的科学家都有了相似的结论。所以从1940年开始，核武器的竞赛就已经开始了。

1942年10月，费米在芝加哥大学设计建造了一座核反应装置，用以研究链式反应的细节，并把铀238变成钚239。它是由石墨和铀逐层叠放而成的，故名反应堆。这里石墨的作用是使快中子变成慢中子的减速剂，这也是一项新发明。1935年，费米曾用水做减速剂，但水中的氢原子也会吸收一个中子而成为重水，因而损失了用以轰击铀的中子。要减少中子的损失，一个自然的想法就是直接用重水做减速剂，因为重水已经不可能再吸收中子了。“重水”之名要追溯到1932年美国科学家尤里（Harold Urey，1893—1981）、F.G·布里克和G.M·墨菲发现了质量数为2的氢同位素，它在常态氢中只占五千分之一，被命名为氘。氘与氧的化合物所具有的化学性质与水相同，因为它的比重比水大而名之为重水。重水的特殊物理性质使其中不能生存任何生命，但却可以用作核裂变的减速剂。1940年，德国从它的占领地挪威诺尔斯克电气化工厂大规模地搬运重水，这一点使同盟国的科学家更加相信希特勒的确是在进行原子弹的研究，为了不让希特勒抢先造出原子弹，同盟国只好派一个小分队把这个重水工厂给炸了。而当时盟国中提炼重水的技术还不成熟，因没有重水，费米才选用了石墨做减速剂。

费米这个反应堆有6米高，石墨作为减速剂用来把快中子变成慢中子，为了控制核反应的程度，费米还把一些能够吸收中子的镉棒插在堆中，调整镉棒插入的深度就可以控制核反应的强度。1942年12月10日，这个反应堆开始运行。最初，这个反应堆的功率只有0.5瓦，10天后上升到200瓦。1943年，又建造了一座1000多瓦的反应堆，每天可生产1克钚239，但以这个速度生产要达到临界质量的5千克钚239需要十多年。为加快制造原子弹不得不建造专门生产钚239的工厂——汉福德工厂。

利用核聚变原理的氢弹之设想并不晚于原子弹。根据对各原子和基本粒子质量的测量，各种核聚变所放出的能量可以精确地计算出来。一克氢原子核聚变成氦核，将释放6300亿焦耳的能量，这是燃烧相同质量煤的能量的2000万倍，是同样质量铀裂变释放能量的10倍。1938年，美国物理学家汉斯·贝特（Hans Bethe，1906—2005）和德国的卡尔·冯·魏茨泽克（Carl von Weizsacker，1912—2007）就已用聚变来解释太阳以及恒星所拥有的巨大能量，而聚变也只能在太阳这样高温高压的条件下才能发生，所以聚变被称为热核反应。聚变虽然能够释放出巨大的能量，但是在地球上人类似乎难以获得满足热核反应的条件。

1942年，特勒（Eclward Teller，1908—2003）产生了一个想法，就是利用原子弹爆炸瞬间产生的巨大温度和压力来实现核聚变。经过估算，特勒确认这个温度和压力能够满足聚变发生的条件，也就是说用原

汉斯·贝特，美国物理学家，犹太人，1967年度诺贝尔物理学奖获得者。

子弹点燃氢弹是可能的。于是在洛斯阿拉莫斯的美国物理学家们，在研制原子弹的同时又开始了对氢弹的理论探讨。

三、曼哈顿核弹工程

1939年7月，西拉德在另外两位匈牙利血统的物理学家维格纳（E. Wigner，1902—1995）和特勒的帮助下，写了一份准备上交美国总统罗斯福的报告。其核心意思是，美国要抢在德国之前造出原子弹。为了使这一提议得到重视，西拉德请求爱因斯坦的帮助。爱因斯坦在报告上签了字，还给罗斯福总统写了一封信，并委托对罗斯福很多影响的经济学家萨克斯一并转呈。

西拉德自年少时就有为人类服务的理想，作为一位物理学家和生物学家他一直关心政治。他是活跃在美国的一批匈牙利科学家之一，早在

1934年就设想通过某些物质的链式反应释放能量来发电或者应用于其他用途，他当时所设想的可能物质中就包括了铀。当玻尔把裂变的消息带到美国的时候，正在哥伦比亚大学的西拉德立即注意到其中潜在的军事价值，他建议物理学家自愿保密而不再公开发表核物理方面的新成果。西拉德的这种努力并没有白费，欧洲的物理学家们逐渐接受了自愿保密的建议，盟国的物理学家们也不再发表关于这方面研究的进展。

当科学家们与政府联络并期待政府支持制造核武器的建议时，科学家的想法在政治家看来不免过于缥缈。但世界大战为科学家与政治家的结盟提供了一个特殊的机会。德国法西斯在1938年3月吞并奥地利，同年10月，侵占捷克斯洛伐克之后，1939年9月又进攻波兰。英国和法国立即向德国宣战，第二次世界大战的序幕拉开了。

萨克斯终于等到了一个晋见罗斯福的机会。1939年10月12日，萨克斯同总统见了面，为说服总统接受制造原子弹的建议，他讲了拿破仑的一段故事。萨克斯对罗斯福说，拿破仑征服了整个欧洲，对海峡对岸的英国却无可奈何，这是为什么呢？因为拿破仑拒绝并嘲笑了美国发明家富尔敦关于建造蒸汽军舰的建议。后来的历史学家说，“如果拿破仑当时接受了富尔敦的建议，那么欧洲历史就要改写。”这个故

西拉德（右）与爱因斯坦（左）

事打动了总统，罗斯福接受了科学家们的建议，成立了一个由国家标准局局长、一位陆军代表和一位海军代表组成的铀研究委员会。美国的原子弹研制从此纳入政府的管理之下。在1939年10月21日铀研究委员会的第一次会议上，军方代表对于与会物理学家们的话并不很感兴趣，但仍然通过了特勒要求购买石墨的6000美元预算。

西拉德的担心只是凭借自己的直觉，但他的直觉却是经得起历史检验的。实际上，在1939年9月，德国新陆军部就召集了包括海森堡和奥托·哈恩在内的德国原子物理学家们，研讨了制造原子武器的可能性问题，并且海森堡还于1939年12月提供了一份报告，其中提出用重水或者石墨做减速剂以及分离铀235的一个具体方案，1940年1月德国又开始收集铀矿石并向世界上最大的重水工厂订购重水。苏联对于核弹的可能性也是很敏感的，1939年成立了铀委员会，1940年6月它的物理学家就向美国《物理评论》杂志报告他们的铀裂变实验。虽然美国物理学家对他们没有任何反响，他们却注意到一些著名的物理学家、化学家、冶金学家和数学家的名字从国际刊物上消失了。当时的苏联人相信美国一定在进行着某项秘密的核计划，并开始了对美国原子弹研制的间谍工作。日本军国主义者的嗅觉也很灵敏，一直追踪核物理发展进程的安日武夫中将，在1940年4月就意识到核裂变的可能后果，于是，1941年4月，日本空军也批准了有关原子弹的研究计划。

随着战争的升级，美国政府逐渐加强了对原子弹研制的投入。1940年6月，美国又成立了以V·布什（Vannevar Bush）为主席的国防研究委员会，铀研究委员会成了它的一个小组。在不到一年半的时间里，美国政府在铀裂变研究方面投入了30万美元。十来家大学和若干研究所参加了研究。1941年12月，在日军袭击珍珠港的前一天，美国的铀研究计划从国防研究委员会中独立出来，政府通过了一项大量拨款研究原子武器的决议，并与英国政府建立了合作。英国成立了以J·汤姆逊为首的一个委员会，负责安排和协调与原子弹有关的科研工作。1942年6月，美国工程兵建立了一个新工区——“曼哈顿工区”。新工区成立后，一个名为“代用材料研究计划”的项目开始实施，这就是后世所说的“曼哈顿计划”。9月17日，工程兵团上校格罗夫斯（Lesle Richard Grores，1896—1970）被任命为这一计划的负责人，并在几天后升为准将。9月23日，美国成立了由三名军官和两名科学家组成的军事政策委员会，领导这项以制作原子弹为目的的庞大工程，格罗夫斯为执行委员。

格罗夫斯的上任使原子弹进入了最后的设计与生产阶段。1942年10月，格罗夫斯力排众议，选派理论物理学家奥本海默担任即将成立的武器研究室的负责人，并开始选择武器实验室的地点。从保密的角度考虑，这个地方应该与世隔绝，最后，曼哈顿工程最重要的基地设在了新墨西哥州一个叫洛斯阿拉莫斯的地方。与此同时，格罗夫斯在田纳西州的橡树岭买下了一块地，建了几个提纯铀235的工厂，并把东海岸许多的大学的研究都统一到芝加哥大学阿瑟·康普顿的指挥之下。1943年1月，格罗夫斯在华盛顿州又看中了一块地，并建起了汉福德工厂，进行钚239的生产。制造原子弹的几个重要支柱都搭建起来了。

奥本海默，美国物理学家，曼哈顿计划的主要领导者之一，被美国誉为“原子弹之父”。

洛斯阿拉莫斯基地在1943年开始修建，一块不毛之地迅速变成了一个小城镇，美国最优秀的物理学家、数学家以及各方面的技术专家陆陆续续地来到这里，在这与世隔绝的地方隐姓埋名地工作。1943年8月，丘吉尔与罗斯福达成了协议，在原子武器制造和使用方面结成紧密的同盟。年底，以查德威克为首的英国原子物理学家陆续来到了美国，直接参加曼哈顿工程。其中有最早对核裂变做出解释的弗里希，还有从丹麦经瑞典逃到英国的尼尔斯·玻尔和他的儿子。1944年9月，爱德华·特勒、理查德·费曼和费米也来到洛斯阿拉莫斯。

洛斯阿拉莫斯成了一个天才的聚会地，其中有许多诺贝尔奖得主和未来的诺贝尔奖得主，他们的平均年龄只有25岁。奥本海默不但是一个出色的科学家，也是一个出色的领导者。关于原子弹科学原理早已解决，洛斯阿拉莫斯的任务是设计具体的技术细节，诸如对临界质量的精确计算、炸弹的结构、包括弹壳的材料等等。在一个大的目标的指引下，洛斯阿拉莫斯的天才们披荆斩棘，开辟了通向核时代的道路。

“曼哈顿计划”是人类历史上第一个由国家集中协调进行科学技术综合开发的巨大系统工程。整个工程汇集了美国及欧洲优秀的原子物理学家、化学家、冶金学家、数学家及相关的各种技术专家，前后调集了科学技术人员15万和职工50万，动用了美国三分之一的电力，耗资20亿美元，历时近6年终于完成了原子弹的设计和制造。1945年4月，橡树岭已经生产出足够制造一枚原子弹的铀235，4月12日弗里希用金属铀完成了临界装配实验，当天下午罗斯福总统逝世，当日晚美国空军B-29轰炸了东京的理化实验室，日本的原子弹计划被烧个精光。当月底格罗夫斯已确认德国不可能拥有原子弹。1945年7月16日5时29分45秒，一枚钚弹在新墨西哥州的一处荒野上点火试爆成功，一个巨大的火球在一刹那升上天空，在几秒钟内长成一个巨大的蘑菇云。1945年8月6日美国空军在广岛投下了一颗铀原子弹，8月9日又在长崎投下一颗钚原子弹，1945年8月10日日本天皇宣布无条件投降。

第二次世界大战结束后，美苏两国开始了核军备竞赛。整个地球进入了核时代，有人预言了核冬天的悲惨结果。

四、美苏核军备竞赛

1905年，皮埃尔·居里代表他们夫妇在瑞典皇家科学院发表了一篇演讲，以答谢他们在前年被授予的诺贝尔奖。居里夫妇当时就观察到镭的辐射能力对人体的危害。他说，可以想象到，如果镭落到恶人手里，它就会变成非常危险的东西。于是产生这样一个问题：知晓了大自然的奥秘是否有益于人类？

西拉德制造原子弹的建议本为防止法西斯抢先，1945年4月12日的东京轰炸已彻底毁灭了日本的原子弹计划，但美国还是进行了原子弹爆炸试验并向日本投了两颗仅有的原子弹。

原子弹在日本的爆炸让那些把原子弹带入现实的人们陷入了新的思考。西拉德在一封信中曾写道："用原子弹对付日本是历史上最大的失策之一。"这样一种威力巨大的武器对人类而言究竟是福还是祸？如果一个孩子拿着一个炸弹在街上走，所有人都认为这是一个危险，那么人类是否成熟到可以掌握这种力量的程度？

特勒的生活两次被集权主义摧毁。到了美国之后，他潜心于他所热爱的物理学，从来没有想过从事任何武器研究。1940年，特勒在听了罗斯福的在泛美科学大会上的演讲之后，他开始相信，如果自由国家的科学家不制造武器以保卫他们国家的自由，他们就将失去自由。

纳粹德国真能抢先造出原子弹吗？这个促使美国制造原子弹的最初理由从来就没有被证实过，活跃在德国各地的盟军间谍从未接到过关于刺探德国原子弹研制工作的任务。一个机器一旦开动，即使当初开动它的理由已经不存在，它也停不下来了。如果一个人知道自己掌握了一个从来没人有过的本事，他很难忍住不继续试下去。航天即使没有任何实际用处，人造卫星早晚也要上天，至于那些具体的用处，只是使之实现的借口。但是，原子弹的出场却是以几十万人的生命为代价的。

自1942年年底开始，西拉德开始了另一项行动，企图单枪匹马地把原子能利用的决策权从政府手中夺回来，交到发明它们的科学家手中。1945年弗兰克还带领一批芝加哥大学的科学家要求美国政府不要对日本使用原子弹，当然遭到了美国政府的拒绝。

1945年5月7日德国投降，而日本军队还在太平洋顽抗。美国军人对日本军人乃至日本平民的武士道精神感到恐惧，因为美国军队每向日本本土推进一步都付出了巨大的代价。自1944年底开始，美军开始大规模地轰炸日本本土，虽然日本的重要城市几乎逐一遭到轰炸，但美国地面部队的前进仍然要以惨重的伤亡为代价。在1945年2月进攻硫磺岛时，美国军方曾向政府请求使用毒气，遭到了罗斯福的断然拒绝。罗斯福的继任杜鲁门则不同，1945年6月他决心在日本使用原子弹，为此轰炸日本的美国空军还保留了几座城市作为原子弹的轰炸目标，以观察原子弹究竟有多大的威力。

1945年7月16日，新墨西哥州升起的巨大火球像一团巨大的蘑菇云，让在场的很多人都感到了无比的恐惧。奥本海默想起了印度史诗《摩诃婆罗多》中的诗句："现在，我已经变成了死神，世界的毁灭者。"1945年8月6日美军在广岛投的那颗铀弹，毁坏了60%的建筑物，使7.1万人当场死亡，6.8万人受伤。8月9日在长崎投的那颗钚弹，毁坏了44%的建筑物，使3.5万人死亡，6万多人受伤。弗里希在回忆原子弹爆炸后的洛斯阿拉莫斯时说："当我看到我的朋友中有那么多的人奔跑去打电话给饭店预定饭菜准备庆祝时，我的感觉是不安的，确实是感到恶心。当然他们是对自己工作成就感到欢欣鼓舞，但是要庆贺10万人的死亡，即使他们是敌人，似乎也是足够残忍的了。”

1949年8月29日，苏联第一颗原子弹试爆成功，美国的核垄断被打破。1950年1月31日，美国总统杜鲁门宣布支持发展氢弹。经过曼哈顿工程考验后，发展氢弹只是一个时间问题。1952年11月1日，美国第一颗氢弹试爆成功。这颗取名为“迈克”的氢弹，其威力是投在广岛的原子弹的750倍，相当于1500万吨TNT炸药。爆炸火球的直径达6千米，蘑菇云升到了40千米的高空。试爆地点——太平洋中的一个珊瑚岛——水上部分消失得无影无踪。

1947年，奥本海默担任原子能委员会总顾问委员会主席，这个委员会和爱因斯坦一起，反对试制氢弹，认为其会引起军备竞赛，威胁世界和平。

氢弹“迈克”由三个主要部分构成。最外的壳层是氢弹的主体，里面装着将要进行热核反应的氘和氚（氘可由重水中分解出来，氚则是反应堆中的产物），氘氚壳层里面是一颗原子弹，填有铀235和一颗普通炸弹。普通炸弹的爆炸力把两块铀紧紧地压在一起，超过临界质量而发生链式反应，于是原子弹爆炸并且以其瞬间产生的巨大高温和高压使外壳层的氘发生聚变，生成氚和氦3，氘和氚以及氘和氦3进一步发生热核反应，最终产物是氦4，也就是α粒子。所有这些过程在几秒钟之内发生，巨大的能量释放出来。

但迈克竟重达65吨，还不能算是一种武器。苏联在1953年也试制成功了一颗类似的氢弹，它是由苏联物理学家萨哈罗夫主持设计的。萨哈罗夫就是后来苏联著名的为人权而斗争的不同政见者，一直受到各届苏联政府不同程度的迫害。接着美国又于1954年试爆成功一枚可用飞机运载的氢弹，1955年苏联也获得了可用作武器的氢弹。

玻尔意识到原子弹对人类具有祸福两方面的互补性，它将要对世界格局产生巨大的影响，但也可能引起新的世界大战，而这一次将是核战争。正当美苏和军备激烈竞争之时玻尔发出了警告：在被人类的技术改造成现在这个样子的世界里，每一项重大的技术都会影响人类的生存方式，在这个世界里已经没有绝对的强者，没有哪一个国家能够在战争中取得绝对的胜利，即使美国能以苏联本土的核武器来不及反抗的速度一举摧毁苏联全境，散布在全球公海里的苏联核潜艇仍然有可能把美国焚毁，和平共存是唯一的希望，并且为避免将会发生的核竞争，人类需要一个非常公开的世界。但是这个世界并不是由科学家来掌管的，玻尔所不愿看到的军备竞赛还是轰轰烈烈地继续下去了，超级大国之间冷战带给人类的将是核冬天。

到苏联解体的时候，双方拥有了能够把地球毁灭若干次的核武器。核竞争导致核均衡，核威慑已经失去了意义。尼克松在《真正的和平》中写到，真正的和平在于平衡，对立的双方实力相当，没有任何一方能够从战争中获得好处，就会有和平的结果。这种巨大威力的炸弹已经使自己失去了意义。原子能的和平利用在战后繁荣起来。最直接的应用当然是用核做能源。然而核技术所给予人类的不仅仅是能量，核技术还开辟了同位素应用和核辐照应用等诸多方面的应用领域。

五、核能的和平利用

核能在一瞬间释放出来就是核弹的爆炸，如果让链式反应在人的控制之下，就可以利用核裂变核聚变所释放的能量。事实上，从反应堆到核电站只有一步之遥。1951年，几个美国人曾把一座反应堆与发电机连在一起，点燃了一排房间里的电灯。第一座核电站是苏联建造的，在1954年6月开始发电，功率5000千瓦。1956年，英国建造的一座5万千瓦的核电站投入使用，1958年美国的6万千瓦核电站开始发电。核电站在全球各国逐渐发展起来，目前全球运行的核电站已经有442座。

法国本是能源短缺国家，自20世纪70年代开始发展核电，到1993年，已经有了67个核电站，核电总量仅次于美国，在自己使用之余，还可向临国供应。中国最早的两座核电站是秦山核电站和大亚湾核电站。秦山核电站是1981年列入计划的，1985年开工建造，1991年12月正式并网发电，装机容量为30万千瓦，它是我国的第一座核电站。大亚湾核电站位于广东，装有两台90万千瓦的核电机组。到2010年，中国正在运行的核电站已有7座，有十几座正在建设中。

从总的结构来说，核电站与火电站差不多。它们都是通过燃料加热产生水蒸气，再推动汽轮机发电。把热能转换成机械能再转换成电能。不同的是火电站的初始能源是煤或者石油燃烧释放出来的化学能，核电站的初始能源则是铀或者钚裂变释放出来的核能。核电站的核心是核反应堆，其基本原理与1942年费米制造的反应堆大体相同。核裂变释放能量，使反应堆发热，冷却剂将热量带出反应堆，推动热轮机，带动发电机发电。与火电相比，核电站占地少，效率高。核电站不像工厂，更像个研究所。而且，比火电和水电成本更低。

由于自然界中容易裂变的元素含量非常少，反应堆的燃料来源必须解决。费米提出了增殖反应堆的概念。就是在反应堆中放置天然含量较高的铀238或者钍232。铀235裂变平均产生2.5个中子，如果让其中一个维持链式反应，就可以有1.5个中子被铀238或者钍232吸收。铀238吸收中子可转变为钚239，钍232吸收一个中子可转变成铀233，钚239和铀233都是容易裂变的元素。这样，反应堆在发电的同时还能生产新的燃料，核燃料的成本就大大降低了。

核反应堆可以做得很小，核能除了大规模发电以外，还可以为潜艇、商船等提供动力。美国在制造核电站之前，首先把核动力用在潜艇上。第一艘核潜艇是美国制造的“鹦鹉螺”号，它于1954年1月21日下水。目前全世界有6个国家拥有核潜艇，它们是美国、英国、俄罗斯、法国、中国、印度。巴西和阿根廷正在研制自己的核潜艇。中国第一艘核潜艇是于1970年12月26日下水的。核能为潜艇提供了强大的动力，美国的“三叉戟”核潜艇反应堆一次装料足可在海底潜航9年而不需要上岸。把反应堆装到船上去也是从美国开始的，1959年7月，美国建成了一艘核动力商船，它干净漂亮而没有拖着浓烟的烟囱，一次填料可航行30万海里，相当于绕赤道12圈。苏联在1959年9月建成了一艘核动力破冰船。

核反应堆还被送上太空，为航天器提供能源。1965年，美国在人造卫星上装了第一个空间微型核电站，其反应堆体积比现在一个电脑显示器还小。此外，利用放射性同位素还可以制造出功率在几百瓦之内的原子电池，它比太阳能电池更为精巧，在许多领域大显身手。如在1970

美国俄亥俄级弹道导弹核潜艇

年，两名法国医生就曾把一个用钚238原子电池做动力的心脏起搏器安置在一位病人的体内。

同位素应用

同位素大约是最早应用的核技术。

由于同位素之间的化学性质相同，用人工制造的放射性同位素参加生物及化学反应，就可以用放射性探测跟踪参加反应的元素，可以对其反应过程的了解达到分子原子水平。这就是同位素示踪技术。

同位素示踪被广泛地应用到工业、农业和生命科学等多个领域。比如用碳14、氧18同位素研究光合作用，可以深入了解叶绿素如何利用二氧化碳和水。用放射性同位素制成食物，可以清楚地了解食物的消化、吸收以及排泄过程。还可以用这种方法了解一种新药在不同时间所到达的人体部位。又如一个发生泄漏的地下管道，在管口一端输入有放射性同位素的液体或气体，就可在地上根据放射性的探测知道泄漏点在何处。石油在管道内的流速也可以用这种方法测出。

同位素示踪技术是1912年匈牙利的赫维西（George de Hevesy，1885—1966）首先试用的，他因此获得了1943年的诺贝尔化学奖。

天然的放射性同位素也有其可用之处。最常用的就是用碳的放射性同位素碳14来确定生物体遗骸和其他地质样品的年龄。这是利比（W.F. Libby，1908—1980）于1947年发明的。大气中二氧化碳中的碳14浓度有一个固定的量。活的生物体由于与大气不断地进行交换，其体内的碳14浓度与大气相同。生物死后，不再与大气进行交换，其体内的碳14将不断减少。通过测量生物体遗骸中的碳14浓度，就可以推算出它的死亡时间。碳14测定年龄的方法在考古学、人类学、地质学等领域有着极其广泛的应用。碳14的半衰期是5730年，所能测得的年龄上限为四五万年，超过这个年龄，碳14所剩无几，测量的误差就比较大。但是，可以用其他的半衰期比较长的放射性同位素来测量。

核辐射应用

辐射的直接应用

辐射最早的直接应用是在医学上，就是X光透视。到现在，辐射在医学上的应用已经相当广泛。比如用钴60的γ射线，或者电子直线加速器的高能电子束消毒。再如用钴60等辐射治疗肿瘤等。在农业上的应用也很多。1927年，L.J·施塔德勒在培育玉米种子时发现X射线能诱发植物的基因突变，从此发现了辐照育种这项技术。后来发现的新的射线源也被应用到育种上来。许多国家利用裂变反应堆提供的强大辐射进行辐照育种。射线能诱发植物基因发生突变，使得原来靠自发突变的育种过程大大缩短。辐射可以导致昆虫不育，可以培育出大量不育昆虫，使之与正常昆虫交配，将使昆虫下一代数量减少，从而达到灭虫的目的。

活化分析

活化分析是利用中子、带电粒子和γ射线等将样品活化，通过分析其衰变特征，从而推断出样品成分的一种技术。如中子活化，就是将样品用慢中子照射，样品中的元素吸收一个中子，就会变成放射性同位素，停止照射后，观察这些它们的衰变特征，由于不同元素的衰变特征不同，就可以探知样品中元素的成分。活化分析的灵敏度非常高，甚至只要有1兆亿分之一克的样品就可以进行分析。

中子照相

中子照相是利用中子穿透物体时的衰减情况，显示物体内部结构的一种技术。中子照相与X光照相类似。但是X光不能穿透金属，而中子可以。比如中子照相可以知道金属内部是否有空洞，是否均匀。航天飞机上的重要零件都需要用中子照相来证实它们的质量。中子照相还可以用在考古上，中子照相曾经显示，中国古代的一个铜鼎的一只腿是断而再续的。

原子能的和平应用有着广泛的前景，前面所讲的只是其中一小部分。中国古语说，有一利必有一弊。人类发展到今天，所应用的能源经过了一系列的变化。原始的人类只是用自己的体力在大自然中生存，后来学会了用火，文明进一步发达，又能够利用水力。但真正使人类文明发生质的变化的是煤。工业革命期间，随着蒸汽机的大量使用，煤作为一种方便的人工能源，使人类可以比较容易地获得比自己的体力大得多的力量。而在发电——热量与电力的转换技术——得以普及后，这种巨大的力量几乎可以随时可得了。正是依靠这种力量，人类使自然界发生了翻天覆地的变化，也是人类自身发生了重大改变。可以预期，氢聚变能一旦进入应用，将会使人类发生又一次巨大的变化。但是，这些改变并非完全走向好的方面。人工能源的大量使用，使得人类与自然的力量对比发生了质的变化，人类与自然的关系也有着质的转变。事实上，环境污染正是从工业革命开始的。人类技术呈指数飞跃的过程，同时也是人类对环境的污染呈指数飞跃的过程。而工业革命以前，人类还没有能力对自然进行大规模的破坏。

目前，尽管环境保护已经成为世界上大多数国家的共识，但是对环境的污染仍然在加重。对此，人类似乎还没有找到解决的办法。就如一辆冲下悬崖的重车，虽然知道等在前方的命运是什么，却无法停住。对此，有些人认为，只能在前进中找到解决的办法。但也有人认为，“真正的问题不是怎么发展，而是怎么停下来”。

六、核能的负面效应

科学技术是双刃剑的说法已经被普遍接受，这意味着，科学技术总是存在负面效应。核电也不例外。与其他技术相比，核电的负面效应更加强烈、更加持久、也更加隐蔽。

在人类的核电历史上，发生过三次重大的核事故。第一次是美国的三里岛事件。三里岛事件发生于1979年3月28日。美国宾夕法尼亚州萨斯奎哈纳河三里岛核电站发生了一次部分堆芯熔毁事故。这是美国核电历史上最严重的一次事故。这次事故主要是人为失误导致的。

第二次发生在苏联时期的切尔诺贝利核电站，位于现在乌克兰的领土上。事故发生在1986年4月26日。其四号机组于凌晨1点23分发生爆炸，向外释放的辐射线剂量是投在广岛的原子弹的400倍以上。受到核辐射尘污染的云层飘往原苏联西部的部分地区、西欧、东欧、斯堪的纳维亚半岛、不列颠群岛和北美东部部分地区。乌克兰、白俄罗斯及俄罗斯境内均遭受到严重的核污染，30多万居民被迫撤离。至今，切尔诺贝利仍然是一片无人区。切尔诺贝利事件产生了非常严重的后果，比如，被污染区域内的居民产生了一些奇怪的疾病。

切尔诺贝利核电站发生爆炸的四号反应堆及覆盖在上面的“石棺”

这曾经是人类历史上最严重的核事故。这个事故使得全世界对核能的负面效应产生了关注，很多国家对自己的核能政策有所反省和调整。

不过，对于中国人来说，无论三里岛事件，还是切尔诺贝利事件，都距离太远。中国本土长期以来只有大亚湾、秦山等寥寥几座核电站，所以核电的负面效应并未引起中国人足够的重视。

2011年3月11日，日本发生强烈地震并引发海啸，继而导致福岛核电站发生一系列事故。3月12日，一号反应堆氢气爆炸，顶棚损坏；3月13日，日本政府承认二号反应堆高温核燃料可能正在发生泄漏；3月14日，三号反应堆氢气爆炸，堆芯燃料部分熔毁，放射性物质泄漏；3月15日，二号反应堆压力控制池发生爆炸，放射性物质泄漏；3月15日，四号反应堆可能发生小规模爆炸，起火。

事件迅速升级。起初，日本政府及核电公司极力掩盖，屡次表示事态在可控范围内，不会更加严重了，但是实际情况确实越来越严重，直到事情稳定下来，福岛核事故被定为7级，与切尔诺贝利事故同等级别，是核事故中的最高级别。

福岛核事故在发生的过程中，就直接被中国公众所目睹，并且，由最初的隔岸观火，导致了不久之后中国各地的抢盐风潮——很多人相信加碘食盐可以抵抗核辐射。中国人也开始意识到，核危机距离自己并不遥远。

在福岛核事故发生的2011年，中国大陆正在进行的核电站已有7座，正在建设的有11座，还有25座在计划之中。

福岛事件引发了世界范围内对核电的反思与批判。日本本国居民以往对核的接受程度是非常高的，此事之后，引起了日本知识分子的反核浪潮。德国政府在此后不久宣布，全面放弃核能。

核能的危害远远超出了人类所能承受的地步。

核事故为什么难以避免?

核事故简单地可以分为两大类，一类是突发性的核事故；另一类是核电运转所带来的常规核问题。第一类大致有三种可能：（1）人为失误；（2）自然灾害；（3）军事打击。切尔诺贝利为其一，福岛为其二。第三种情况虽尚未发生，但其可能性是毋庸置疑的。

对于地震、海啸这样的天灾，人力是无法抵抗的。在地质力量面前，人类依靠科技制造的钢筋混凝土，都像面团一样柔软。福岛核电站设计为抗震6.5级，结果来的是9级地震。天灾不可能体贴人类的设计，灾难来得比人的设计小。而且，即使我们侥幸躲过天灾，人为失误仍然难以避免。

只要是人，就会有失误。系统越复杂，失误的可能性就越高。核电站所涉及的人为失误又可以分为如下几个层面：（1）科学层面，理论推导是否准确无误；（2）技术设计层面，是否根据准确的科学给出高效、可靠、少污染、少误差……的技术设计；（3）工程实施层面，设计完美的技术是否能够得到实施，造出完美的工程；（4）实际操作层面，任何完美的工程也要人来操作，那么，是否每一位员工都受到了充分的培训，是否能保证操作中不会失误，失误是否能得到及时调整；(5）在工程的长期运行中，设备维护是否充分……

在科学层面上，科学家有足够的自信，人们也相信物理科学对于核能的种种细节已经有了完全的掌握。然而，即使在科学层面上，科学原理也不能保证自身永远正确。按照波普尔的说法，科学之所以为科学，是因为它可以被证伪，有可能被推翻。$E=MC^2$之类的核心原理能够有更长的寿命，而外围的部分，总是在变化着的。变化，就意味着以前有错误，或者不够好。一座核电站在刚刚运行的时候，可能一切都符合当时的设计，按照预想的理想情况运行。但是，随着时间的增长，设备逐渐老化，不可预期的因素越来越多，就会越来越偏离当初的设计。日本核电工程师平井宪夫在其著作《核电员工最后遗言》中给出了很多例子，在2011年之前，福岛核电站已经有多次面临着因为人为失误而导致的核危机。其中有些问题只是因为螺丝尺寸的微小误差导致的。

尤其是在当下以资本为核心的社会中，人为失误的可能性更大。这是因为，目前核电站都是企业，企业都要遵循资本的原则。为了获取更多的利润，所有核电站都会尽最大可能节省成本，则必然会导致风险的增大。比如，福岛核电站的维修工作几乎都被承包出去，维修工人的专业水平、维修质量都不能得到有效的保障。同时，维修工人自身的安全，也难以得到保障。这牵涉到下面的问题。

核能的常规性负面问题

有一种说法："核电不出事则罢，一出事就是大事。"实际上，只要核电站运行起来，不出事也是大事。即使设计完美、施工完美、操作完美，前述各种事故都没有发生，核电运行所必然带来的常规问题同样严重。主要包括：（1）核电运行中，核辐射对工作人员和周边居民的伤害；（2）核电运行所释放的放射性废水和废气会伤害工人和周边居民的身体健康和本地的生态环境；（3）核废料至今没有找到妥善的处置办法，将在几万年乃至几百万年之内，成为人类的隐患。（4）核电站自身在退役之后，变成了巨大的辐射源、污染源。

前两者是随时发生的，是当下的问题；后两者则更多的是未来的问题，更加隐蔽。

在福岛核事件之后，很多专家出来保证，说辐射随处都有，连吃火锅都有；又宣布了一个安全剂量值，比如正常人每年不超过多少个毫西弗就好。这种说法完全没有考虑到核物质的特殊性。核辐射对人的伤害与其他物理伤害、化学伤害是完全不同的。对于有害物质，我们习惯的主要对策其实是稀释，这个对策也是建立在一个可疑的原理之上的："只要浓度足够低，有害物质就不再有害。"但是辐射的伤害不仅取决于放射性物质的浓度，也取决于放射性物质本身的性质。一支利箭，可以穿膛而过，如果把它的力量分成一万份，让这支箭一万次蜗牛般地触碰你的身体，你会毫发无损。这是通常理解的稀释。但是，如果这支箭变成一万支小竹签，每只保持原来同样的速度，同样会击穿身体，如果击中要害，依然致命。所以这种伤害是不能稀释的。而且，这种伤害是能够累积的。想象一下，每天被一支高速飞行的小竹签击中，经年累月，造成的伤害跟原来那只穿胸利箭恐怕没有差别。

对于这样的可能的伤害，科学家并没有解决的办法。于是核电站和政府都采取了回避的措施。福岛核事件发生后，当地核辐射量大幅度提高，超过了以往政府规定的安全值，日本政府的解决措施竟然是在2012年3月14日宣布提高安全剂量的值，从5年累积不超过100毫西弗（或每年20毫西弗以下）提高到每年250毫西弗。（国际辐射防护委员会建议的最高剂量是每年20毫西弗。）掩耳盗铃，自欺欺人。

核垃圾，永远的隐患

核电站运行过程中，还要随时向周边环境释放放射性污染物，比如反应堆的冷却水就定期排放到海里。还有一些污染源看起来微不足道，例如，在高辐射环境中，工人工作要穿防护衣，防护衣上就沾染了放射性，穿过的防护衣必须用水清洗，这些废水全数被排入大海，所以排水口的放射线值高得惊人。这些污染也会逐渐积累起来，并且向外扩散。这种持续释放到环境中的放射性必然会破坏本地生态的平衡，并且会逐渐波及整个食物链。

影响更为深远的，也是更为隐秘的、更不为人关注的是核废料与退役后核电站。

核燃料用过之后，被称为乏燃料，乏燃料仍然具有高强度的放射性。乏燃料的处置至今还是世界难题。乏燃料冷却池相当于毫无遮拦的反应堆，甚至比反应堆的危险更大。比如，燃料棒中的铀238本身不参与核反应，吸收了核反应产生的中子后，变成剧毒的钚239，钚239的半衰期长达2.41万年。而要等待钚的毒性消失，则需要一百万年。

美国联邦政府在1987年曾经通过一项决议，在内华达州的尤卡山建造永久性的乏燃料坟墓，此举遭到内华达州的强烈抗议。2002年，布什政府批准开工，但是在奥巴马上台后，尤卡山计划逐渐搁浅，最终于2010年终止。所以直到现在为止，美国的乏燃料仍然放在核电站里“临时”贮存着。目前，全世界范围内的核电站，都没有找到合适的处置核垃圾的方式。日本福岛核电站的核废料，同样也是存放在临时存储库中。

具有讽刺意味的是，核电站自身在退役之后，也会变成难以处理的核垃圾。让核电站停止运行需要巨大的成本，核电站在停止运行之后，自身具有巨大的放射性，于是成为巨大的核垃圾。

一方面，核电在运行，在发展；另一方面，没有人知道，如何建造一个确保短则几万年长则百万年的核废料储存库！

核垃圾是当下人类留给后代的最大麻烦，这引发了巨大的代价公平的伦理问题。我们当下的人类有权利把这个巨大的隐患留给后代的子子孙孙吗？

核能不是清洁能源，也不是低碳能源

核电被宣传为清洁能源，是因为发电时不产生二氧化碳。然而，如前所述，核电必然产生各种难以处理的核垃圾，其“脏”甚于人类已经排放的各种污染物。

然而，即使从二氧化碳的角度看，核能也不是清洁能源。虽然核电不直接产生二氧化碳，但是，核能的运行从开采铀矿到浓缩处理及燃料加工、废液及废土处理，都需要非常庞大的化石燃料，都要释放出巨量的二氧化碳。另外，使用后的燃料及高放射性废弃物的常年放置、为求安全保管必须动用化石燃料的数量，都是难以估计的庞大，核电站不管是建设或维护都会产生二氧化碳。最后，核电厂的冷却液会排放到海里，会使海水升温，使得海水中溶解的二氧化碳被释放出来。

所以综合而言，核电根本不减少二氧化碳的排放！只不过，这些被核电释放出来的二氧化碳没有列入考核而已。

按照双刃剑的说法，科学总是存在负面效应。然而，这两个刃是不对称的。就核电站而言，发电带来的好处明显可见，受益者也明显可见。但是其坏处则是分散的，隐晦的；受害主体也是不明确的。核电员工和周边居民还有可能表示抗议，寻求赔偿，而本地的河流、海水、鱼虾，则根本发不出声音来。还有，那些将要承担核污染后果的我们的后代、后代的后代，他们根本还没有出生！

能源神话是支撑工业文明的诸多神话之一。能源神话宣称，只要有足够的能源，人类当下的文明模式就可以继续下去。但是，这种神话只考虑了物质和能量转化链条的前半截，而没有考虑后半截——垃圾问题。核电站自身的垃圾在根本上埋葬了能源神话。核电在本质上同样是剥夺他人、剥夺其他物种、剥夺生物圈的未来。

核电问题是工业文明自身的问题。反思核电，归根结底是要反思，人类应该怎样活着？

激光技术和光学工程

激光对于当今世人来说并不陌生。这项20世纪中叶的重大技术发明，经半个多世纪的发展，已经形成影响广泛的光学工程，在通讯、电脑、机械、医疗、能源、化工、轻工、国防、文化、娱乐等诸多产业领域发挥着重要作用。

人类对于光的认识和利用虽然已有几千年的历史，只是在100多年前才认识到它本质上是一种电磁辐射。1917年，爱因斯坦提出辐射的量子理论，区分了自发辐射和受激辐射，人类对光的认识随之上了一个新台阶。原来自然的太阳光和普通的人造光源都只是自发辐射光，而另一种与之完全不同的受激辐射光，等待着科学家们去认识和利用。第二次世界大战期间，为了军事目的，微波技术得到了长足的

查尔斯·汤斯，美国物理学家、教育家，1964年获诺贝尔物理学奖。

发展。于是，受激辐射的认识和利用的研究，以微波的受激辐射研究为先导，开辟了激光这一新技术领域。

1951年，美国哥伦比亚大学汤斯（C.H. Townes，1915— ）领导的研究小组，认识到受激辐射原理可用作研制分辨率非常高的微波探测器、微波振荡器和微波放大器。与此同时，苏联科学院莫斯科列别杰夫研究所的巴索夫（H.M. Bacob，1922—2001）和普罗霍洛夫（A. M. NpoxopoB，1916—2002）也对受激辐射做了许多颇有成效的研究。1954年，汤斯和他的同事们在前人工作的基础上成功地研制了世界上第一台微波激射器。它的英文名称为：Microwave amplification by stimulated emission of radiation, 缩写为“MASER”。为了表彰美、苏科学家的卓有成效的研究，1964年度的诺贝尔物理学奖一半授予汤斯，另一半由巴索夫和普罗霍洛夫分享。1960年，美国科学家迈曼（T.H.Maiman，1927—2007）将微波激射器的跃迁频率由微波延伸到光频区。首次研制了光学激射器，它的英文名称为light amplification by stimulated emission of radiation，缩写为“LASER”，中文译名为“激光”。

一、激光的特性

作为电磁波的激光由频率、振幅和相位三个物理量描述。频率的单位是赫兹、千赫兹、兆赫兹。可见光的频率在3.84×10^{14}~7.69×10^{14}赫兹的范围内。对于这么高的频率，用波长描述更方便。波长λ与频率υ的关系为$\upsilon=c/f$，c为光速。波长的单位是埃、纳米、微米。1埃＝10^{-10}米，1纳米=10^{-9}米，1微米=10^{-6}米。但是由于激光产生的方法与普通光不同，所以具有普通光所不及的特点。

1．方向性优。太阳光芒四射，可以照亮整个太阳系。不加灯伞的白炽灯的光也可以照亮整个房间。这些灯光都没有方向性。加了灯伞的台灯，灯光的光柱形成一个锥形，使灯光有一定的方向性。探照灯的灯光有方向性，形成一个长长的光柱，是因为灯泡放在一个抛物形反射罩的焦点上。由于灯泡不是点光源，探照灯的光束仍有一定的发散。激光则不同，它的方向性极好，激光器射出的光束直如一条线，细如一根细丝。方向性很好的激光束在几千米远处的光斑也只有茶杯大小，如果将它射到38万千米外的月亮上，它在月亮上的光斑直径也不过有三四千米。

光束方向性的好坏，由光束所张立体角Ω表示：

$\Omega=S/R^2$

其中S为光束光斑面积，R为发射中心到光斑面积的距离，Ω的单位是弧度。

太阳光所张的立体角是4π弧度，没有方向性。探照灯的光束有方向性，其所张立体角约为0.1弧度。激光类所张立体角在10^{-6}弧度的数量级。

2．单色性好。光的颜色在物理上是由波长（或频率）决定的。单色性好就是光的波长（或频率）很纯，所以颜色单一。

太阳光是白光。将太阳光通过一个三棱镜照射到一个屏幕上，看到屏幕上有红、橙、黄、绿、青、蓝、紫七种颜色，这说明太阳光的颜色不纯，不是单色的。太阳光的七色称为太阳光的光谱。在太阳光谱中，每一种颜色对应一定宽度的波长（或频率）：

颜色	波长（埃米）
红	647~700
橙	585~647
黄	575~585
绿	491.12~575
青、蓝	424~491.2
紫	400~424

每一种颜色的光都包含一定波长范围的光。每一条谱线的宽度称为线宽，用⊿λ或⊿υ表示。线宽的单位与波长或频率相同。光束的线宽越窄，表示光的单色性越好，所以线宽是衡量光源单色性的一个物理量。

用氪的同位素Kr^{86}做成的光谱灯，其所发射的光之波长为6057埃，其光谱线的线宽为0.0047埃。Kr^{86}光谱灯是普通光源中单色性最好的光源，通常它被用来作标准单色光源。但是一个氦–氖激光器所发射的光，它的输出波长为6328埃，其谱线线宽可小于10^{-7}埃。同氪灯相比它的单色性提高了四五个数量级。

3.相干性强。波有两个重要的特性：两束波相遇会产生干涉，这就是波的相干性。光波也同样具有相干性。两束光相遇时能否看到干涉现象，要看两束光的振动方向是否一致，二束光的相位差是否是一个常数。由于相位差是空间和时间的函数，因此二束波长相同的波在某一时刻不同的位置上可以产生相干，也可以在同一位置不同时刻之间产生相干。这就表现了干涉的两种性质：空间相干和时间相干。为了表征空间相干和时间相干要引进两个物理量：相干长度和相干时间。相干长度表示两束光在多大的范围内出现相干，用dco表示。相干时间则表示两束光前后少时间能相干，用Ico表示。Ico与dco的关系为：

$dco=C\cdot Ico$

其中C为光速。Ico以及dco与波长的关系为：

$Ico=1/\upsilon$，$dco=\lambda^2/\upsilon$

可见光的单色性越好，相干长度越大，相干时间也越长。

太阳光不是单色光，所以太阳光是不相干的光。常用的低压水银灯，其波长为5461埃，相干长度只有1厘米~2厘米。其他一些单色灯的相干长度举例如下：

光源	波长（埃）	线宽（埃）	相干长度（厘米）
氦	5876	0025	14
氖	5852	0012	30
氪	6057	0047	77

可是一个氦—氖激光器所发射的光，其相干长度可以达到60千米~600千米！

除此之外，相干面积也用来描述的相干特性。相干面积指的是两束光在多大的面积内能发生相干，用S表示相干面积。则：

$S=(\lambda^2R^2)/S_0$

其中S_0为光源面积，λ为波长，R为与光源的距离。从这个关系可以看出，由发光面积S_0内各点所发出的光波，在与光源相距R处且与光传播方向垂直的平面S内各点都能相干。所在光源面积越小，也就是方向性越好，相干面积越大。激光束的光源面积远远的小于普通光源产生的光束，所以激光束的相干面积很大。

4.亮度高。激光的又一个重要特性是它的亮度高。亮度高表示光束的能量密度大。

光的亮度与光束所张立体角成反比。由于激光束所张立体角比一般光源产生的光束所张立体角小好几个数量级，所以激光束的亮度比普通光源产生光束的亮度高出好几个数量级。

正是激光的这四大特性决定了激光在不同方面有着它特殊的用途。

二、受激辐射和激光器

每一种元素原子都有自己的特征光谱，而原子光谱根源于原子的能级结构。每个原子或者分子都包含有电子，它们之间的相互作用形成原子或分子的一系列不连续的能量状态——能级。

受激辐射

把原子或分子的能量状态画在纸上称为能级图。

原子的每一个能级对应一条横线，相应的能量用 E（n）表示，$n=$ 1，2，3…… n 值越小，能量越低。在原子或分子不受到外界干扰的情况下，电子在最接近原子核的轨道上运动，这时电子的能量最低，原子也最稳定。这个最低的能量状态（即能级）称为基态，其余的能级称为激发态。当电子吸收了电磁波（光）能量，它就会从低能级跳到高能级，这个过程作为电子跃迁。同样当电子由高能级回到低能级时，原子以电磁波（光）的形式放出能量。如果原子发射电磁波的频率在可见光范围之内，我们看到原子发光。电子吸收光或者发出光的频率υ与原子能级的关系是:

$\upsilon=(F_i-F_j)/h$

式中F_i表示第i个能级的能量，F_j为第j个能级的能量，h为普朗克常数。

物质是由分子及原子等粒子组成的。当光照射到物质上，光便与组成物质的粒子相互作用。光与粒子的作用有三种过程：自发辐射、受激吸收和受激辐射。

所谓“自发辐射”指当粒子由于某种原因处于高能态E_2时，如果E_2是一个不稳定能态，经过一段时间后便自发地跃迁到低能态E_2上，同时发出频率V的光。

粒子在激发态上的寿命在10^{-7}~10^{-9}秒时间范围，平均寿命为10^{-8}秒。

若E_2能级上存在许多粒子，每个粒子由E_2跃迁到E_1时都会发光。这些光除了频率相同之外，其余的参数如相位、偏振方向和发射方向都不相同。这种自发辐射的光也常常被称为荧光。

所谓“受激吸收”指当粒子处于低能态E_1时，受到频率为υ的光的刺激，吸收光$\upsilon=(E_2-E_1)/h$的能量，将会从E_1跃迁到E_2。这个过程就是受激吸收。

所谓“受激辐射”指粒子由于某种原因而处于高能态E_2，在粒子的平均寿命期内，受到了频率为υ的光的干扰，从能级E_2跃迁到E_1能态，并辐射频率为$\upsilon=(E_2-E_1)/h$的光。这个过程称为受激辐射。受激辐射的光与入射光不仅同频率，而且相位、偏振方向和发射方向都相同。受激辐射的光实际上相当于入射光波与辐射光波的和，所以光波经过受激辐射之后，强度增强了，光波得到放大。受激辐射就是激光。

实际上，由于物质中存在许多粒子，自发辐射、受激吸收和受激辐射三种过程是同时存在的。某些粒子吸收光波后由低能级跃迁到高能级，然后自发辐射跃迁到低能级。辐射的光波可能被另一些高能级的粒子吸收产生受激辐射，也可能被一些低能级的粒子吸收产生受激吸收，循环往复。

泵浦原理

任何一种物质都包含有大量的粒子（原子或分子）。这些粒子在不停地运动，它们之间存在各种形式的能量交换，使得有的粒子处于较高能态，有的粒子处于较低能态，有的粒子处于基态。当达到热平衡时，分布在各能级上的粒子数量按一种统计规律分布，称之为玻尔兹曼分布。

若存在两个能级E_2与E_1，且$E_2>E_1$，这两个能级上的粒子数之比为：

$$n_1/n_2=(g_2/g_1)e(E_2-E_1)/KT$$

由于T＞0，n_2是按负指数的规律变化，显然$n_2<n_1$。n_1是基态，基态粒子数最多，激发态的粒子数少。能级越高，E_2-E_1差越大，粒子数越少。在热平衡状态下，大多数粒子处于基态。当光照射到物质上表现出来的是光吸收，产生自发辐射。只有当高能级上的粒子数大于低能级上的粒子数时，也就是粒子数的分布不服从玻尔兹曼分布，造成粒子数反转，光照射到粒子系统上才能出现受激辐射，产生激光。

要想维持粒子系统的受激辐射，就需要保持高能级的粒子数比低能级的粒子数多，也就是需要源源不断地向高能级输送粒子，就好比把水从低水位抽到高水位。将低能态的粒子输送到高能态采用泵浦原理，但它不是水泵而是光泵。例如有三个能级E_2、E_1和E_3，$E_3>E_2>E_1$。如果E_2能级的寿命较长，即粒子停留于E_2能级上的时间较长，这个能级称为亚稳态。将一束频率为$v_1=(E_3-E_2)/h$的光照射到粒子系统上，粒子吸收光由E_1跃迁到能态E_3上，很快便自发辐射到E_2亚稳态能级，于是E_2能级粒子数增加。频率为v_1的光连续照射粒子系统，其结果使E_2能级上的粒子数多于E_1能级的粒子数，造成粒子数反转。

通过泵浦过程，频率为v_1的抽运光把E_1能级上的粒子都抽到E_1能级上，使物质系统偏离玻尔兹曼分布，由于频率为$v_2=(E_2-E_1)/h$的光照射，在E_2与E_1能级之间发生受激辐射，即产生激光。

激光器

激光器主要由三部分组成，激光工作质、泵浦源和光学谐振腔。

光学谐振腔是为了获得足够强而且稳定的激光输出而设计的。它由两块反射镜组成，其中一块是全反射镜，另一块是半反射镜。这两块反射镜平行放置，激光工作物质放在谐振腔内，当受激辐射的光在谐振腔内往返一次时，受激辐射就会增强，增强的激光一部分从谐振腔的半反射镜输出，一部分补偿光在谐振腔内的耗损。

世界上第一台激光器为美国物理学家迈曼（Theodore Maiman，1927—2007）于1960年首创的红宝石激光器。其工作物质为掺有极少量硫离子的固体红宝石。对于珠宝商人来说红宝石是贵重的首饰，对于物理学家来说它是一种很适用的激光器工作物质。这是因为红宝石的晶体结构比较简单，易于处理，同时也比较容易人工合成。迈曼将红宝石做成一个圆柱体，直径大约3/8英寸，长约3/4英寸。红宝石圆柱体的两端平面上蒸镀了银膜，成为光学谐振腔。一端不透明为全反射膜，一端半透明为半反射膜，或者在半反射膜中心有一个小孔。迈曼用一个充有氙气的石英闪光灯管做泵浦系统，其光源的辐射面积约为25平方厘米，灯管的输入能量为650焦耳。闪光灯的能量由一个1350微法拉的电容器组放电供给，通过改变电容器的充电电压可以调节输

美国物理学家迈曼，1960年他研制的第一台发出激光的红宝石激光器问世，标志着人类认识并且改造世界的历史上又增添了新的纪录、新的助手。

入能量。

从1960年到现在的几十年中，发现能产生激光的物质达千余种，获得的激光谱线也已有万余条，还出现了给予不同工作原理的激光器，如自由电子激光器和原子激光器。对于激光器的分类，在不同的场合使用不同的方法。按波长可分为红外（包括远红外）光、可见光和紫外（包括远紫外）光激光器等。按工作方式可分为连续激光器和脉冲激光器，单一频率激光器和频率可调节的可调激光器。在更多情况下是按工作物质分类，有气体激光器、固体激光器、半导体激光器、化学激光器、液体染料激光器。

1. 气体激光器

氦－氖激光器。它是在1960—1961年间首先研制成功的连续振荡的激光器，也是最常用的激光器之一。它的工作物质主要是氖，辅助气体是氦。激光波长有6328埃、1.15微米和3.39微米。它的方向性很好，发散角约为1毫弧度，相干长度达几十千米，寿命可达几万小时。但它的输出功率较小，只有毫瓦的数量极。

氩离子激光器。它的工作物质是氩离子，它的输出谱线波长为4880埃（蓝光)、5145埃。氩离子激光器既可连续工作也可脉冲工作。它的输出功率较强，每立方厘米输出功率可达500毫瓦，最大能达150瓦。

二氧化碳激光器。它的工作物质是二氧化碳，辅助气体有氦和氖。它的谱线在红外区，9~11微米之间，最强的谱线在10.6微米处。CO_2激光器的输出功率较大，可达到50瓦以上的连续波。

氮分子激光器。氮分子激光器的工作物质是氮分子。它输出谱线在近紫外3371埃处，氮分子激光器主要发射脉冲光。脉冲宽度在几个毫微秒到几十毫微秒的范围内，因此它可发射很大的脉冲功率。

2. 固体激光器

红宝石激光器。它是最先研制成功的激光器，工作物质是红宝石，在红宝石中掺有铬（$Cr3^{+}$），这种激光器的激光波长为6943埃。红宝石激光器既可发射连续波也可以发射脉冲波。一个脉冲能量在几焦耳到数百焦耳范围。

还有一种金绿宝石激光器与红宝石激光器类似，它的输出波长是可调谐的。中心波长在0.75微米附近，可调范围达0.1微米。

钕玻璃激光器。它的工作物质是掺有钕离子（Nd^{3+}）的玻璃。钕玻璃激光束的谱线在1.06微米及近红外，激光线宽在50~100埃之间。

钇铝石榴石激光器。它的工作物质是掺钕（Nd^{3+}）离子的钇铝石榴石，简写为Nd^{3}+:YAG激光器。Nd^{3}+:YAG激光束波长为1.06微米。

3. 有机溶液染料激光器。

常用的工作物质是有机液体染料若丹明6G等。有机溶液染料激光器的特点是激光束的波长可调，就像无线电发射机那样可以调谐输出频率。这种激光器的波长调节范围是0.32~1.22微米。

4. 半导体激光器

以半导体材料为工作物质的激光器称为半导体激光器。半导体激光器的特点是体积小、重量轻、使用寿命长。现有的半导体激光器有：

砷化镓激光器，它输出的激光束波长为0.83~0.91微米。

铝镓砷激光器，它输出波长为0.63~0.90微米的激光束。

铅锡硒激光器，它输出的激光束波长为8~34微米。

铟砷锑激光器，其输出的激光束波长为3.1~5.4微米。

硫化锌激光器，其输出的激光束波长为0.33微米。

铟磷砷激光器，其输出的激光束波长为0.9~3.2微米。

汞镉碲碲激光器，其输出的激光束波长为3~15微米。

氧化锌激光器，其输出的激光束波长为3.72微米。

如果在半导体激光材料中，掺有合适的杂质，也可做成波长可调的激光器。

除上述各种激光器之外，还有化学激光器、拉曼可调激光器、受激准分子激光器、非线性频率转换激光器、自由电子激光器和原子激光器等。

三、激光全息术

所谓“全息”是完整的意思，它包括了光的全部信息，即振幅和相位的信息。而用普通照相机摄影，只能在胶片上记录光强的信息，无法记录光相位的信息。所以全息照相术的中心问题是如何记录投射到规定表面的单色波（或近于单色波）的振幅与相位的信息，并将这些信息检测出来。

全息照相原理

盖伯（Dennis Gabor，1900—1979）对电子显微镜很感兴趣。1947年，他在英格兰拉格比城的British Thomson-Houston公司做电子显微镜的研究工作。为克服电子显微镜电子透镜的球面像差，以提高电子显微镜的分辨力，经过一段时间思考，他产生了用全息照相的方法来提高电子显微镜分辨本领的想法。他的这个想法得

丹尼斯·盖伯，英国籍匈牙利裔物理学家，因发明全息摄影而获得1967年的英国物理学会杨氏奖及1971年诺贝尔物理学奖。

到公司的支持，准许他到光学实验室工作。1948年盖伯首先成功地拍摄了一张全息图。

当时还没有激光器，盖伯拍摄这些全息图是很困难的。他用了一个高压水银灯，其相干长度只有0.1毫米，只能提供200条干涉条纹。为了获得空间相干性，需要提高水银灯的单色性，所以他不得不牺牲水银灯的光强，选用其中一条水银谱线去照明3微米直径的针孔。由于光强弱，他使用了当时所能获得的最灵敏的感光乳胶，经过几分钟的曝光，得到1厘米直径的图像。盖伯将它称为全息图，发表在1948年写的论文中。盖伯因创立了全息照相术而获得1971年度的诺贝尔物理学奖。

全息照相不仅要记录光的振幅，还要获得光的相位信息，两束同频率的单色光可以能达到这种要求。当这样两束光相干时，其干涉花纹就记录了光的振幅和相位两种信息。一幅全息图经由两个步骤完成，第一步是在记录介质上记录全息图，第二步是将记录的全息图再现出来，只有再现的全息图才能辨认。

由激光器产生的激光束经过半透膜使其分成反射束和透射束。反射束直接照到记录介质上，称为参考光束。投射束照射到待拍物体上，产生散射光，散射光到达记录介质上与参考光束相干，产生干涉花纹。这个干涉花纹就是一张全息图。这样的全息图是无法用肉眼辨认的，只有当激光，束照射到全息图上，图上才能显现原物，这个过程称为全息图的再现。全息图经过再现以后，会产生一个原物的实像和虚像。只要我们选择合适的位置便可观察原物的像。

彩色全息图的制作和再现原则上与单色全息图没有很大的差别。制作彩色全息图时，需要一个能产生三种不同颜色激光束的激光器，例如用氪作为激光物质的激光器，它能产生一条强蓝线（峰值在4619埃处）、一条强绿线（峰值在5681埃处）和一条强红线（峰值在6470埃处）。由于待拍物体的散射光与参考光束来自同一个激光器，所以每一种颜色都是一一对应而且相干。在记录介质上记录三组不同颜色的干涉图纹，即三种颜色的全息图。

彩色全息照相可用彩色胶片作为记录介质，这种胶片有三层光敏物质，每层物质只对三种颜色中的一种敏感，对其他两种则是透明的。当来自同一激光器的参考束再现全息图时，每一种颜色的光与其他颜色不作用。形成三种颜色的虚像与实像，经过调整，得到待拍物体的虚像与实像，只要选择合适的角度，待拍物体的图像便呈现在观察者眼前。

20世纪70年代中期，发明了一种白光全息照相，使全息图在太阳光或普通白炽灯光下也能再现。白光全息照相已经大批生产并在市场销售。用激光全息图案做成的防伪标志已贴在许多商品的包装盒上。

全息图的特点

全息图与普通照片相比的优点在于图像的三维性、重叠性和自相似性这三个特点。

1. 全息图的三维性。如果在你面前放有两张站立人物的相片，其中一张是用普通相机拍摄的，而另一张是用全息照相术拍摄的。当你拿起普通相片，不论相片放在面前的什么地方，看到的内容都不会改变。全息图则不然，将其放在你的正前方，看到相片中人物的正面像，当你将其向左移（或者你的头向右歪）时你会看到人物右侧面，当你将其向右移（或者你的头向右歪）时你会看到人物的左侧面。看一张全息相片会使你有身临其境的感觉，仿佛一个活生生的人就站在你的面前。这就是全

全息照相机拍摄得到的全息图

息图所具有的三维特性。

2. 全息图的可重叠性。全息图的可重叠性是指在一张全息图上可以重叠数张，甚至百张的全息图。这表明全息图具有巨大的存储能力。

在激光器产生后的20世纪60年代，美国的雷斯（Emmette N. Leith）和乌巴尼克（Juris Upatnieks）发表了第一张激光全息照片后，1963年他们两人又实现了在一张全息片上存储两幅图像。两个参考光束旋转在同一张全息片两个不同位置上，就可以再现不同的图像。

1978年8月，在日本东京的新宿举办了规模很大的“世界全息照相展览”，其中有一位美国摄影家拍摄的一张题为《自由女神·$E=mc^2$》的全息照片。作者采用重叠拍摄法将美国的自由女神像与爱因斯坦像存于同一张全息片上，观众可以从不同的角度看到两个不同的形象。

人们能在一张普通照相纸大小的全息图上可存储100张、300张甚至更多的印刷物。如果用全息图存储二进制信息，那么它的存储量将是惊人的。由于全息图是以干涉条纹记录信息，因此存储的容量可以相当大，在每平方厘米的全息底片上大约可存储1亿比特的信息。除此之外，全息照片还可以进行“三维存储”，即不仅在照相底片的表面存储，还可以深入到底片的内部。1立方厘米体积的胶片材料存储的信息量可以高达1万亿比特。

3. 全息照片的自相似性。全息照片的任何一部分都可以再现它所记录的事物的全部信息，这就是全息照片的自相似性。全息照片的这种自相似性，使得用全息照片保存珍贵资料将比普通照片更具安全性。对于普通照片，照片部分地被损坏将招致信息丢失；对全息照片来说，则不会因照片的部分损坏而丢失信息。这是因为只要还有部分照片存在，这个残缺的照片里仍包含有整个照片的全部信息。

古代遗留下来的大型建筑、雕像都是人类文明的宝贵遗产，保护它们义不容辞。但是这些建筑物、雕像树立在露天之中，目睹历史的争战，饱尝风吹雨淋，天长日久，总会不同程度地受到破坏。要想恢复建筑物及雕像原有的风貌，过去我们只能根据文字记载、图片。在已经有了激光全息照相术的今天，我们只需从几个主要角度拍摄这些雕像（或建筑物）的全息照片，它就可以作为日后修复的依据。

用全息照相术拍摄动态照片还可用来检验和研究工件的动态性能。武尔克（Ralph Wuerker）和他的同事们利用二次曝光法最早拍摄了这样一张动态照片——一颗子弹和它的一列冲击波在碰到另一列冲击波的情景。这种技术可以用来解决高精度形变测量，或者研究某些部件在运动场合下的特性，例如飞机、汽车、重型设备工业等，以及拍摄风洞中气体的流动图样，研究冲击波的形成、气体密度和速度分布等。战争，饱尝风吹雨淋，天长日久，总会不同程度地受到破坏。要想恢复建筑物及雕像原有的风貌，过去我们只能根据文字记载、图片。在已经有了激光全息照相术的今天，我们只需从几个主要角度拍摄这些雕像（或建筑物）的全息照片，它就可以作为日后修复的依据。

全息电影

在所有供人们观赏的艺术中，电影是最能模拟生活的。但是它还不能彻底地满足人们对事物逼真性的欲望。主要的原因是电影明显地缺少景深，不能给人以立体感。利用偏振光原理拍摄的普通立体电影，在观看时还要戴上一副特制的偏振光眼镜，很不方便。利用激光全息术拍摄全息电影，不仅不需要戴特制眼镜，而且立体感也强多了，真有置身于电影之中的感受。

1966年，科诺克斯（C.Knox）和布鲁科（R.E.Brooks）拍摄了一部蚊子飞行的全息电影片。他们用每一幅重新聚焦的办法跟踪一个飞行的蚊子到相当远的距离。这是世界上最早的全息电影。

莫斯科电影和摄影研究所的一个研究小组，对公共电影院放映的全息电影系统进行了研究。这个研究小组于1976年推出一部45秒的全息电影。这部电影内容很简单，是一个年轻妇女手捧着胸前的一束鲜花从银幕向观众走来。每个观众可以水平地或垂直地转动头部来环顾这束鲜花并且看到这个年轻女的面孔。尽管这部全息电影还存在一些缺点，但是它的效果却是惊人的。

把全息照相推广到全息电影，不在于全息电影的制作，而是如何将全息电影放映在许多观众的面前，这需要有一个特制的放映屏幕。

如果沿用普通电影的放映屏幕，这会破坏全息图的再现。因为观众在看全息电影时，所看到的光线是从全息图发散出来的，而不是这些光线的投影。只有当全息图发射的光线聚焦后才能看到影像。森林湖学院的姜（Tung H. Jeong）提出了一种显示方法，将放映屏幕做成椭圆形的镜面，观众坐在一个焦点上，全息图形成在另一个焦点上。这种方法的缺点是一个影院只能为一个观众服务。依据这个思路，如果屏幕由许多个小椭圆形的反光镜组成，每个反光镜有两个焦点，一个焦点在观众席上，另一个焦点在全息图上，也就是这许多小反光镜面的一个焦点在同一点上。莫斯科展出的第一部45秒钟的全息电影，其放映屏幕就是按照这个思路设计的，最初只能供4个人观看。后来他们制作了一个7英尺宽的屏幕，可供200~400观众观看。现在放映全息电影的影院的座位已达数百人或更多。由于全息照相术有它独特的三维性，可以用来拍摄许多科学幻想电影，如《星球大战》，它能够在屏幕上出现许多惊险奇特的镜头，产生非常好的艺术效果。

四、激光的生物体应用

激光问世以后，生物学家、医生和农学家都把激光作为一种工具，

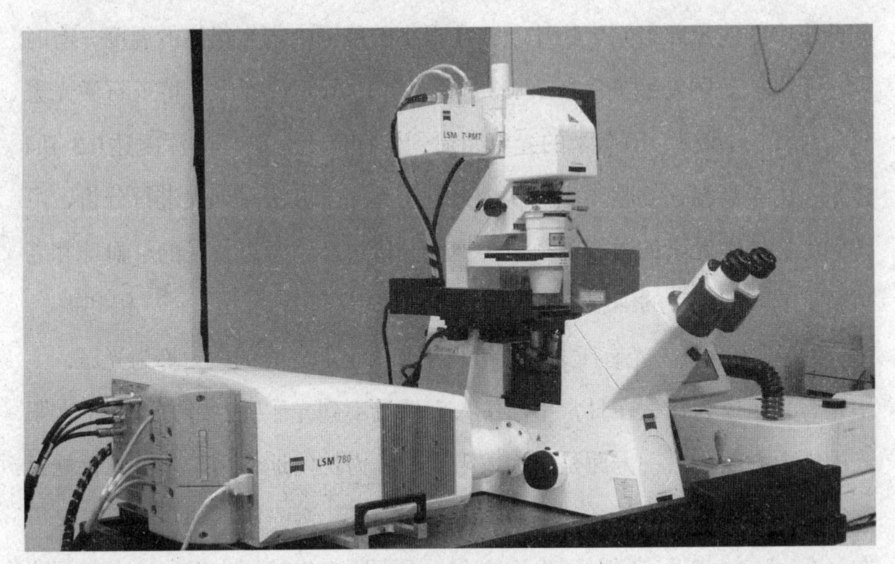

激光共聚焦显微镜

用红宝石激光、钕玻璃激光等各种激光束照射各种分子、细胞、脊椎动物、无脊椎动物及各种植物和种子，研究光与生物物质的作用。在激光生物效应的基础上发展激光在生物体上的各种应用，主要是激光育种和激光治疗。

激光的生物效应

科学家们的研究发现，激光作用在生物体上主要表现为4种效应：光效应、热效应、压力效应和电磁效应。

1. 光效应。由于激光的单色性好，将不同波长的激光照射到生物体上，可以揭示不同生物体对光波长的选择性。例如用Q开关红宝石激光器产生的3471.5埃的激光照射组织培养物时，能损伤和破坏组织培养中的无色素细胞，而用6943埃的激光照射同样的组织培养物时，细胞形态不发生变化。

2. 热效应。激光来的方向性好，光束的发散角小。可以将激光聚焦到一个很小的范围内，甚至可聚焦在直径只有30~40微米的小点内。将如此集中的能量照射到生物体上，在很小的范围内产生很高的温度，有时可达千度。比阿特丽斯（Beatrice）等人在1976年曾指出，将玉石激光聚焦为直径为1微米~10微米的光束照射到生物体上，破坏的深度达0.3~0.4微米。由于高温，细胞产生羽状烟火，用光谱学方法对烟火进行分析，可得到生物体中元素的类型和数量。他曾分析过肝、肾以及人的红血球和老鼠精子的冰冻切片的细胞核，得知这些组织中存在钙、镁、锌、铝和铁。

3. 压力效应。光有压力这已被科学家所证明。光的压力称为光压，太阳光有光压。为什么在日常生活中人们感受不到光压呢？一方面由于太阳光的压力太弱，另一方面是因为太阳光的压力均匀地作用于人身体各处，就像空气对人的压力一样，不被人所察觉而已。激光则不同，它可以聚集在一个很小的范围，照射到生物体上，因而所产生的压力很大，有时可达到几千个大气压。将这么大压力的光照射到有病灶的机体上，就像一个大爆弹投到病灶处，从而使病灶爆炸，把病毒细胞分离出来。

4. 电磁效应。激光电磁波聚焦以后，其在焦点处可产生很强的电磁场。这么强的电磁场作用在生物体上，其在生物体内所引起的强电磁作用，可以控制有病细胞的发展，促进健康细胞的增长。

激光育种

早在20世纪20年代，生物学家就发现了植物由于物理因素（如X射线）能够产生诱发突变和遗传变异现象。这对于培育新品种无疑有着重要意义。激光技术产生后，人们很自然地想到用激光照射植物种子，培育新品种。

俗话说：“种瓜得瓜，种豆得豆，子女像父母。”这是因为当代与下代之间存在遗传关系。瓜的种子长出来的是瓜，豆的种子发出来的是豆。但是在很多情况下，下代生物与上代生物并不完全相同，父亲是色盲，子女不一定是色盲，两代之间发生了遗传变异；变异可以遗传给下一代，称为遗传的变异。变异也可能不遗传给下一代，称为不遗传的变异。

激光照射种子，在种子上产生光、热、压力和电磁四种效应。聚集之后的激光，只需照射种子的千分之一秒，就会使种子的局部温度升高达几百度。种子体内热量的增加可以使染色体分子中的原子发生剧烈的运动，从而引起组织的气化和膨胀，因而产生压力与光压一起，可以引起种子组织结构的变化，从而导致染色体发生畸变。激光的电磁效应产生的强大电磁场，也会引起染色体分子的变化，导致染色体畸变。

染色体畸变导致种子性能变化的方向有两种。一是向着人类所需要的方向改变，即向好的方向变，如提高种子的抗旱能力、抗病虫害能力、提高单产等。另一种是向着人类不需要的方向改变，即向坏的方向变。究竟是向好的方向变还是向坏的方向变，这就需要在理论的指导之下不断地进行实验总结。对于不同的品种如何选择激光器种类、激光的波长、激光器的功率以及照射的部位和时间，需要不断地实践，以培育出具有高产、抗病虫害、抗干旱、营养丰富而又口感好的优良品种。

世界上许多国家都开展了激光育种工作。中国各省、市、自治区的科技工作者，先后对水稻、小麦、大豆、玉米、谷子、蚕豆、油菜及各种蔬菜共20多个种类的200多个品种进行激光育种，观察到令人振奋的现象。有的品种在抗病虫害方面优于它的上一代，有的种子提前发芽，有的品种提高了发芽率等。

激光治疗

激光与生物体有着明显的相互作用，因此将激光应用到医疗卫生事业上也就成了很自然的事情。激光医疗是激光应用中发展最快的一个方面。激光医疗器械和激光诊断技术及产品也在不断增加，而且日趋完善。激光医学也发展成为一个独立的分支。

1. 激光手术刀。激光束经透镜聚焦成零点几平方毫米的激光点，利用其热效应可以“切开”皮肉。由于激光的热效应能把肌肉中的小血管烧结封闭起来了，既减少了出血率又能降低了感染的可能性。对主、细血管丰富的部位进行手术，普通的手术刀有困难，而激光手术刀则能大显神通。激光手术刀在胸外科、神经外科、整形外科、皮肤外科、骨科等方面都已有越来越广泛的临床应用，现在医生们利用激光能治疗几十种疾病。

激光手术刀切开伤口的速度和深度与激光器的功率有关，如果使用一个50瓦左右的激光手术刀做手术，切开的速度约为每秒40~130毫米，切开的深度在0.8~1.4毫米范围内。

2. 激光治疗眼病。与人体的其他器官相比眼睛是个小器官，它的组

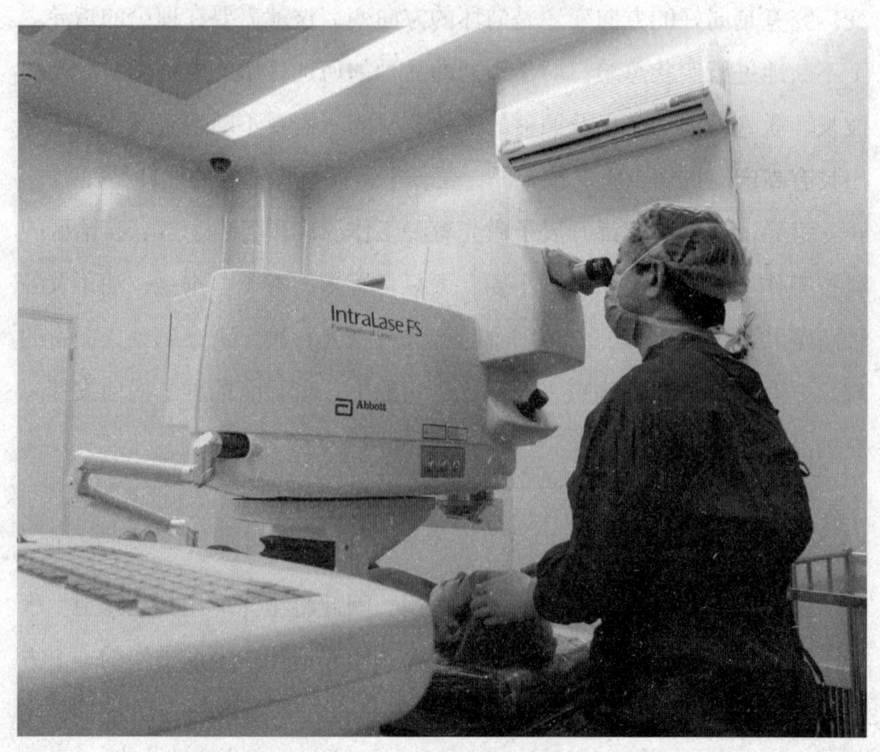

手术激光治疗眼病

织结构极为精密。眼病的发病范围一般在一个极小的区域，仅局限在直径30~40微米的一小点内。眼科手术要求医生既快又准，稍不小心就会伤害到周围的正常组织。在手术过程中往往要求病人凝神定睛，这给病人带来许多的困难与痛苦。激光眼病治疗给眼病患者带来了福音。因为激光束非常细，不会伤害周围的组织。用激光治疗眼睛可以在不到千分之一秒的时间内完成手术，在这么短的瞬间，医生可以不必担心病人眼球的转动，解除了病人长时间凝神定睛的痛苦。

视网膜疾病一般起因于外伤、炎症和变性，致使视网膜形成裂洞，玻璃体通过裂洞迫使神经上皮层同视网膜色素层分离，导致视网膜脱离，使病人的视力急剧下降。医生们将来自红宝石激光器的激光束，从瞳孔射入眼内，使裂洞周围的蛋白质变成凝胶状态，能有效地将这些裂洞封闭，防止这种形式的视网膜病变。

此外，有些糖尿病患者的视网膜形成微血管瘤和新生血管丛。这种情况会引起视网膜和玻璃体有渗出物出现和出血现象，从而破坏了视网膜组织，发展成为不好治疗的视网膜脱离，使得糖尿病患者的视力下降。因此在糖尿病患者的病情发展到眼底出血之前，就应利用激光束破坏微血管瘤和新生血管丛，保住病人的视力。

青光眼是眼内压力过大引发的眼病，轻者视力下降，重者眼睛失明。眼科医生将脉冲激光束照射到病眼的虹膜上，产生一次微型爆炸，利用爆炸产生的冲击波将虹膜穿一个极小的孔。由于激光的热效应小孔扩大，这样积滞在眼球前房中的房水就会从小孔流出，降低眼内压力，达到治疗青光眼的目的。

治疗眼科用的激光器多为红宝石激光器。红宝石眼科治疗机发射694纳米的红色可见光脉冲，单脉冲的能量约为0.1~0.35焦耳，光斑直径约为0.1~1毫米。这个波长的红光在眼球屈光间质中的吸收率低，在眼底色素组织中的吸收率高。这种治疗在治疗单纯视网膜裂孔、周边视网膜变性及视网膜劈裂等方面，疗效甚好。

治疗青光眼一般采用氩离子激光器，此外氪离激光器、染料激光器、CO_2激光器、Nd-YAG激光器在眼科治疗中有很多应用。

3. 激光治疗癌症。恶性肿瘤是人类死亡的主要原因之一。对癌症的研究一直是医学界的重要研究课题之一。手术切除恶性肿瘤一直是治疗癌症的重要方法。20世纪70年代开始，有人研究光敏药物合并激光动刀疗法诊治恶性肿瘤，80年代正式列为临床研究。

恶性肿瘤最大问题是癌细胞转移。转移是自发的，但也常常发生于医源性的转移。癌细胞转移是通过淋巴、组织平面和血液循环进行的。激光手术的优点就在于它能够封闭淋巴和血管，从而避开这些转移因素。

二氧化碳激光器产生10.6微米波长的中红外光。这个波长的光对组织的穿透能力强。当Nd-YAG激光器的功率密度很高时，能够切割组织、激化组织。当Nd-YAG激光器的功率密度低时，能起到凝固组织的作用，这对破坏癌细胞是有用的。

Nd-YAG激光治疗仪用于治疗支气管内的肿瘤、食道、胃、十二指肠等消化道肿瘤；治疗阴茎、尿道、外阴道的肿瘤；对于那些容易引起癌变的疾病，如湿疣、外阴白斑等均可采用Nd-YAG激光治疗。

五、激光的工业应用

激光在工业上也得到了广泛的应用，常见的有以下几种。

激光加工

机械加工包括打孔、切割、焊接、热处理等。机械加工是工业制造的基本工序。越是高精尖的设备对机械加工的精度要求也越高。在用传统的加工方法遇到困难时，可采用激光加工。激光加工是将激光束作为热源，使待加工材料受热产生化学上或结构上的变化。激光加工的本质在于，待加工材料吸收激光束所产生的热量，所以激光加工的性能取决于待加工材料对激光束吸收。

1. 激光焊接。激光焊接具有电焊、气焊所不具有的优点：①由于激光的热通量高且激光光点很小，可以局部加热和迅速冷却。②能够焊接许多不同的金属和不同的几何形状。③能够对置于密封的透光材料中的工件进行焊接。

用激光焊接时，焊接的厚度和焊接的速度受激光器功率的限制，例如用一个250瓦的二氧化碳连续波激光器，在保护气体中能以75厘米/分钟的速度将一个0.25毫米的软钢和0.75毫米的不锈钢焊在一起。又如，用红宝石激光器可以把封接在玻璃罩内的仅120微米厚的镍片焊接到500微米厚的镍合金柱上，受热面积小于50微米，焊接的时间仅3毫秒。这种精细焊接，传统的焊接方法是难以做到的。

2. 激光打孔和切割。激光打孔和切割都是将激光束作用在工件上，激光热能将工件局部达到沸点而熔化。所以激光打孔和切割金属的深度由激光功率、脉冲宽度和加工材料的性质决定。

例如，可用激光器给宝石打孔。因为宝石是坚硬的，用传统的方法在宝石表面打孔是困难的，打一个孔大约用1分钟的时间。而用激光束在同样的宝石打同样的孔，一秒钟就能打10个。对一些易碎的材料，用传统工艺打孔是困难的，但是用激光来打就可以很快完成。激光束打孔的孔径远远小于传统工艺所能达到的孔径。用激光束可在一个250微米厚的硅片上打一个直径为25微米的细孔，在传统工艺加工中这似乎是不可想象的。

激光测距

准确地测量距离不论在军事还是民用方面都是需要的。短距离的测量可以用尺，长距离测量则是按运动学定律$L=Vt$确定。只要知道速度V，测得时间t就可推算距离L。

春暖花开的季节出外郊游，要想估算两个山头之间的距离，最简便的办法是对着对面的山坡大声喊叫，记下时间t_1，听到回声之后再记下时间t_2，这两个山头之间的距离$L=(1/2)V(t_2-t_1)$，V为声速。这是用声波测距的一个最简单的例子。按照这个原理，改用无线电波，这就是雷达测距的原理。激光问世后，由于激光束具有方向性好、亮度高及相干性强等特性，激光测距在测量精度方面要远远地优于声波和无线电波测距。

用激光束进行精确测量，有三种方法：干涉仪技术、调制光束的遥测技术和激光雷达。这三种技术可测范围均不相同。干涉仪技术可测量50米以内的长度。调制光束的遥测技术可测100米到几十千米的范围。激光雷达测量范围更远，可测10千米以上的距离。

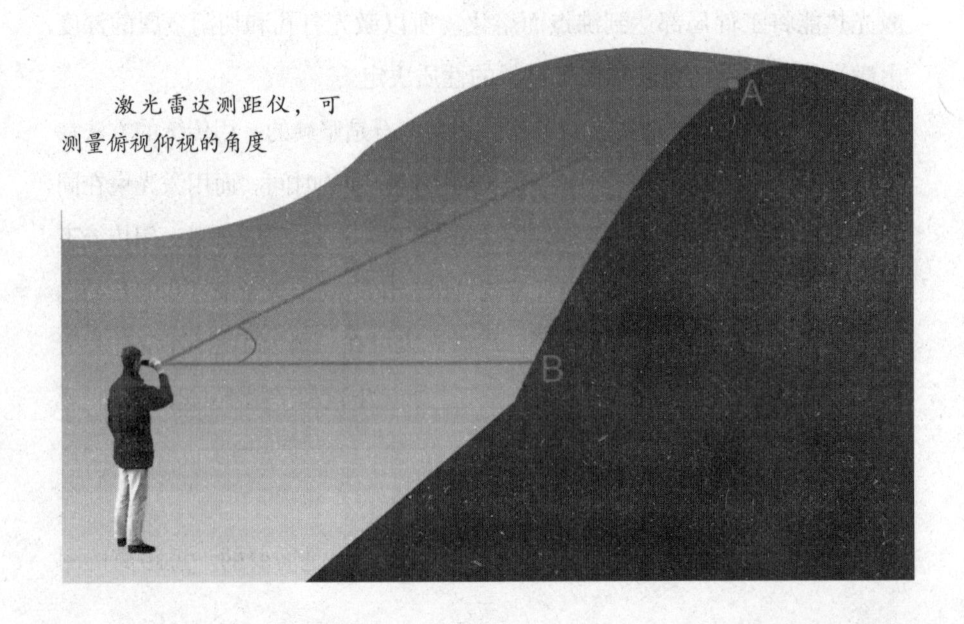

激光雷达测距仪，可测量俯视仰视的角度

激光无破坏检验

一个工件的表面或者在工件表面的某个焊点上存在微小的缺陷，这对高精光产品来说是一种潜在的危险。当缺陷小到放大镜都无法识别时，可以利用激光干涉仪进行检验。当激光干涉仪的一束激光照射在工件上，在观察点可以看到或拍摄到干涉花纹。若花纹发生某种程度的变形，说明工件表面存在一定程度的缺陷。

激光同位素分离

激光同位素分离是激光技术的一个重要应用方面。同位素分离的常用方法是气体扩散法，但同激光同位素分离法相比则大为逊色。

同位素有广泛的应用，如原子能发电站、放射线探伤、放射线治疗癌症、同位素育种、同位素测量地质年代、同位素测定物质组分，但主要还是在原子能工业中，我们最熟知的就是原子弹和氢弹的制造。

所谓同位素，指具有质子数相同而中子数不同的元素。由于它们的质子数相同，在元素周期表中它们占据同一个位置，故名“同位素”。在天然元素中很多元素都有同位素。氢有三种同位素，只有一个中子称为氢，记作 H^1，有两个中子的氢称为氘记作 H^2 或 D^2，有三个中子的氢称为氚记作 H^3 或 T^3。天然铀也有三种同位素，有234个中子的铀称为铀234，记作 U^{234}。有235个中子的称为铀235，记作 U^{235}，有238个中子的称为铀238，记作 U^{238}。铀235是制造原子弹、氢弹的重要原料。在天然元素中，各种同位素的含量是不相同的。在铀的同位素中铀234的含量仅有0.006%，铀235含量为0.714%，铀238含量达99.28%。因此，在制造原子弹时必须将铀235从天然铀中分离出来。

同位素分离是困难的，因为同位素的化学性质一样，物理性质相似，只在质量上有微小的差异。气体扩散法就是利用这微小的质量差实现同位素分离的。由两种不同质量的分子混合而成的气体，其气体分子做不规则的热运动，在热平衡状态下，气体分子的平均速度与它们的质量有关。质量小的分子平均速度大，质量大的分子平均速度小。气体扩散法就是利用这一原理，依速度差将不同质量的分子分开。

气体扩散法分离同位素的过程是，先将固体元素变成气体然后再进行分离。分离铀235，先将金属铀生成六氟化铀气体。在六氟化铀气体中有铀234、铀235和铀238。铀234的含量不足万分之一，实际上只是将铀235和铀238分开。给六氟化铀气体加一定压力，使气体穿过一个有许多直径不足0.01微米的小孔的隔板到达终端。铀235分子平均速度比铀238块，有较多的分子先到达终端。若在六氟化铀分子到达终端之前设置若干个隔板，在终端处六氟化铀235的浓度就会增加。只要隔板的数目足够多，在终端就可以得到所需的六氟化铀235的预期浓度。收集六氟化铀235，在从中还原出铀235。

用气体扩散法分离同位素需要很多的资金。建立一个分离铀235的工厂需占地几十亩，工厂要消耗2000兆瓦的电力，需要投资20亿~30亿美元。所以，获得1克同位素的价格非常昂贵，如1克溴79的价格近万美元。同激光分离同位素要快捷得多，投资少效率高，而且在实验室里就能完成。

激光同位素分离法利用的是同位素的能量差。不同同位素的元素，不仅由于中子数目不同而在质量方面有微小的差异，而且在核的体积和形状上也有差别。这些差异使得原子能态发生微小的变化，反应在能级图上是能级有微小的移动，称为同位素位移。例如将铀235与铀238气化，蒸气原子处于2500K时，波长为4246.3埃的谱线位移为-0.05埃。锂6与锂7原子在温度为996K时，波长为3232.6埃的谱线的位移为0.036埃。

若用某一频率的激光束照射气化了的元素，使其中一种同位素吸收光能后从基态A跃到激光态。再用另一频率的激光束照射这些原子，使处于激发态的同位素原子电离成为离子，然后用电场将原子与离子分开，从而实现同位素分离。

机载激光器ABL计划是美国空军目前正在积极推进的助推段战区弹道导弹拦截方案。

激光武器

由于激光器光束具有方向极好且亮度非常高的特点，使得激光器的光束能够非常精确地照射到目标（例如敌人飞机、敌人的重要军事设施）的关键部位上，通过光束的热效应，加热熔化或汽化目标上被瞄准的狭窄区域，使这些部件受到致命性的损伤或破坏。因此，早在20世纪70年代，军队系统就提出利用高能激光器制作定向武器的设想。

杀伤力是武器的重要指标。因此照射到目标上的能量密度是高能激光武器的关键。高能激光武器用于对付导弹和大多数地面或空中目标，它的能量范围是1千焦耳/厘米^2~10千焦耳/厘米^2；辐射度通常在100瓦/厘米^2~10000瓦/厘米^2；光斑的尺寸在1厘米到几十厘米之间。

激光武器最大的特点是交战速度快。光的传播速度是每秒30万千米，比任何一种炮弹的飞行速度都要快。这对于时间紧迫的作战来说，是赢得胜利的关键因素。例如，使用机载激光器射击450千米处的目标，激光发射后1.5毫秒内射束便到达目标。机载激光武器可以从远距离上以光速摧毁处于助推段的敌区弹道导弹，以支持战区的导弹防御。机载激光武器系统也可以被用作执行大范围的防空任务——在敌人的导弹释放之前对其实行拦截。在低空且视线范围无云的情况下，机载激光武器还能够维持一片中等规模的禁飞区。除此之外，激光束不受策略的限制，也不受牛顿定律和空气动力学的影响，因此激光武器的命中率很高。激光束能灵活地选择对方的损伤程度，只要调节激光器发射功率和辐射时间，就可以使目标造成从失去功能到彻底摧毁的不同程度的破坏。使用激光武器作战，可以不断地发射激光束，这就意味着激光武器的“弹药仓库”的容量很大。

20世纪90年代美国人发明了一种手提式的激光枪。它在具备普通机枪功能的基础上，增加了发射激光的功能。手提激光枪每秒可以连射30发，其速度可以追赶高速行驶的火车，其威力足以摧毁电线杆或穿透一般的钢板和墙壁，射程2699米，配备夜视镜可以在夜间使用。这种手提激光枪的重量不超过5千克，而且可以折叠成22厘米长，放在公文包中。

基因技术与生物工程

基因技术即DNA的组装或移植技术，其用于工业化的生产产品则称之为基因工程或细胞工程，它是20世纪70年代才发展起来的，已经成为当代一切生物工程的基础。传统的生物技术，依其产业化应用对象和目的的不同通常被区分为发酵工程、细胞工程、酶工程和遗传育种，也由于引进基因技术而发生了深刻的变化。

所谓发酵工程，就是通过研究发酵所用的菌以及应用技术手段控制发酵过程以实现工业化地生产发酵产品。所谓细胞工程，就是使用细胞融合方法或者微注射方法，把染色体、微细胞、细胞核等遗传物质转移到完整的细胞或者转移到除去细胞核的细胞质体内，这些方法统称为细胞工程。所谓酶工程，就是利用酶催化作用，通过适当的反应器实现工业化地生产氧化还原酶、转移酶、水解酶、裂解酶、连接酶和异构酶等酶类产品。所谓遗传育种，就是运用人工杂交、自然选育和诱发突变选育等方法改良物种。基因技术的渗入将逐渐改变这些传统生物技术的产业化工程不能自主的被动状态，因为DNA重组技术是能真正按照人的意志来发展和组建新生物的技术基础。

这些技术有着更强的力量，也会产生更强的负面效应，所以也引发了更多更激烈的伦理问题。

一、基因重组技术

由于遗传物质DNA分子双螺旋结构的发现、遗传表达中心法则的提出和遗传密码的破译，使得人们对基因的具体结构及其作用方式等有关问题有了基本的了解。基因是DNA分子上具有遗传特性的片段，通过转录和翻译过程，控制蛋白质一级结构的形成。随着研究的深入，基因的调控和跳跃等性质的发现，为基因的技术运用开辟了前景。20世纪50年代，美国生物学家卢里亚（S.E.Luria，1912—1991）发现，在大肠杆菌中从细菌A中释放出来的噬菌体可以有效地感染同一菌株而不能感染细菌B，这被称为限制性，英国生物学家海斯（W.Heyes）和美国生物学家莱德伯格（J.Lederberg，1925—2008）等人发现大肠杆菌F因子和温和噬菌体λ等质粒。在70年代，有两项重要的发现：一项是美国生物学家保罗·伯格（Paul Berg，1926— ）等人发现卢里亚所谓的限制现象是因为细菌细胞中存在着几种限制性内切酶，它们可以像剪刀一样切断DNA分子，而且常常是作用专一的。另一项是美国生物学家柯恩（Stanley Cohen，1942—2013）等发现，经过人工改造的DNA片段能够以质粒和温和噬菌体为载体进入宿主细胞，在体外重新组成一种新的DNA

的分子，1972年伯格成功地实现了DNA分子的体外重组，1973年柯恩又成功地将重组体插入质粒并引入宿主细胞。从此开创了基因技术的新时代。

美国微生物学家和生化学家伯格，因研究出DNA重组体技术获得1980年度诺贝尔化学奖。

基因技术是按照预先设计的施工蓝图，把需要的甲种生物基因（称为目的基因）转入乙种生物的细胞中，使目的基因被复制并表达出来，从而使乙种生物的细胞获得甲种生物的性状，形成新的生物类型。基因重组成功与否，在很大程度上取决于目的基因是否正确和能否表达，因此要求基因与启动子（启动基因表达）正确拼接，并和增强子（增强表达的元件）以及表达终止元件组成一个“重组体”，即基因重组。

所谓“基因重组”就是将DNA进行新的组合，然后把新组合的DNA分子转移到我们操作的生命体中。举例说，我们要获得一种抗虫的农作物，首先就要分离一段这样的基因，它能编码某种专门杀虫的毒蛋白，然后将这个基因放在一个载体上，通过载体将这段基因转到农作物植株细胞的DNA上去（这一过程又称DNA整合）。这样，在这些转入基因的农作物细胞中就能产生这种杀虫的蛋白，虫子一吃就会被杀死。这种能杀虫的特性可以随着DNA的复制而传绘后代，因此这种杀虫的特性就被固定下来了。

基因重组技术包括以下基本程序：获取目的基因，在选定的载体上重组，将重组载体送入选定的宿主细胞，对重组分子进行选择，将目的基因表达成蛋白质。目的基因的制备，载体分子和宿主细胞的选择。获取所需的目的基因的主要方法包括：使用超声波等机械方法或者使用限制性内切酶将DNA大分子剪断成为便于操作的小分子，或者先以信使RNA为模板在逆转录酶的作用下获得与其互补的DNA单链，然后再在聚合酶作用下复制成双链分子，或者用化学的方法人工合成。载体是能专一地感染某一类细胞的环状DNA分子，具有多个可供使用的限制性内切酶位点和选择性标记，能在细胞中随染色体的复制而独立复制，并随着细胞的分裂而扩增。在连接酶的作用下目的基因与载体分子连接在一起，然后携带着目的基因的重组载体被送入宿主细胞。宿主细胞的选择要考虑到基因表达的问题，既要保证目的基因准确地转录、翻译成蛋白质和维持稳定，又要根据研究或应用的目的，或大量地表达或表达后分泌出细胞，以利于提纯等。重组载体送入宿主细胞的方式有转化（用于重组质粒）、转染、转导（体外噬菌体包装）、直接注射等。重组分子进行选择，载体上的选择性标记可以提供一种选择的方法，另外还可以通过免疫学方式和分子杂交等方式选择出重组的载体。目的基因表达成蛋白质，我们才能进一步鉴定其功能或是提纯应用。

传统的遗传育种所获优良物种，经过几代以后其优良的品质就要退化。很多情况下这是因为这些优良品质没有在基因水平上固定下来，因而很难稳定地遗传给后代。基因重组技术是在基因（DNA）水平上对生命体进行操作，而这种操作的结果是可以传递给后代的。这就从本质上决定了基因重组技术划时代的重大意义。

二、转基因工程

将外源基因转移到原生质、细胞或组织的技术可称之为转基因技术。目前主要应用包括：转基因植物、转基因动物、转基因药物和基因治疗。

转基因植物

将基因的表达载体整合到植物的株系及种子进行繁殖，以培养出抗病、抗虫、丰产和优良的植物品种，就是转基因植物工程。

美国孟山都公司欧洲农作物研究中心的生物技术项目总监史蒂芬·罗杰斯博士，1980年在公司的支持下，主持投资1.75亿美元建立起世界上规模最大、设备最先进的生物工程技术研究中心，率领1200名技术人员致力于转基因技术项目的开发与研究。1982年，他们首次将在实验室内获得成功的转基因作物马铃薯种植于大田中。1995年，孟山都公司培育的一些转基因植物获准大面积种植，次年该公司的各种转基因作物种子的生产正式进入商业化运作。到1997年防虫、抗病和抗除草剂三种基因的转基因作物在全球范围内的种植面积突破1.5亿亩。

中国是世界棉花产量和消费量的大国，每年种植约8000万亩。但自20世纪90年代以来，棉铃虫害在大部分产棉区持续发生。并且由于长期使用化学农药导致的棉虫抗药性，使得棉铃虫害猖獗，造成的经济损失每年多达100亿元。为此中国农业科学研究院生物技术研究中心进行了抗病棉的研究，并成功地将人工合成的杀虫基因整合到棉花基因组中的株系和种子，培育出抗虫能力达80%以上的丰产性和适应性优良的抗虫棉。中国农科院棉花研究所育成的基因抗虫棉“中棉所30号”，并通过了全国农作物品种审定委员会棉麻专业组的审定。在种植抗虫棉的示范田里，在不打农药、不浇水、田间管理粗放的情况下，棉株生长良好，几乎找不到棉铃虫，棉桃累累，一派丰收景象。

近几十年来，转基因植物工程有了长足的进步，已能分离和合成一些特定的基因，运用生物、物理和化学的方法，将目的基因导入植物细胞，通过组织培养和直接转化获得转基因植物。不仅扩大了植物间远缘杂交的范围，还能将微生物或动物的有益基因转移给植物。现在已获得百余种转基因植株，其中包括烟草、马铃薯、油菜、亚麻、棉花、甜菜、大豆、番茄等重要农作物品种。被批准田间试验的转基因植物已达数千例之多，包括抗虫、抗病、抗药、高产、优质、保鲜、延熟等优良品种。但目前实现的转基因植物主要是双子叶植物，对于小麦、水稻和玉米等双子叶植物的遗传转化还存在诸多困难。

通过转基因技术实现改良作物遗传基础的主要困难有：一是对于改良主要作物可用的目的基因还很少，这是制约转基因工程发展的重要因素。二是目的基因在转移植物中的稳定表达及其遗传的稳定性尚待深入研究，而对于目的基因在受体细胞染色体上的整合过程和机理几乎完全不清楚。三是大多数作物的经济形状都是由多基因决定的，而目前对这类形状的主效基因之识别、分离和纯化技术都还不足，并有待基础研究的进一步深入。

转基因动物

将基因的载体直接注入受精卵或早期的胚胎细胞，然后植入假怀孕的母体动物，经植床后发育成胎，最后成熟分娩，产生带有该基因的动物，就是转基因动物工程。

1982年，转基因动物——超级鼠的诞生为转基因动物抗病育种带来了希望。1989年，克里腾登（Cfitlenden）将A亚组禽白血病毒抗原蛋白的基因注入鸡蛋，发现后代不含病毒，但糖蛋白表达，能抗同亚组病毒感染。1990年威斯康星大学的卡特拉伦（Carterallen）将牛鼻气管炎病毒基因导入牛纤维细胞，所得新细胞的抗病毒感染能力提高了1000倍。进一步的研究是转基因抗病鼠，最后目标是抗鼻气管炎的牛。英国PPL公司基因实验室培育了一头名叫"罗斯"的转基因奶牛，它的奶中含有与人乳相同的成分——人乳清蛋白，这种含有多种氨基酸的乳清蛋白是婴儿的必备食物。芬兰培育的一头转基因牛可生产含红细胞生成素的牛奶，1年内可从其奶中提取60千克~80千克的红细胞生成素，为贫血患者提供一种增强造血功能的食物。加拿大培育的罗非鱼能分泌人胰岛素，为糖尿病患者提供了保健治疗的新食品。

家禽和家畜是人类不可缺少的食物。但是家禽和家畜的某些传染病的危害日益加剧，不仅流行之势不衰而且种类不断增多。1980年美国仅牛病一项的经济损失就高达50亿美元。1996年春季英伦三岛的疯牛病顿时成为世界新闻。自20世纪80年代以来，英国已有16万头牛死于疯牛病。疯牛病不仅发生在牲畜上，还有传染给人的危险。已在英国和法国发现人的非典型CJD病例表明，疯牛病有传染给人的可能性。为了减少禽畜因传染病死亡所造成的损失，彻底摆脱禽畜传染病的困扰，有学者提出用基因技术培育转基因动物消除病害。

转基因药物

将带有特定启动子和增强子的表达载体注入受精卵或直接导入牛或羊等动物的乳腺，就有可能让动物从乳汁中分泌出人类所需要的药物。这种以"生物反应器"代替体外发酵罐的生物工程可称之为转基因药物工程。

美国的一头转基因猪能生产人体血凝蛋白，这种蛋白称为C蛋白，它是治疗血友病的药物，不会含有感染病毒的危险。一头母猪一年能产奶300升，每升奶有1毫C蛋白，比正常人血液中C蛋白的浓度高，而且有很高的生物活性。

英国培育出转基因羊能够生产抗胰蛋白酶。这种酶可以治疗一种欧洲致命性疾病——囊性纤维性引发的肺部感染和肺气肿，已用于临床。

上海医学遗传研究所的科研人员与复旦大学遗传所合作，对119头山羊进行了转基因研究和培育。经过多年的努力在上海奉新试验场诞生了一批转基因山羊，其中的5头实现了与人的凝血因子第九基因成功的整合。1996年10月出生的一头转基因山羊，其乳汁中存在能治疗血友病的基因药物。

转基因药物和疫苗的研究已显示出良好应用前景。例如用转基因技术获得了干扰素与生长激素、白细胞介素-2、人表生长因子乙型肝炎疫苗。美国已批准的637种生物技术诊断试剂中，有571种单抗，53种DNA探针，13种重组DNA产品。中国研制的哺乳动物细胞表达的乙肝转基因疫苗也于1992年获国家批准，投放市场。与多基因工程疫苗进入临床试验的还有甲肝病毒重组疫苗、病毒活疫苗、霍乱菌苗、福氏、宋内氏双价痢疾菌苗和EB病毒重组痘苗等。此外我国还有基因工程多肽药物投入市场，例如用治疗慢性活动性乙型肝炎、丙型肝炎、毛细胞性白血病、肾癌等恶性肿瘤、带状疱疹、类风湿关节炎、慢性宫颈炎、疱疹性角膜炎等疾病的外用人基因工程a1b型干扰素、注射用人基因工程a1b型干扰素、注射用基因a2b型干扰素、基因工程白介素工及基因工程干扰素等5种产品。这些药物和疫苗都有很高的经济回报，例如1992年，美国的干扰素销售量达6.05亿美元，生长激素达6.25亿美元，乙型肝炎疫苗的销售量达7.42亿美元。

人类细胞系的单抗体可用来诊断和研究，诸如恶性肿瘤和乙型脑炎等顽症。现在各国正在以细胞融合技术研制单抗体药物。中国以单抗体为基本技术导向的药物已从实验室走向临床。抗人体细胞的免疫毒素及抗C-ALL免疫毒素，经国家批准进入临床试验，作为基因骨髓移植治疗白血病的辅助疗法，对于防止和减轻排斥反应是有效的，同位素标记的抗肝癌单抗体已于1995年4月通过卫生部审查，并已用于临床显像诊断，将进入临床治疗试验。流行性乙型脑炎是一种严重的以中枢神经系统损伤为主要表现的急性病毒性传染病，并且是一种人畜共患的疾病，病死率高，后遗症严重，迄今为止尚无特效治疗方法。20世纪80年代初，中国微生物学专家、第四军医大学的汪美先教授（1914—1993），在中国率先组织单抗体的研究与应用。1984年汪美先教授与马文煜教授合作融合成功抗乙型脑炎病毒活性很高的单抗体，并在临床诊断和治疗方面者取得了重大进展。乙型脑炎单抗体药物已作为国家一类新药通过卫生部的审评，获准进入一、二期临床试验，经过345例乙型脑炎患者的试用，在退热、止惊、改善意识、减少恢复期症状、提高治愈率和降低病死率等方面均获明显疗效。

基因治疗

转基因技术应用于治疗，即将正常基因转入病患者的细胞中，以取代病变基因表达所缺乏的产物，关闭或者降低异常表达的基因，达到治疗某些遗传病的目的，被称之为基因治疗。

美国已于1989年批准基因治疗进入临床试验。1990年，两个美国女孩一个4岁、一个9岁，由于体内腺苷脱氨酶缺乏而患“严重联合免疫缺陷症”，这两个女孩接受了基因治疗并获成功。据1995年报道，这两个女孩都已在上学了。这是美国进行的第一例用于临床的基因治疗。现在科学家正在研究如何对有“严重联合免疫缺陷症”家族病史的孕妇所怀胎儿的胎儿进行基因治疗。在孕妇受孕12周时，可对胎儿进行检查，如确诊胎儿患有这种遗传病，可在胎儿16周后接受基因治疗。治疗方法是从胎儿的脐带提取胎儿细胞，用基因技术处理无害病毒加上健康基因“感染”这些胎儿细胞，然后把它们注入正在生成免疫系统的胎儿体内，取代有缺陷的基因，待婴儿出生后再检测是否还有“重症联合免疫缺陷病”的征兆，如果没有则表示其他遗传病也可以采用基因治疗。这将可以防止新生儿的遗传病的发生，从根本上提高了下一代的健康水平。

中国的基因治疗是以B型血友病为突破口的。1991年，上海复旦大学薛京伦教授主持的实验室和上海医院合作对B型血友病所进行的基因治疗临床实验获得初步成功。B型血友病是一种遗传病，它是由于人体凝血Ⅸ因子基因有缺陷，不能分泌Ⅸ因子蛋白所造成的。患者的临床表现是鼻子大出血，且一旦鼻子出血就要输血，给病人带来很大的痛苦。B型血友病的基因治疗方案是，将人的凝血Ⅸ因子的基因以反转录酶病毒为载体导入患者自身的残纤维细胞，随后将这些经过转化的细胞通过肢下注射进入患者体内，获得了Ⅸ因子的成功表达，使血液中Ⅸ因子蛋白增加到止常人的浓度，可使病症减轻乃至消失。

基因治疗是一个全新的领域，它涉及医学和生物学的多学科、分子以及整体的多层面，生物学现象的诸多方面。近年来，基因治疗的发展十分迅速，已经发现6500多种遗传病，其中由于单基因缺陷引起的约有3000多种，这些遗传疾病都是基因治疗的对象。但目前基因治疗仍然属于起步阶段，不仅基因治疗方案还存在一些问题，而且一些关键的技术问题还没有完全解决，多遗传疾病的基因还

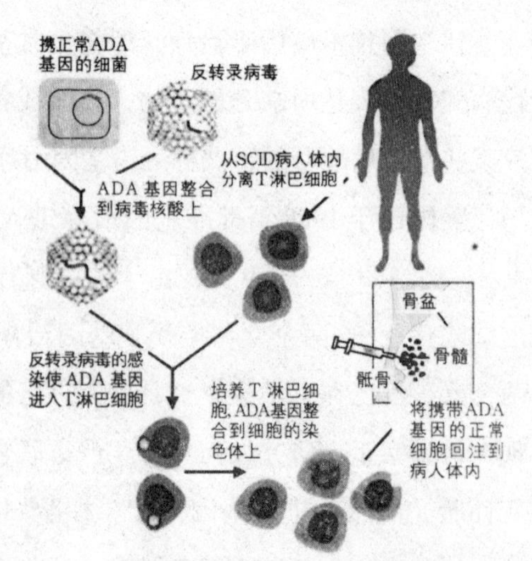

转基因T淋巴细胞注射到骨髓组织治疗重症联合免疫缺陷（SCID）病

不清楚。但是基因治疗的前景是美好的，随着人类基因组计划的实施和大批新基因的发现以及基因技术的发展，基因治疗将会有重大突破，有可能成为一种常规的治疗手段，为更多的疑难病患者带来福音。

三、核移植工程

植物和动物都是由一个细胞经无数次分裂后形成的细胞集合体。细胞的每次分裂都把细胞核中的遗传信息“拷贝”并平均分配到两个分开的新细胞中，结果是，尽管根和叶子的细胞不同，肌肉和血液的细胞不同，但同一植物或动物体的每个细胞的细胞核中携带的遗传信息是完全相同的。因此，原则上，植物和动物体上的任何一个细胞，在合适的条件下，都能发育成一个新的个体。这就是所谓的“细胞全能性”。人类通过技术实现细胞全能性经历了从“受精卵”到“卵细胞”再到“体细胞”的“三部曲”。实现细胞全能性的核心手段是核移植技术，即将目的基因的细胞核移进去核的宿主细胞。如果目的基因取自体细胞，这样的核移植则称之为“克隆”，因为这是真正的无性繁殖。

高等动物包括人类都是以有性繁殖来繁衍后代的。来源于雌性个体的卵细胞与来自雄性个体的精子细胞，经过细胞融合，即受精，形成一个受精卵。受精细胞经过多次分裂后形成一个细胞团，这个小细胞团称为胚胎。胚胎经过发育长成一个新个体。有性繁殖的后代能够继承父母各半的遗传信息，是由于受精卵具有细胞的全能性。对于植物而言，尽管植物的根和叶子的细胞是不同的。但是根和叶子上的每一个细胞核所携带的遗传信息是相同的，即植物细胞具有全能性。因此植物很容易实现诸如扦插、压条、组织培养等无性繁殖。那么无性繁殖能不能在动物，特别是在哺乳动物中实现？科学家们实现人工无性繁殖的理想是一步一步接近的。

1958年，日本学者岗田发现经紫外线杀死的仙台病毒可引起艾氏腹水瘤细胞融合而产生多核细胞，其后哈里斯（Harris）诱导融合的动物细胞仍能存活，里菲意德（Liffeieed）设计了能保留杂种细胞而杀死亲本细胞的HAT培养液。1975年，科勒（Koher，1946—1995）和米尔斯坦（Cesar Milstein，1927— ）建立了淋巴细胞杂交瘤技术，通过仙台病毒诱导使小鼠骨瘤细胞与经绵羊红细胞免疫的小鼠脾细胞融合，以选择出分泌单一抗体的杂种细胞。这种通过细胞融合产生杂种细胞的方法可以用以生产单抗体。获得单抗体对于科学和生物医学都具有极为重要的意义，发展这一技术将大大有利于人类的健康和福利。

科学家们的进一步努力是，用显微手术的方法分离未着床的早期胚胎细胞（分裂球），将其单个细胞核导入去除染色质的未受精的成熟卵的母细胞，经过融合，让该卵细胞质和导入的胚胎细胞核融合、分裂、发育成胚胎。将该胚胎移植到受体（即成年的雌性个体），让其妊娠最后产下后代。早在20世纪30年代，胚胎细胞核移植技术在单细胞有机体上就获得成功。到80年代，在哺乳动物上开始了类似的移植实验。1986年英国科学家魏拉德森将绵羊8细胞及16细胞期分裂球与去核未受精卵融合，并用仙台病毒或电激诱导，成功地进行了一次核移植绵羊尝试。类似的试验分别在牛、兔、猪和山羊中取得了成功。许多国家都有牛、羊、猪核移植成功的报道。

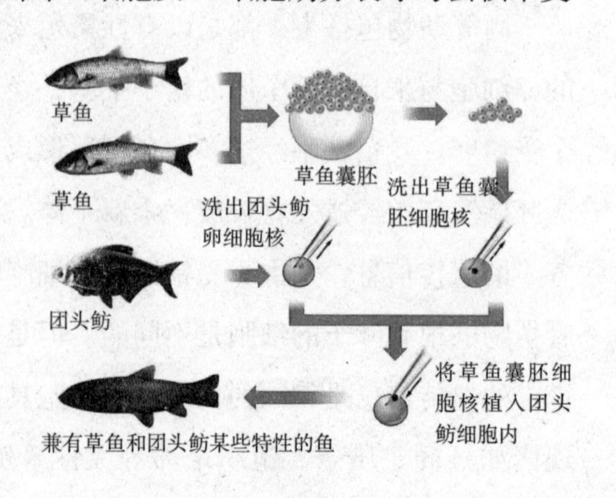

核移植技术

进一步的努力是非受精卵细胞的核移植。1997年美国科学家宣布，美国俄勒冈地区灵长目研究中心唐·沃尔夫领导的科研小组培育的两只小猴，于1996年8月降生。沃尔夫研究小组的做法是，从一只母猴身上取出一个卵细胞，用人工授精的方法使之受精，等受精卵细胞分裂成为含有8个细胞的胚胎时，研究人员将8个细胞逐个分离，再将每一个细胞中的遗传物质放到另一个自身遗传物质已被取出的卵细胞中。等到这批含有新的遗传物质的卵细胞发育成胚胎后，再将其移植到母猴体内。利用这种做法，他们共育成活了39个胚胎，移植后有3个母猴怀孕，其中两只母猴顺利产下小猴。中国对家畜的核移植研究也取得了若干成果。江苏省农科院、广西农业大学、江苏农学院、中国农科院畜牧研究等等分别对牛、山羊、兔等几种动物进行了卵细胞核移植尝试。1991年，张涌利用胚胎细胞核移植技术获得了克隆山羊，1995年，华南师范大学李香峰进行的核移植牛获得成功，得到一头雄性核移植牛犊。2004年，台湾培育出带有治疗血友病的“第八凝血因子”的体细胞克隆羊。2005年，这只克隆羊产下一只同样带有第八凝血因子的公羊。虽然核移植技术有着广阔的应用前景，并且已取得了一些进展如体细胞核移植等，但也存在着一些问题。主要包括核移植效率低，动物畸形。这要求研究人员进一步了解核质作用机理，改进培养方式。

到2007年为止，虽然核移植技术的发展较快，然而该技术还存在许多问题，如核移植成功率普遍比较低、重构胚的发育率低、畸形胚的比率高。体外培养的时间过长或培养液的成分可能导致移植胚的流产以及出生后的仔畜很快死亡（成熟促进因子）。基因印记对核移植重新编程的影响以及基因印记与动物克隆技术的成功及不足有何关系，还不清楚。

四、克隆工程

一项科学成果理应首先在科学刊物上公布，但克隆羊多利的成功，使得新闻媒体都迫不及待。本来是1997年2月27日出版的英国《自然》杂志正式发表这条消息，可美联社硬要提前三天报道。美联社伦敦2月23日电报道了苏格兰科学家伊恩·维尔穆特（P.S.Wilmut，1944— ）运用克隆技术培育出了第一只绵羊的消息，据设在爱丁堡的罗斯林研究所的科学家们说，这只通过把单个绵羊细胞与一个未受精卵相结合而培育出来的克隆绵羊已发育良好地生存7个月了，并说这项技术可能对人的囊性纤维变性和肺气肿等疾病的研究有所帮助。中国的新闻媒体也不甘落后，1997年2月26日的《参考消息》转述了美联社发自伦敦的电讯。其实，全世界的媒体都很重视这条消息，本不为广大公众所知的“克隆”一下子被炒得沸沸扬扬，使得那些从未听说过“克隆”一词的人也大谈起克隆来了。

苏格兰科学家伊恩·维尔穆特，第一个研制出通过无性繁殖产生的新一代克隆羊“多莉”，被誉为“克隆之父”。

这项举世震惊的科学成果，是由维尔穆特博士所领导的苏格兰科学家完成的。这项成果是体细胞核移植技术的第一次成功。它是利用成年母绵羊的体细胞，通过核移植培养出一头基因性状与提供细胞的成年绵羊完全一致的雌性绵羊，名为“多利”。

中文“克隆”是外来语clone或cloning的音译。“克隆”一词的本意是指植物的无性繁殖，即由一个祖先细胞分裂繁殖而形成的纯细胞系，这个细胞系中每个细胞的基因彼此是相同的。植物扦插中生出球径、分裂生殖及孤雌性生殖等方法都属于无性繁殖。因此，以前曾把clone译为“无性生殖”或“无性繁殖”。后来我国遗传学家将clone或cloning音译为“克隆”。世界卫生组织在一个非正式的声明中给克隆定义为：克隆为遗传上同一的机体或细胞系（株）的无性生殖。运用克隆技术可以繁殖许多动物群种。根据克隆的定义，可有5个层次的克隆：微生物克隆、正常机体细胞克隆、植物克隆、动物克隆、人克隆。

“多利”是高等动物克隆的世界首例。这一重大研究成果既是前人成就的继续，又是在前人基础上的重大突破。

克隆“多利”的具体过程包括如下一些操作：从一只已怀孕的6岁芬兰多塞特种绵羊的乳腺中取出细胞（体细胞）；在苏格兰黑脸种母绵羊身上注射性腺激素28~33小时以令其产卵，将其卵细胞尽快去除细胞核并放在两种溶液中培养5天，使细胞饥饿并进入细胞核染色体停止分裂期；将多塞特羊的体细胞核植入黑脸羊的去核卵细胞中，用电冲击法使之融合；将融合细胞置于羊的被结扎的输卵管里，6天后发育成桑椹期胚胎，再转移到代理母绵羊的子宫内，直到出生。

作为体细胞核移植法之动物克隆的成功率很低。维尔穆特及其同事，以434个体细胞和434个去核的卵细胞进行细胞融合，产生了227个融合细胞，成功率为63.8%。这227个融合细胞在输卵管里能够发育成桑椹期胚胎的只有29个，成功率为11.7%。29个桑椹期胚胎移植到13只代理母羊子宫中，仅一个胚胎能发育，母羊妊娠率为7.7%。经过148天后产下多利，体重6.6千克。漂亮的小白羊“多利”的出生过程所表明的是，动物克隆的成功率为1/434。

一年以后，1998年1月21日《光明日报》第三版以题为《美国克隆技术研究获得新进展》称：美国威斯康星大学的科学家们成功地把不同哺乳动物的体细胞核植入牛的卵细胞并使其发育成初期胚胎。

尼尔·弗斯特等人领导研究小组在波士顿举行的国际胚胎移植学会会议上说，他们将印度河猴的体细胞核植入牛的卵细胞，成功地以克隆技术培育出70个这些动物的胚胎。他们使用的是与英国科学家克隆绵羊“多利”相同的方法，即先去掉牛卵细胞里的遗传物质，然后植入待克隆的成年动物的体细胞核，所不同的是这体细胞不是乳腺细胞而是耳细胞。

体细胞核移植不同于胚胎核移植。体细胞核移植是真正的无性繁殖。“多利”的基因全部来自母亲。而胚胎核移植严格来说不是无性繁殖，因为胚胎是受精卵，它是通过卵细胞和精细胞融合以后产生的，由胚胎发育的个体细胞核中的基因组是一半来自父本一半来自母本的。

克隆羊“多利”和克隆猴们的出生，引起了全世界的关注。这是因为多利是高等克隆动物，是动物克隆技术发展史的里程碑。“多利”有三个母亲却没有父亲，一个母亲（多塞特母羊）提供基因，另一个母亲（黑脸母羊）提供生长的营养物质细胞质，再一个母亲（母绵羊）提供生长环境子宫。“多利”的遗传性状不可能完全由多塞特母亲的基因决定，因为黑脸母亲提供的细胞质中的线粒体也要影响多利的遗传性状。

全球第一只克隆羊——“多利”

高等哺乳动物能够克隆，人是否

也能克隆？“克隆人”的可能后果引起了世界震撼。如同一颗伦理的原子弹，“克隆人”成为政界、哲学界、学术界及百姓所关心的话题。有人担心克隆出希特勒，有人设想克隆出爱因斯坦。德国《明镜》周刊推出希特勒与爱因斯坦共舞的封面。在许多国家政府表示不支持克隆人的科研项目的情况下，1998年初，一位美国物理学家理查德·希德（Richard Seed，1928—）宣布他在近期内为几位不能生育的自愿者实施克隆人实验。

“多利”的助产士们自有他们的看法。罗斯林研究所所长威尔穆特说：“我们从来没有想到要克隆人类，克隆人对于研究来说毫无意义。”罗斯林研究所副所长格里芬说：“克隆技术引起人们的疑虑是可以理解的。正如核能既可以被人利用制造出可怕的核武器，也可以被人们和平利用使之成为几乎取之不尽的能源。克隆技术本身是科技的重大进步，人们可以像用核能那样制定相应的法律使这种技术造福人类。”

农畜专家欢迎“多利”，许多生物专家都认为，克隆技术的直接受益者是畜牧业。畜牧业主要为人类提供优质、丰富的动物食物。畜牧业的生产效率主要由畜禽个体的生产性能和群体的繁殖性能决定。营养丰富和口感良好的食物由畜禽的品种所决定。为了获得更优良的畜禽品种，可以用筛选体细胞突变的培养方法与克隆胚胎的方法大量繁殖畜禽群中特别优秀的个体。

医学界欢迎“多利”，一些医学专家认为“多利”是医学发展史上的“革命”，应用无性繁殖技术，可以解决遗传病治疗、妇女不孕症治疗、人类器官移植、绝症治疗以及制药、临床检验等多方面的问题。克隆多种动物进行临床试验，将可以消除不同个体由于遗传基因不同而给试验带来的混乱。

美国、瑞士等国已经能够利用克隆技术培植人体皮肤以用于植皮手术。有一位美国妇女在一次煤气炉意外爆炸中受伤，75%的身体被严重烧伤。医生从她的身上取下一小块未损坏的皮肤，送到一家生化科技公司。一个月后，该公司利用克隆技术培植出一大块健康的皮肤，使患者迅速痊愈。这一新成就避免了异体植皮可能出现的排异反应，给病人带来了福音。科学家预言，在不久的将来，还可以借助克隆技术“制造”出人的乳房、耳朵、软骨，肝脏，甚至心脏，动脉等组织和器官，供应医院临床使用。

克隆技术与基因重组技术和转基因技术是有区别的。基因重组和转基因是基因人工操作的产物，这涉及外源基因的直接引入或组入到受体细胞中获得表达，其细胞经分化后发育成动物个体。而克隆技术，尽管细胞包含基因的全部，但它作为细胞整体或其核的整体移入到非受精的受体细胞中，然后在另一母体内发育成个体动物。基因技术和克隆技术最终的目的是使单个细胞在一种特殊的环境下分裂、分化、发育成完整动物个体。如果将这两种技术结合起来，其后果将是不可估量的。

作为双刃剑，基因技术受到一部分人的欢迎，也引起了越来越多的质疑，不仅因为它会导致越来越严重的伦理问题，也因为技术本身所导致的后果可能会超出人类的控制、预期和想象。

2000年，克隆和干细胞研究取得进展。在克隆方面，科学家克隆成功了最难克隆的动物之一：猪。

2002年，以色列科学家将人体“肾脏前体细胞”移植到老鼠体内后，发育成与老鼠本身肾脏大小差不多的、具有一定功能的类似器官。

2003年，美国科学家首次对人类胚胎干细胞完成了基因工程操作，在干细胞应用于医疗研究上前进了一大步；日本科学家首次培育出人体胚胎干细胞；中国科学家首次将人类皮肤细胞与兔子卵细胞融合，培植出人类胚胎干细胞。

2006年，澳大利亚科学家在世界上首次成功利用单个干细胞使实验鼠体内新长出乳腺。英国科学家首次利用脐带血干细胞培育出微型人造肝脏。

2007年，美国和日本两个独立研究小组分别宣布，他们成功地将人体皮肤细胞改造成了几乎可以和胚胎干细胞相媲美的干细胞。这一成果有望使胚胎干细胞研究避开一直以来面临的伦理争议，从而大大推动与干细胞有关的疾病疗法研究。

与基因技术相关的是巨大的产业，巨大的利润。基因技术在争议中发展，也激发更强烈的争议。

五、基因组计划

基因作为遗传信息的载体是DNA的一个区段。一个DNA分子依其大小有几个到数百个基因，而每个基因有几百到几万不等的碱基对。基因组指的是一个生物体遗传信息（包括所有基因）的总和，是它合成RNA所必需的全部DNA顺序。一个DNA分子的长度用碱基对（bp）或千碱基（kb）或兆碱基（mb）来表示。

DNA通过RNA合成蛋白质，如果基因在表达过程中出了毛病，发生错误，就会出现许多先天性的疾病，影响生物的正常发育。基因组研究旨在使人们最终在分子（核苷酸）水平上解开生物体的遗传信息之谜。生物基因组DNA全顺序是人类认识生物的基本“字典”。近年来科学研究已证明，通过DNA全顺序的测定可以发现大量用经典遗传学手段无法发现的基因。低等生物的基因组已经查清了几十个，正在进行的较大的基因组计划是“人类基因组计划”和“水稻基因组计划”。

人类基因组计划

人类基因组计划的最早建议者是美国科学家罗伯特·辛希默

（Robert Sinshemer），他于1986年首先在一次会议上提出。接着杜尔贝克（Renato Dulbecco，1914—2012）于1986年在《科学》（Science）杂志上发表了一个题为《癌症研究的转折点——测定人类基因序列》的短文，建议制定以阐明人类基因全部序列为目标的人类基因组计划，以便从整体上破译人类遗传信息，使得人类能够在分子水平上全面地认识自我。

这一计划的直接背景是癌症对人类的威胁。在当时（1985年）全球有760万恶性肿瘤患者，死于癌症的有500万人。杜尔贝克在其短文中提出，要想从根本上解决肿瘤的分子遗传问题，需要对人类进行基因组研究。1990年10月，美国正式启动了人类基因组计划，美国国立卫生院部署了《人工基因组作图和测序》的重大科学行动，预计在15年内完成的这项计划将会得到美国政府提供的30亿美元和各界资助的100多亿美元。这是继曼哈顿原子弹和阿波罗登月两大计划之后的第三个庞大的科学行动。随后欧共体、日本、加拿大、苏联、巴西和印度等国也都提出了类似的计划。由于各国政府和科学家们的共同努力，它成为有15个国家和欧共体参加的国际性合作项目，还成立了国际人类基因组组织以协调计划的实施。

人类基因组计划主要包括4项任务：遗传图谱的建立、物理图谱的建立、DNA顺序的测定和基因识别。人有24条染色体双链DNA和1条环状的线粒体DNA，其中22条是常染体色体，2条染色体X、Y是性染色体。人类基因组指的是人的24条染色体和线粒体上DNA所携带的遗传信息的总和，包含大约10万个基因，但仅占DNA链总长度的2%~5%，基因的平均长度约为1000bp~1500bp，基因总长度为3×109bp。

人类基因组计划的意义不只在技术应用层面，也被期待在科学层面上揭示人类智力之谜。作为地球上最高级的生物人，意识为什么能在进化中产生而不被淘汰？心理科学家在从猿到人的进化过程中寻找。他们猜测在非人灵长类向人演化的过程中，大脑联合皮层、两半球功能的分化、个体发育速度等发生了促进智力产生的变化。但问题远没有解决，人类基因组DNA全序列的测定或许能提供新的理路。因为从遗传学的角度看，所有生命现象的机制，追根究底都会与基因的结构与功能相关，人的记忆与行为、衰老与死亡以及各种疾病大多由有关基因控制。而我们现在能够知道结构和功能的基因仅几千个，还不足10%。人类虽然可以遨游太空、潜入海底，但对人类自身的认识和了解才刚刚开始。

1993年7月，中国自然科学基金会正式决定，将“中华民族基因若干位点的研究”作为人类基因组计划的一部分列入国家重大项目。中国科学家在“863”计划和国家自然科学基金的支持下，陆续开展了与人类基因组计划相关的研究。在有关人类基因组的这些扩展研究方面，中国具有自己的一定优势，如我国人口众多，有56个民族，并拥有众多的遗传病隔离群和丰富的疾病人群（家系和个体）资源。中国的人类基因组研究已在中华多民族基因组的保存、基因组研究新技术与白血病相关的基因技术的引进和若干位点疾病基因的研究等方面取得了诸多进展。中国科学家的工作已成为国际人类基因组研究的重要组成部分。

2000年6月26日，美国总统克林顿和英国首相布莱尔联合宣布：人类有史以来的第一个基因组草图已经完成。

2001年2月12日，中、美、日、德、法、英6国科学家和美国塞莱拉公司联合公布人类基因组图谱及初步分析结果。

人类基因组计划中最实质的内容，就是人类基因组的DNA序列图，人类基因组计划起始、争论焦点、主要分歧、竞争主战场等都是围绕序列图展开的。在序列图完成之前，其他各图都是序列图的铺垫。也就是说，只有序列图的诞生才标志着整个人类基因组计划工作的完成。

2003年4月15日，在DNA双螺旋结构模型发表50周年前夕，中、美、日、英、法、德6国元首或政府首脑签署文件，6国科学家联合宣布：人类基因组序列图完成。

人类基因组图谱的绘就，是人类探索自身奥秘史上的一个重要里程碑，它被很多分析家认为是生物技术世纪诞生的标志。如果说，20世纪是物理学主宰世界的世纪，21世纪则是生物技术主宰世界的世纪。

水稻基因组计划

水稻基因组计划就是一项最终在分子水平上理解水稻这一重要农作物的遗传信息的研究计划，它是一项服务于农业，为提高水稻产量、质量的研究计划。它包括基因组遗传图的构建、基因组物理图的构建和基因组 DNA全顺序的测定三项基本任务。在这些研究的基础上，对水稻基因功能的系统研究也会随之展开。

日本早在1991年10月就把水稻基因组计划列为全民计划，美国、印度、菲律宾、韩国和中国台湾地区等也已在不同侧面上陆续开展了水稻基因组研究。这一计划的背景是全球性的粮食问题。全球人口的一半以大米为主食，中国是世界上主要的水稻栽植和消耗国家，在今后相当长的时间内粮食问题仍将是制约中国国民经济发展的关键因素。出于中国的国情和未来农业发展需要的考虑，1992年8月21日中国政府科技部宣布中国实施《水稻基因组计划》。

具有数十年水稻遗传学研究历史的日本，正以高强度的投资推进水稻基因组计划的进展，于1994年12月首先完成了水稻基因组计划的第一项内容——水稻基因遗传图。中国于1996年10月首先完成了水稻基因计划的第二项内容——水稻基因组第一代BAC指纹物理图。这张物理图的重叠群覆盖了水稻基因组的92%，高于日本物理图的重叠群覆盖率42%。在人力、财力、物力的投入上中国是难以同日本相比的，只是由于制定和运用了一种经济的和高效的“指纹—锚标”战略，才获得国际上广泛的关注的成果。水稻基因组物理图在基因组的三项研究内容中处于承上启下的位置，它既可被用来帮助获取基因，又为水稻基因组DNA全顺序的测定奠定了基础。中国水稻基因组计划首席科学家洪国藩院士，被多次邀请在国际会议上作有关物理图的报告。

也在国际上共同合作进行大规模的水稻基因组测序，2001年中国根据已建成的物理图测定水稻第4号染色体（3000多万核苷酸）的全部DNA顺序，同时决定向全球公开物理图的细节，以能在签订合同的条件下，供各国科学家共享物理图的成果。

国际水稻基因组测序计划

1998年，由中国以及台湾地区与日本、美国、法国、韩国、印度等发起，多国共同完成的对水稻基因研究的国际科研工程。1997年9月，水稻基因组测序国际联盟在新加坡举行的植物分子学大会期间成立。1998年2月，中、日、美、英、韩五国代表制定了“国际水稻基因组测序计划”，2002年12月12日，中国科学院、国家科技部、国家发展计划委员会和国家自然基金会联合举行新闻发布会，宣布中国水稻基因组“精细图”已经完成。水稻基因组计划研究包括水稻基因组测序和水稻基因组信息，是继“人类基因组计划”后的又一重大国际合作的基因组研究项目。

水稻基因组测序的完成将会导致大量水稻新基因的发现，这对了解水稻生命现象及改良水稻品种、提高水稻产量和质量具有不可估量的意义。此外，水稻基因组测序将会找出无数进化上的保守区，据此以及业已证明的禾本科作物间存在的同线性现象，人们可望通过水稻在玉米、小麦、燕麦等其他重要农作物中找到相应的基因。

六、转基因作物的负面效应

关于转基因食品的争论

进入21世纪，转基因技术迅速走向应用，并引起很多争论，其中争论最为激烈的领域在于转基因农作物及转基因食品。很多国家如欧盟对转基因的种植和进口做出了非常严格的规定。关于转基因食品是否应该标注，各个国家也引起了激烈的讨论。甚至“反对转基因”发展成为一场社会运动。在某些专家看来，转基因食品走向餐桌是大势所趋，而在反转人士看来，转基因甚至被认为是基因战的产物。推广转基因的专家试图把问题限制在科学层面，但在事实上，转基因问题涉及诸多层面，而不仅仅是科学问题。在中国加入世界贸易组织之后，逐年从国外进口了越来越多的粮食，包括大豆、玉米。在这些进口的大豆、玉米之中，转基因所占的比重越来越大。与此同时，中国本土也悄悄地开始了转基因水稻的商业化种植。

2009年底，中国农业部下属的国家农业转基因生物安全委员会颁发了两种转基因水稻、一种转基因玉米的安全证书。水稻和玉米是中国人的主粮，此事很快引发了一场全国范围内关于转基因问题的争论。2010年3月10日，一些学者发布了《关于暂缓推广转基因主粮的呼吁书》。主要提出了四点理由：一、中国并不拥有转基因主粮的核心专利，根据他国教训，我们将会受制于人；二、转基因作物并不能提高产量；三、转基因作物对人体健康有潜在危害，对生态环境有潜在危害；四、主粮问题涉及国计民生，子孙后代，公众有知情权。

四点理由涉及不同的专业领域。第一点关乎专利之有无及其后果，这可以是个经济学问题、社会学问题，或者国际战略问题，但显然不是转基因技术问题。第三点涉及两个方面。一个关乎人，转基因食物会对人体产生什么后果，这是个医学问题。另一个关乎生态，转基因作物进入大田，会对环境产生什么影响，这是个生态学问题。这些都不能归结为转基因技术问题。第四点是公民权利问题，更加不是科学问题。主粮作物的转基因研究及种植涉及政治、经济、国家战略，涉及科学、技术和社会关系等诸多问题，只有很小很小的一部分是纯粹的转基因技术问题。把国人是否应该把转基因作物当作主粮这样的复杂的问题，简单地归因为科学，显然是不行的，在观念上也是有害的。因为这意味着，只有具体从事转基因研究的那些科学家才有发言权，而这些科学家，恰恰是主张推广转基因作物的。这也意味着，普通公众，其他领域的专家，对这个问题完全没有发言权，只能等着转基因研究者提供一个结论，而其他人只能服从——因为任何人也没有他们在转基因作物的科学知识上有更高的水平。

由此也可以看出，科学及其技术在具体应用的时候，是一个综合各方面因素的问题，其中，科学不一定是主导性的力量，甚至也不一定是正面的力量。普通公众或者其他领域的专家在试图对某一个科学问题做判断的时候，固然需要努力了解相关领域的知识，但这并不是对此做评判的唯一途径，我们还可以从历史的、哲学的其他角度做出判断。

历史可以提供一种方法，让不懂科学的普通人做出自主的判断。对于转基因问题，我们也不妨审视它的历史渊源。

转基因食品的正面效应与负面效应

20世纪60年代末期，印度从洛克菲勒基金会设在墨西哥和菲律宾的研究机构引进了美国农学家培育出来的“高产”小麦和水稻，实现了一场“绿色革命”，粮食产量大幅度提高，不仅迅速实现了粮食自足，甚至成为粮食出口国。几乎同时，绿色革命也在东南亚、南美等发展中国家发生。初看起来，增产的粮食完全是凭空而来的，是技术进步的赐予。科学家获得了普遍的赞誉，在墨西哥培育了高产小麦的美国植物学家诺曼·布劳格（Norman Borlaug, 1914—2008）还获得了1970年度的诺贝尔和平奖。然而，绿色革命不仅仅是种子的革命，也是农业方式的革命。与“高产”种子配套的，是一整套农业方式，包括化肥、农药、机械化灌溉，这是一种全新的农业形态，农业实际上变成了工业。

当时，这种工业化农业产生的正面效应极为显著，被全世界很多国家迅速接受。

然而，30年后，这种曾经“现代化的”“先进的”农业的负面效应显露出来了。土地板结、河流污染、地下水水位下降、农作物物种日趋单一、农田周边的生物多样性退化、传统农作物与本地环境构成的生态系统（昆虫、鸟、蚯蚓以及微生物等）遭到致命的破坏。化肥和农药的用量在增长，而当初最大的正面效应——产量却在下降。

印度学者范达娜·席瓦（Vandana Shiva，1952— ）在其著名的著作《失窃的收成：跨国公司的全球农业掠夺》中指出，所谓的增产是从别处偷来的。“一旦考虑到耕种作物的总产量，产量的增加就不复存在。小麦或玉米的收成增加其实就是借助窃夺农畜和土壤生物的食物得来的。由于农畜和蚯蚓是粮食生产的搭档，窃夺了它们的粮食，就不可能长期维持粮食的产量，也就意味着暂时的收成增加并非是可持续的。”

中国是在80年代之后大规模引进工业化农业，前述正面效应和负面效应，也都逐一出现了。

在中国传统农学中，农田与周边环境是一个完整的生态系统。工业化农业则割裂了农作物与周边环境的关联，使之成为本地生态的异类。农作物所依靠的化肥、农药以及灌溉抽取的地下水，都来自本地生态之外。作为工业化农业产品的粮食，也和其他工业产品一样，会消耗资源、污染环境，破坏生态。转基因作物是工业化农业的延续和发展，是工业化农业的更精致的形态。按照历史的逻辑，更高的技术要求更精致的人工系统，则必然会造成与本地生态更严重的对立。

“绿色革命”的发明者诺曼·布劳格（NormanBorlaug，1914—2009）先生不承认绿色革命是一场失败，并且他认为，人类需要更多的粮食，所以要发动第二次绿色革命——全面推广转基因种子！事情的诡异之处就在这里。科学家常常许诺，他们将会发明某种技术来解决我们当下面临的某个问题，然而，我们当下的这个问题，恰恰是他们以前发明的、为了解决前一个问题的技术所导致的。基于历史，人们怀疑未来的新技术会产生更严重的问题，是顺理成章的。新技术的支持者常常说，不能因噎废食，即使出了问题，还会有更高的技术来解决。于是，人工的技术系统就像叠罗汉一样，越来越高，导致我们这个“风险社会”（德国社会学家贝克的说法）的风险越来越大。

工业化农业必然导致严重的后果，从哲学的视角也可以做出解释。

现在主流的社会观念对于自然的基本理解是一种机械自然观。机械自然观包括机械论、还原论、决定论三个部分。首先把自然看成机械，比如一架精致的钟表，它们是一堆物质的集合，而不是生命的集合，这是机械论；这个钟表可以拆卸，可以重新组装，可以替换其中的某个零件而对整体不产生影响，这是还原论；进而相信，只要掌握了每一个齿轮的大小，掌握了齿轮之间的链接关系，就可以彻底把握钟表的运行，这是决定论。基于这种观念，人们相信，科学能够对物质世界进行越来越精确的计算和预言。

然而，自然并非是可以任人拆分的机器，事物之间有着复杂的相互关联。数理科学必然对自然要进行高度的简化：要忽略空气阻力、忽略摩擦力、忽略滑轮的质量……才能得到简明可解的方程。经典物理相信，小的作用量只能产生小的结果，所以是可以忽略的。但是，70年代兴起的混沌理论指出，小的原因在经过长期累积也会产生巨大的后果，美国气象学家洛伦兹提出了著名的“蝴蝶效应”，一个蝴蝶在天安门广场扇动翅膀，会导致纽约下个月发生一场大风暴。根据蝴蝶效应，对于自然系统的长期预测是不可能的。科学自身对还原论的经典科学范式进行了否定。关于混沌理论，科幻现实主义大师迈克尔·克莱顿（Michael Crichton，1942—2008）在其小说《侏罗纪公园》中有精彩的阐释，在斯皮尔伯格改编的同名电影中，也有一定程度的表现。

转基因技术也是这种机械自然观的产物。按照基因理论，生物的一切遗传特征都被染色体上的基因忠实地记录着。基因专家相信，他们能够知道每一个基因所执行的功能，并且，只具有这个功能。如同汽车，每个零件有其特定的功能，且只有这个功能。在转基因技术中，把生物乙的基因切下来，插入到生物甲的染色体之中，使得生物甲具有生物乙的那种基因的功能，而又不会产生其他影响。这正是机械自然观的体现。比如，2009年底中国农业部批准的转基因水稻"华恢1号"和"BT汕优63"，就是把"苏云金芽孢杆菌"（简称Bt菌，Bt为其英文Bacillus thuringiensis的缩写）中的一段基因（Bt融合型杀虫蛋白基因）移植到水稻之中。因为Bt菌中含有一种Bt蛋白，鳞翅目昆虫一旦吃到，就会死掉。水稻的天敌螟虫，就属于这一类昆虫。转了Bt基因的水稻也能够产生Bt蛋白，螟虫一吃，就会死掉，所以能够防治螟虫。相当于水稻自己能够分泌农药，从而减少了农药用量。

这种设想当然是好的，但是，这种设想基于对于自然的机械理解。基于机械自然观，人们相信，这无非是让水稻增加了一种功能，不会引起其他变化。就像汽车里装上了空调，只是使汽车多了一项制冷的功能，不会影响其他功能。然而，生命不是机器，要比机械复杂得多。机械是被动的，而生命，则有自己的力量。反过来，机器也不是可以随便改动的。一台汽车也许可以简单地加上一个收音机，汽车还是原来的汽车，只是多了一个功能。但是，能简单地加上一个空调吗？了解汽车的人就知道，不大可能。要加上一个空调，必须要对汽车进行整体上的重新设计，重新改装。至少要在机箱里留出空调的位置。然后，汽车的自重、用电功率会有变化；原来驱动车轮的力量有一部分用在空调上，会使车速控制有所变化；这辆车，已经不是原来的了。越是精密设计的装置，越不容易引入新的部件。生物体是大自然在数百万年的时间里演化而成的，比人类设计的任何机器要精巧得多。人类试图对生物进行改造，可能在最初看起来是成功，但是长远来看，注定是处问题。转基因生物跨越了物种之间的生殖间隔，是大自然自身无法产生的。这种陌生的生物会对人体、对生态产生什么样的后果，完全是其设计者所不能掌控，不能想象的。

转基因支持者所主张的“实质等同原则”也是机械自然观的产物。基于机械自然观的现代营养学的基本原则把食物还原为营养素。无论是土豆、茄子、苹果、西瓜，都是由蛋白质、脂肪、碳水化合物、维生素、无机盐和水构成的，不同的食物无非是各种营养素含量的百分比不同，从而抹去了食物之间的质的差异。与此同时，传统食物和加工食品之间、转基因作物和普通粮食之间，也没有了质的差异。这就是所谓的实质等同。但是，食物能否简单地还原为营养素，是值得怀疑的。正如衣服不等于纤维的简单集合，食物也不等于营养素的简单集合。纤维要经过编织才能成为布料，布料要经过裁剪、缝纫才能成为衣服。人的食物从来都是食物的整体，而不是构成它们的营养素。对于人来说，空气的有效成分是氧气，然而，人类如果呼吸高纯度的氧气，就会气管灼伤，氧气成为毒气。与此类似，人类如果直接食用营养素，也会出现问题。实际上，在所谓的实质等同的事物之间，一些微小的差异，就会导致的它们巨大的不同。同是水稻，不同品种的味道有天壤之别，虽然它们“实质等同”。从化学的意义上，人和猴子也是实质等同的，但是有些植物猴子能吃，人不能吃。以色列学者阿伽西（Joseph Agassi，1927—）的回答更加有力：“在化学家看来，死人和活人也是实质等同的!”

只有把人视为机器，把食物视为营养素的集合，才会接受实质等同原则。

因而，质疑转基因食品是人的自我保护本能，也是人的权利。

转基因的生态风险也可以得到类似的说明。尼尔·波兹曼在《技术垄断》中论述到，一个新技术出现后，不是原来的世界加上新技术，而是整个世界围绕新技术重新建构。汽车并不是跑在原来的马车的世界里。汽车最大的附属设施，是公路。随着公路在大地上延伸，整个社会形态都发生了变化，这是汽车的发明人完全想象不到的。转基因稻，不可能只是多了一项功能的普通水稻。

关于转基因的生态风险，最常提到的是基因漂移，被转的基因漂移到周边的野生植物中，从而引起大自然整个生态链条的嬗变。事实上，转基因作物种植多年，很多当初设计者信誓旦旦不可能的事件，已经发生了。比如，在美国田纳西州，已经有杂草俘获了转基因作物中的抗农药基因，变成了抗农药的“超级杂草”。

转基因作物所许诺的诸多好处，也是不能持久的。比如，中国自1997年起大面积种植抗棉铃虫的Bt转基因棉，起初效果很好，但是几年后，原来的次要害虫盲蝽迅速繁殖。2010年5月14日，美国著名的《科学》杂志网络版上发布了中国农业科学院植物保护研究所吴孔明研究员的一项工作，十多年的观察表明，盲蝽数目已经增长了十二倍，杀虫剂用量达到1997年前的三分之二。这意味着，中国Bt棉的引进是失败的。

转基因作物可能导致的问题，用科学哲学家约瑟夫·劳斯（Joseph Rouse）的概念“大自然的实验室化”也可以做出容易理解的说明。

科学知识通常被认为是普适的，但是劳斯认为，不存在普适性的知识，科学也是一种地方性知识，它最有效的地方是实验室。

实验室是充分人工化的自然。在自然条件下，我们不可能看到一个铁球和一片羽毛同步下落，但是在实验室抽真空的玻璃罩里可以看到。不但在伦敦能看到，在北京也能。人们通常认为，这说明了科学知识的普遍性。而劳斯则认为，这是因为，北京的实验室就是仿造伦敦的实验室造的。所以，他指出，科学的普遍性是一种信念，这种信念会被实验室所加强。因为在大自然中，更多的则是“橘逾淮为枳”的地方性。为了消灭地方性，实现还原论科学及技术的普遍性，工业文明的实际操作是，把大自然实验室化。

绿色革命的所谓“高产”种子之所以能够高产，并不是因为它们比本地种子更适合本地的环境，而是与之配套的化肥、农药和灌溉，专门制造了适合它们的人工环境。本地的种子，只适应本地的雨雪风霜、四季轮回，根本无福消受化肥和农药。转基因作物的所谓高产、防虫、抗旱等功能的实现，也是如此。这些正面效应，从最开始，就是以对本地生态的伤害为代价的。

人类与其食物是相互适应，共同演化的。人类与水稻、麦子、玉米，都经过了漫长的适应过程，相互选择，相互改造。人是环境的一部分，所以传统社会，一个人到达异乡，会感到水土不服——一群人对另一群人的食物都会不适，更何况是前所未有的人造生物！

人对未知的事物感到恐慌，这不是由于无知，而是动物的自我保护本能——连动物不会轻易接受一种新的食物。而农民早就意识到，化肥、农药种出来的粮食，不如传统粮食好吃。

火箭技术与航天工程

1969 年 7 月 20 日，阿姆斯特朗（N.A. Armstrong，1930—2012）走下太阳神登月艇的最后一级扶梯，将他的左脚踏在月球表面上，这是人类在月球上留下的第一个脚印。阿姆斯特朗说："这是个人的一小步，人类的一大步。"

人类的这一大步，走了上千年的时光。今天人们对于天空中的人造地球卫星已经习以为常，甚至移居月球也成为人们茶余饭后的话题。但从对浩瀚天空的敬畏到飞天的幻想，从纯经验的试飞到理论指导的航天，走过了漫长的道路。

根据牛顿力学可以算出，飞行器的速度要达到第一宇宙速度（7.9 千米/秒）才能环绕地球飞行而不至于落到地面，将飞行器的速度提高到第二宇宙速度（11.2千米/秒）可脱离地球引力而飞向太阳系的其他行星，要想离开太阳系则必须到第三宇宙速度（16.7千米/秒）。虽然第三宇宙速度可以实现，但以这个速度航天，飞出太阳系要花费万年级的时间，而且进行太阳系之外的一次通信联络也要一年的时间。所以，尽管美国的“旅行者”号是为飞离太阳系设计的，但在相当长的时间内人类的航天活动主要是以地球为中心。因此，有人把航天定义为地球大气层以外太阳系之内的活动。

自20世纪40年代以来，由于军事战争的需要，火箭和导弹技术发展起来，科学的进步及其需要又进一步促进了航天工程的飞速发展，1942年第一枚实用火箭成功，1957年第一枚洲际导弹试飞成功，第一颗人造地球卫星上天，1969年人类第一次登上月球，1971年第一个空间站进入地球轨道，1981年第一架航天飞机环球飞行，1997年第一个航天器在火星着陆。当今的航天活动已是一项庞大工程，它主要包括运载工具（火箭、航天飞机）和特定的航天器（人造地球卫星、空间站、空间探测器）以及航天发射场和地面测控网四大部分。

航天工程实际上是现代科学技术的一种综合体系，它包括喷气技术、电子

尼尔·奥尔登·阿姆斯特朗，美国宇航员，世界上第一位登上月球的人。

技术、自动化技术、遥感技术、材料技术等技术部门，以及计算机科学、数学科学、物理科学、生命科学等诸多学科。航天工程和空间探索活动刺激了这些相关技术的发展并为科学研究提供了新的手段和条件，而这些技术和科学的发展又使航天工程和空间探索逐步上升到新的层次。例如材料科学技术，由于航天器需要材质轻、强度高并能够在高温、低温、强辐射、高真空、强磁场等环境中正常工作的材料，于是发展出强度和刚度都比较高同时比重又小的铝镁合金、锂镁合金、钛合金以及比重更低的高分子材料，发明了抗热陶瓷和散热涂料。又如电子计算机技术，早期庞大的电子计算机在航天器中难以派上用场，而现在的微型电子计算机已经成为各种航天器的中枢神经，卫星拍摄的照片不需要等到返回才进行处理，电子计算机在卫星上就能把数字信号直接传回地面。

一、火箭技术的先驱

航天技术是从火箭开始发展起来的。

百年前的德国哲学家康德曾说，我最感敬畏的事物有两个，那就是我们内心深处的道德准则和我们头顶的星空。可望不可即的星空曾激起过人类先祖无穷的幻想，每一个在明亮的星空下长大的孩子，仰望茫茫银河与晦朔圆缺的月亮，都曾感受过它的神秘。人们不仅有“嫦娥奔月”的幻想，也为飞翔在无际的天空设想过种种方法。

真正的航天行动是从20世纪60年代才开始的。其核心技术就是火箭技术。火箭的原理在高中物理课本上就已经讲到，那就是动量守恒原理。俗称反冲。火箭点燃后，从火箭尾部放射出高速运动的气体，推动火箭向前运动。如同在平静的湖面上，从船尾向后抛掷物品，船就会向前运动；又如乌贼从尾部向后喷出液体，使自己向前进。火箭受到的向前的推动力量与喷出气体的速度有密切的关系，喷出的速度越大，火箭加速的速度就越快。火箭与大炮也有点相似之处，都是点燃火药作为动力，不同之处在于，大炮的动力是在发射瞬间一次性提供的而火箭则是连续被推动的。

火箭思想的萌芽

火箭自身也有着漫长的历史。火箭的原始形态，大概与烟花、爆竹中的某一种差不多。虽然简陋，但其原理与现代火箭毫无二致。许多基本结构也有相似之处。有人总结了古今火箭的基本组成部分的异同，大致如下：

箭体结构：古人用纸管或竹管，现代用合金及有机材料。

发动机：古人用爆竹做发动机，用黑色火药做推进剂；现代最先进的是用液氢—液氧为推进剂。

头部的有效荷载：古人安放箭头；现代人安放弹头（导弹）、科学仪器（探空火箭）或者卫星（运载火箭）。

稳定构件：古人在尾部安装羽毛，现代人在弹壳外表面固定四片尾翼。

古代火箭是中国人首先发明的。从黑色火药到火箭只有一步之遥。中国在宋朝就已经有了火箭，1232年，当蒙古铁蹄攻到开封府时，曾遭到火箭的反抗。在明代，还出现了将多个火箭捆在一起以增大推力的集束式火箭（神火飞鸦）和逐一点火的二级火箭（火龙出水）。

火箭在古代主要是作为兵器，或者作为烟花娱乐。但也有人试图让火箭把自己带到空中。近些年许多介绍航天的中文书籍中都曾提到，明朝有一个叫万户的人，做过最早的依靠火箭升空的试验。万户把47根火箭绑在椅子上，自己手持风筝坐在上面，希望以此飞向天空。遗憾的是，试验没有成功。或者是火箭在地面爆炸，或者是升空后坠落，总之，万户遇难了。这个故事的出处尚未确证，有的书籍说是出于美国火箭专家赫伯特·基姆（Herbert Zim）的著作《火箭与喷气发动机》中，而基姆又是从何而知，尚未发现有人做出考证。以至于万户只是一个音译，还有人译为万虎，说他是军队的一个官员。“万户”在明代确实是一种官职的名称，但中国的正史却没万户飞天的记录与评价。至于是否藏于野史，尚难断言。赫伯特·基姆更多的可能是得自马可·波罗或者利马窦一类西方来华人士的记载。但是，万户这个名字却得到了西方人士的恭敬。1959年，月球后面的一个小环形山被正式命名为“万户”，以纪念这位在自己祖国无人知晓的航天先驱。我们无从知道中国当时的人对于万户之死的评价，但可以想象正面的评价不会很多。在一千年以后，1967年1月27日，美国肯尼迪太空中心，三位宇航员在进行地面模拟训练的时候被烧死在太空舱中，遇难的格里斯姆在生前曾说：“如果我们死去，希望人们能够接受这个事实。我们从事一项冒险的事业，希望我们的意外不会延误整个计划，征服太空是值得以生命为代价的。”这种精神是航天技术之所以达到今天这个程度的动力。

齐奥尔科夫斯基，是俄罗斯和苏联的火箭专家和宇航先驱，是现代宇宙航行学的奠基人。

现代火箭的先驱

作为武器的古老的火箭技术先后传播到日本、印度、阿拉伯和欧洲国家，在许多国家曾同大炮共同使用，后来由于炮筒中刻画了来复线而准确度大大提高，到19世纪70年代火箭武器已经退出战场。但是，将火箭作为人类探索宇宙空间工具的研究，仍在默默地进行。俄国齐奥尔科夫斯基（К.Э.Циолковский，1857—1935），美国的戈达德（R.Goddard，1882—1945）和德国的奥伯特（H. J.Oberth，1894—1989）各自独立地进行着自己的研究。

齐奥尔科夫斯基现在被尊为“航天之父”，他在20世纪初发表了一些文章，通过计算，他认为飞向太空的工具只能是火箭，而不可能是气球或大炮。他提出了成为现代火箭设计基础的齐奥尔科夫斯基公式，根据这个公式，火箭的排气速度是火箭末速度的决定性因素。在排气速度一定时，要想提高火箭末速度，就必须增加火箭总重量与结构重量之比。结构重量指火箭不带推进剂时的重量。也就是说，要尽可能地减少火箭自身的重量，多带一些推进剂。为此他提出多级火箭的设想，在第一级火箭的推进剂燃烧完全之后，点燃第二级火箭，同时把第一级火箭的外壳扔掉，这样，第二级火箭就不必担负没有用处的这部分重量。齐奥尔科夫斯基还认识到，火箭的排气速度与燃气的温度和气体分子的质量有关，于是设想以液体作为火箭燃料，并提出由液氧作氧化剂和用液氢做燃烧剂。

第一个发射液体火箭的是美国人戈达德（R.H.Goddard，1882—1945）。1911年，戈达德获得物理学博士学位，就任克拉克大学物理学教授，一生共获火箭技术和航空方面的专利200余项。1919年，戈达德发表了他的经

罗伯特·哈金斯·戈达德，美国物理学家和发明家，液体火箭的发明者。

典著作《达到极大高度的方法》，论述了火箭的基本数学原理以及把人和仪器送到月球的可能性。1926年3月16日，在4名助手的帮助下，由他的妻子担任记录，戈达德成功发射了世界上第一枚液体火箭。这枚火箭长2.04米，重5.5千克，由液氧和汽油作为推进剂，在2.5秒内，上升到12.5米，水平飞行56米。1935年，戈达德的火箭冲破了20千米的高度，速度达1193千米/小时，创造了人造飞行器首次突破音速的记录。

赫尔曼·奥伯特，德国火箭专家，现代航天学的奠基人。

德国籍罗马尼亚人奥伯特（Hermann Oberth，1894—1898）毕生致力于液体火箭研究，并热衷于向大众宣传太空旅行的观念。1923年，奥伯特提出空间火箭点火的公式和脱离地球引力的办法，1924年，在其博士论文中，他对星际飞行的许多问题都做了进一步的探讨。由于奥伯特的热情鼓动，“空间旅行学会”在1927年成立了，该学会集中了当时德国的一批热衷于火箭研究的学者。1931年2月21日，学会中的维利（Willy）成为第二个发射液体火箭的人。学会还吸引来一位18岁的小伙子，他就是后来设计德国V-2火箭和美国运载“阿波罗”的“土星”火箭的冯·布劳恩（Wernher von Braun，1912—1977）。

第二次世界大战和V-2火箭

20世纪30年代初，德国宇航协会在经费方面遇到了严重的困难。为寻找新的支持，学会中的几位成员，包括布劳恩，向德国军队演示了他们的推进装置。这引起了武器专家的兴趣，他们发现火箭不在《凡尔赛条约》禁止的远距离武器之列。作为第一次世界大战的战败国，德国的武器研究受到很多限制。1933年，德国陆军设立了武器部，与此同时希特勒上台。年轻的布劳恩在攻读博士学位的同时，被任命为火箭研究的主管。火箭重新成为杀人的武器。

在冯·布劳恩的主持下，首先进行了几十枚A系列火箭的发射试验，在空气动力学方面取得了重要成就，两枚A-2火箭飞行了约2.5千米，而学会却因经费拮据而解散。1942年10月3日，A-4火箭在波罗的海沿岸的佩内明德发射场发射成功，飞行距离为190千米，横向偏差4千米，最大高度85千米。这是第一枚液体军用火箭。随后，出于侵略战争的目的，德军最高司令部在A-4火箭的基础上推进V系列（Vengeance No，复仇使者号）火箭。V-1火箭实际上只是一种安装了炸弹的无人驾驶的喷气飞行器，与其后的装有A-4发动机的V-2火箭不可同日而语。V-2火箭在第二次世界大战期间的德国大量生产。到德国战败时，德国军部共生产了5000多枚V-2火箭，其中的600多枚用于试验，4300多枚在1944年8月到1945年3月期间，用于轰炸伦敦和安特卫普等地。

V-2火箭是单级液体火箭，全长14米，重13吨，直径1.65米，最大射程320千米，射高96千米，弹头重1吨。V-2火箭可以不用滑轨而直接由地面垂直起飞，它尾翼上的4个作为燃气舵的翼片可以起到稳定作用，用装在飞弹前部起惯性制导作用的两个陀螺仪控制和调整燃气的喷出方向。

V-2火箭在战后成为各国火箭发展的蓝本。

二、美苏两国的竞争

战争结束时，美国军队俘获了包括冯·布劳恩在内的百余名德国高级火箭专家以及全部的V-2资料和少量的V-2火箭及其零件。苏联军队俘获了一批德国中级火箭专家和大量V-2火箭及其零件。美苏之间的火箭竞争在德国火箭技术的基础上展开了。

科罗廖夫，苏联物理学家发明家、人造卫星的发明者，火箭专家，被誉为“苏联导弹之父”。

洲际导弹竞争

V-2火箭很快在苏美两个超级大国之间竞争的背景下发展起来。

1946年4月，美国首次发射V-2，进行探空实验。不久，头部装上仪器的V-2火箭被发射到73~130千米的高空。1947年，又成功地用降落伞使火箭安全降落，几乎所有的部件包括无线电设备等都安全回收了。1949年，以V-2为基础，以加州理工学院喷气推进实验室的“女兵下士号”为第二级的双级火箭达到了393千米的高空。与此同时，美国还进行了“海盗”和“空蜂”两个系列的探空火箭计划。

苏联早在1933年8月17日就发射过一枚液体导弹GIRD09，以液氧和混合汽油为燃料，达到了400米的高度。其研制者中就有后来的科罗廖夫（Сергѐй Пáвлович Королёв，1907—1966）。1933年11月25日，GIRD10达到了4900米的高度。1947年10月苏联发射了第一颗V-2火箭。在科罗廖夫的主持下，苏联设计出一种与V-2的A-4发动机类似但功能更强的RD-101火箭发动机，以此发动机推动的V-2-A“地球物理”探空火箭，在1949年将包括860千克科学仪器的2.2吨负载送到了212千米的高空。

在20世纪四五十年代，苏美展开了激烈的空间竞争。在第二次世界大战后10年内，火箭的发动机技术，飞行控制、跟踪、遥测和遥控仪器和探空火箭的其他基本元件的制造，都随着经验的累积和高空数据的获得而不停地发展着。1957年7月至1958年12月是国际地球物理年，也是探空火箭发展的一个高潮期。在此期间，美国发射了210枚火箭，苏联发射了125枚，英国、德国、法国、日本等数十个国家也都开展了空间探索的合作项目。火箭最大高度已达到470千米。对于地球大气层的物理化学性质，地磁场、宇宙辐射和太阳辐射、X射线和紫外线辐射以及微陨石等都有了更深入的研究。与此同时，作为武器的火箭也得到了飞速的发展。苏美各自有了自己短程导弹、中程导弹和洲际导弹。

火箭本身只是一种运载工具，如果它的有效荷载是科学仪器，发射出去就是科研设备，如果荷载的是炸弹，就是武器。由于苏联的原子弹落后于美国，希望在导弹武器方面得到补偿。

1949年，苏联原子弹爆炸试验成功，打破了美国的核垄断。1952年11月，美国在地面爆炸了第一颗氢弹，1953年8月，苏联在空中爆炸了一颗氢弹。双方都具有了最高能量的核弹。下一步就是考虑怎样把核弹送到对方的国土上去。核弹的运载工具当然就是火箭。美国首先考虑是怎样将核弹头缩小，苏联则考虑加强火箭的运载能力。

1953年，苏联制定了洲际导弹的研究计划，负责人是科罗廖夫。在单级火箭发动机的推力一时难以达到要求的时候，科罗廖夫等人开始设计多燃烧室发动机，相当于将几个小发动机捆绑起来。同时，为发射洲际导弹，一级火箭的推

苏联第二代洲际弹道导弹SS-9“悬崖”。1967年11月在莫斯科红场阅兵式上首次亮相。

力不够，而二级火箭又要求在一级火箭脱落后两秒内点火。在这种技术上尚未成熟的情况下，科罗廖夫提出了助推器的设想，即在主发动机上附加4个独立的发动机，发射时与主发动机同时点火，上升后再将助推器抛掉。在这一思想指导下，苏联在1954年研制出RD–108和RD–109火箭发动机。这两者都有4个燃烧室，并以液氧和煤油做推进剂。1957年3月3日，苏联SS–6洲际导弹试飞的成功，引起美国的震惊。SS–6洲际导弹由主发动机和4个助推器组成。主发动机为RD–108，推力96吨，每个助推器都是一个RD–107，推力120吨。发射时，5个发动机共20个燃烧室同时点火，总推力达504吨。这个强有力的运载工具在不久以后成为苏联航天活动的主角。

人造卫星竞争

在苏联的第一颗洲际导弹发射成功后7个月，1957年10月4日，苏联拜科努尔航天中心发射场，又发射了一枚火箭，但这枚火箭上面装载的不是弹头，而是一颗人造地球卫星。几分钟后，“斯普特尼克1号”人造地球卫星就进入了预定轨道，人类从此进入了太空时代。

“斯普特尼克1号”卫星直径只有580毫米，重83.6千克，在密封的铝壳外有4根杆状天线，它的内部是一个与无线发报机相连的温度计，为那台只有两个频率的无线电发报机供电的化学电池占据了大部分空间。无线电信号在不到3个星期就消失了，卫星在太空中也只

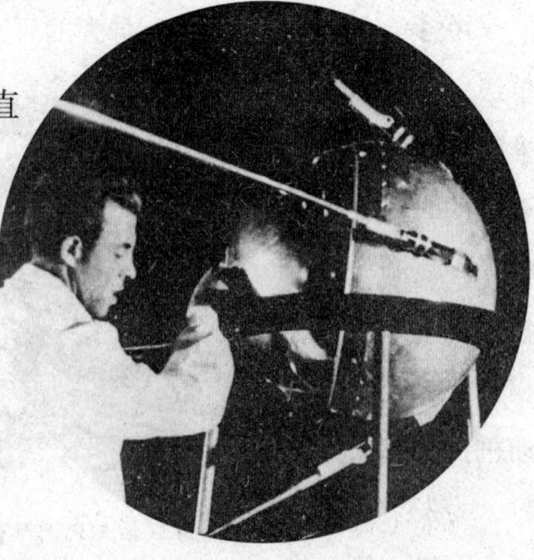

苏联第一颗人造地球卫星斯“普特尼克1号”

逗留了92天。所以这枚卫星并没有什么实用价值，更多的是它的象征意义——第一颗人造卫星发射自社会主义的苏联。

科罗廖夫在1954年至1966年是苏联空间计划的总设计师。1930年，斯大林大清洗时期，科罗廖夫作为火箭工程师被捕，关押在西伯利亚的古拉格监狱。第二次世界大战期间，他被转移到一个特殊的监狱里，许多优秀的苏联科学家和工程师被关押在一起，在克格勃的监督下为苏联研制新的武器装备。苏联著名的火箭炮“喀秋莎”就是在这里研制出来的，科罗廖夫也参与了它的设计。战后，科罗廖夫被释放出来，去研究俘获的德国V–2火箭，并负责领导被俘的德国工程师和技术人员。1954年，在赫鲁晓夫的支持下，科罗廖夫投入了研究洲际弹道导弹的“semyorka”工程，1957年成功后，科罗廖夫获准研究发射人造地球卫星的火箭。

由于第一颗人造地球卫星带来的国际政治压力，赫鲁晓夫迫使科罗廖夫开展的许多空间计划都有华而不实的成分，有很多超出了苏联自身的科技实力。科罗廖夫也曾计划把探测器送上月球，但由于技术原因而失败。第一次成功的自动登月计划是在他死后不到两个星期实现的。科罗廖夫获得了身后的荣誉和名望，而在他活着的时候，长期处于被拘

布劳恩1912年出生于德国。第二次世界大战期间，他是德国著名的火箭专家，对V－1和V－2火箭的诞生起了关键性作用。大战结束之际，布劳恩及其科研班子投降美国，继续在美国从事火箭、导弹和航天研究，被称誉为“现代航天之父”。

禁、被监控的状态。

德国的火箭专家布劳恩则在美国得到了高度的重视和信任。1956年，布劳恩被任命美国陆军导弹局发展处处长。他先后研制成“红石”、“土星”、“潘兴”等导弹。其中的“土星”火箭成为美国航天事业的重要运载工具。1970年，布劳恩担任了美国国家航空航天局主管计划的副局长和马歇尔航天中心的主任。在两年任期内，他完成了航天飞机的初步设计，以及此后10年的研究规划。据说，布劳恩从少年起就对火箭有浓厚的兴趣。他在13岁那年，曾用6只特大烟火绑在滑板车上，给当地造成了一阵骚乱。

宇宙飞船的竞赛

第一颗人造地球卫星发射成功后的很长一段时间内，苏联在空间探索领域保持着优势——第一艘载人宇宙飞船、第一次太空行走（1962年)、第一位太空妇女（1963年)、第一个空间站等。在技术水平并不占绝对优势的情况下，为争第一而只好做些表面文章。冷战后，美国专家发现苏联的许多太空设备简陋得令他们吃惊，尤其是对于宇航员的生命和生存保障极为不充分。事实上，苏联太空发射的几次失败都与盲目追求指标和长官意志有关，为争这些第一苏联付出了许多沉重的代价。1960年，赫鲁晓夫曾要求，当他访美在白宫讲话的时候，苏联要发射一颗卫星，结果是火箭爆炸，一个元帅和几个重要的工程师死于非命。

航天史上的1961年发生了几件大事。3月的9日和12日，继前一年的几次失败之后，苏联连续成功地发射、回收了两艘分别载有狗和模拟人的宇宙飞船。4月3日，苏联政府正式做出了载人飞行的决定，4月8日，决定了第一个上天的人选。4月12日，苏联拜科努尔发射场将人类第一位宇航员加加林（Yury Gagarin，1934—1968）送上太空。加加林乘坐5吨重的“东方号”宇宙飞船在180~327千米的高空绕地球飞行一周，1小时48分后，在伏尔加河畔的一个村庄降落。美国人对苏联的成功表示热烈的祝贺，但同时也不乏微词。因为“东方号”宇宙飞船的所有控制系统都是由地面通过无线电操纵的，加加林只是飞船上的一名被动的乘客，他的肉体和心智反应也都是在地面人员进行监控的。然而，无论如何，载人飞行并成功回收标志着人类的航天技术的一次质的飞跃。

1958年，美国国家航空和宇航局就开始实施“水星”计划，准备把美国宇航员送上太空。这个计划在1961年5月5日取得一个象征性的成果，美国宇航员谢泼德（Alan Shpard，1923—1998）乘坐“自由7号”上了天。这只是一个试验性的飞行，飞船并没有进入环绕地球的轨道，而是像炮弹一样做了一个差不多直上直下的抛物线轨迹，最大高度只有185千米，仅在空中停留了15分23秒。“自由7号”是由布劳恩主持研制的“红石”火箭发射上去的。谢泼德在飞行中的失重状态持续了5分钟，他说：“活动、说话和呼吸都没有受到影响，整个感觉人好像在漂浮着。”在美国，航天发射完全是公开的，成千上万的美国人云集在佛罗里达的可可海滩观看飞船从卡纳维拉尔角升空。“自由7号”腾空而起，在空中划了一个优美的弧线，人们欢声雷动。美国人的航天热情被激发起来了。

尤里·加加林，苏联宇航员，苏联红军上校飞行员，是人类第一个进入太空的人。

10天后，5月25日，美国总统肯尼迪以

国家紧急需要为名致函国会，向全体美国人发出了呼吁："我们这个国家应该痛下决心，在20世纪60年代结束前把人送上月球。"于是，美国开展了以登月为中心的一系列空间探索计划。

美国天文学家、优秀的科普作家卡尔·萨根（Caril Sagan，1934—1996）在后来追述肯尼迪的建议时写道："这个建议涉及范围之广，设想之大胆，令我大为惊讶。我们将要使用尚未设计出来的火箭、尚未想象出来的合金、尚未制定出来的航行和对接方案，把人送上一个尚未探测过的世界，同时还得让他安全地返回地球，而且这一切都得在60年代之前完成。在这一目标宣布时，甚至还没有一个美国人进入过地球轨道。"萨根认为，肯尼迪的这一计划，从根本上说，不是从科学的角度，也不是从空间技术发展的角度，而是从意识形态斗争和核战争的角度考虑问题的。1961年8月6日至7日，又一名苏联宇航员季托夫（1935—2000）被送上了太空。8月9日，赫鲁晓夫对来访的美国人说："你们没有5000万吨级的炸弹和1亿吨级的炸弹，我们有。我们既然可以把加加林和季托夫送上天，也就可以换上别的东西，把它们发射到地球上的任何一个地方。"核威慑的想法溢于言表。

三、阿波罗登月壮举

靶子一经选定，下一步就应选择打靶的武器，武器的选择又取决于用什么样的方式打靶。登月目标提出后，在几个月内出现了几种方案。最初的想法就是直接登月，用一个三级火箭将太空船送上月球轨道，开动后退火箭，使太空船失去环绕月球运转的速度，落向月球直至在月面着陆，宇航员完成任务后，太空船在月面再次发射，返回到地球。要实现这个方案，最大的困难是要造一个动力无比的火箭。同时，人们也不知道，月面的外壳能否承受得住太空船发射的巨大压力。第二种方案叫地球轨道会合法，把探月飞船的5个部分分别发射到地球轨道上，装配在一起，再飞往月球。第三种方案叫空中加油，将一个空中加油站发射到地球轨道上去，再用土星5号把探月船送上太空，登月用的燃料可以在空中加油站补充。第四种方案是月球表面会合，将回程的燃料和供应品先发射到月面。这种方案的危险在于无法知道降落月球的供应品是否损坏，另外，如果宇航员降落地点与供应品距离太远，宇航员将在月球上进退维谷。在这些讨论中，月球已经是现实的可以触及的目标了。1962年11月，登月方案终于确定，这就是由约翰·霍博特提出的第五种方案，叫作月球轨道会合。一只土星5号火箭将装有三名宇航员的阿波罗太空船送上太空，令飞船与火箭脱离，在惯性作用下飞行三天，进入月球轨道，做环月飞行。但这个飞船并不整个降落月面，而是让一个小的登月艇降落月球。三名宇航员中的两名进入登月艇，另一名宇航员留在环月球飞行的飞船指令舱中。登月艇与太空船的主体指令舱分开，在制动火箭的作用下，在月面降落。两名登月宇航员完成任务后，引发登月艇上的火箭，飞上月球轨道，然后抛弃登月艇与指令舱会合，登月艇继续环月运行，三名宇航员启动指令舱火箭返回地球。在进入地球大气层时，再将指令舱后面的服务舱抛掉，只剩下指令舱，最后溅落在太平洋上。

按照这个方案，整个过程有近百个步骤，特别是在月球轨道上对接，需要飞船和运载火箭有非常精确的控制设备，并且其各部件要具有极高的可靠性；要求保证三名宇航员长时间的太空生存条件，要求有精确的通信联系和跟踪控制设备。根据这些要求，飞船要有防高温、防辐射的坚固轻巧的外壳，而需要携带的动力系统、控制和导航系统、稳定系统、通信和跟踪系统、电源、生命保障系统和各种科学实验的仪器设备，总重达40多吨。

1959年，苏联曾发射过两颗名为“月球”的月球探测器，其中一个撞在月球正面，成为碰到另一个星体的第一个人造物体。另一个拍摄到了月球背面的照片。这是人类在地球上无法见到的一面。照片表明月球的背面和正面一样，布满了环形山。但没有人能够肯定，月球可以让航天器安全降落。

为此，美国宇航局先后发射了三个系列的月球探测器，“徘徊者”系列9个，“勘探者”系列7个，“环月者”系列5个。徘徊者计划早在阿波罗计划之前就已经开始了。为了了解人类在失重状态下能否生活，能否走出舱外并在太空活动，进行飞船的发射、操作、交会、对接、溅落等技术实习，美国在继续原来了的水星计划的同时，实施了双子星计划。

1969年7月16日上午，美国东部夏令时9时23分，在肯尼迪航天中心，布劳恩为自己设计的“土星5号”火箭下达了点火命令。身高110.6米，总质量达2930吨的“土星5号”，载着“阿波罗11号”飞船腾空而起。9分11秒钟以后，第二级火箭脱离，第三级火箭第一次点火，11分40秒后，第三级火箭熄火，飞船进入地球轨道。三名宇航员在地球轨道上向休斯敦地面中心汇报了飞行情况。第三级火箭再次点火后，飞船的速度增加到每秒10.85千米，沿着10个月前“阿波罗10号”开辟出来的航线，向月球前进。几天后到达月球轨道。

“阿波罗11号”飞行的第一天，向地球转播了俯瞰太平洋和美洲大陆的景象。第二天转播了半个多小时宇航员的生活和工作情况。第三天转播了一个半小时宇航员进入登月舱及舱内仪器设备的情景。第四天清晨，飞船进入月球轨道，当其绕月球三圈后，阿姆斯特朗主持了第四次电视转播，地球上的人们清楚地看到了月球坑坑洼洼的表面。7月20日上午11时许，阿姆斯特朗（Neil Armstrong，1903—2012）和奥尔德林（Buzz Aldrin，1930— ）相继进入登月舱，科林斯（Michael Collins，

1930— ）留在指令舱中，继续绕月飞行。登月舱“鹰”与指令舱分离后，向月面下降。7月20日16时许，登月舱的制动火箭发动，在离月面2200米时，登月舱转至直立，以每秒6米的速度向月面的静海降落。在距预定目标约150米时，宇航员发现着陆点有足球场大小的环形山，上面有数不清的巨大石块，地形不利。两位宇航员小心操纵登月舱，飞过环形山，在19秒内找到了一处平整的着陆点。16时17分42秒，阿姆斯特朗向地面报告：“休斯敦，这里是静海，鹰已降落。”6个多小时的准备之后，阿姆斯特朗打开登月舱的舱门，地球上有几亿人通过电视在注视着他，为了适应月球上的重力环境，每走一级踏板他都要停一会，走下9级踏板的舷梯花费了3分钟，22时56分，阿姆斯特朗的左脚踏在月面上，然后他说出了准备许久的，注定要进入历史的那句话。“这是我个人的一小步，却是人类的一大步。”

“阿波罗11号”飞船成员合影。左起：阿姆斯特朗、科林斯、奥尔德林。

19分钟后，奥尔德林也走出登月舱来到月面。在只有地球重力六分之一的月面上，他发现像袋鼠那样跳跃行走比较方便。两个人跳跃起来，使电视机前的观众开怀大笑。而此时，科林斯在月球轨道上，每47分钟绕月一周。在月球上，阿姆斯特朗和奥尔德林竖起了美国国旗，搜集了岩石和土壤样品，安装了科学仪器：一个激光反射器，能够把地球发射的激光反射回地球，这个仪器在后来曾用来测定地月之间的距离；一个能够传递月震情况的地震仪；还有一个捕捉太阳风粒子的铝箔装置。工作期间，他们曾被休斯敦的呼叫打断，尼克松总统要与他们通话。尼克松向他们表示祝贺，他说：“由于你们　的工作，太空已经成为人类世界的一部分。”

两小时后，两位宇航员回到了登月舱。7月21日上午，这是又一次紧张的时刻。登月舱上的火箭虽然已经实验过几百次，但是从来没有

“阿波罗11号”飞船登月

在月球上试验过。由于月面上没有一个完整的发射台，必须利用登月舱的下半截。21日中午，上升火箭点燃了，登月舱在月面上成功发射，与沿月球轨道转了25圈的指令舱会合，会合地点在月球正面110千米的上空。登月舱和指令舱对接成功，阿姆斯特朗和奥尔德林爬过通道，与科林斯重逢。登月舱被抛掉后，22日12时56分，科林斯点燃了“阿波罗11号”上的归程火箭，向地球飞来。1969年7月24日，阿波罗的指令舱溅落在太平洋上，美国总统尼克松亲临承担打捞任务的“大黄蜂”航空母舰，主持了宇航员返航的欢迎仪式。

“阿波罗11号”总飞行时间195小时18分35秒，登月舱在月面上逗留了21小时36分20秒，阿姆斯特朗在月面上一共停留了2小时13分。

阿波罗计划是美国在成功地实现了制造原子弹的“曼哈顿计划”后的又一次成功的“大科学”行动。这也是科学技术史上空前规模的行动。阿波罗计划先后动员了120所大学、2万家企业、400多万人参加，耗资达240亿美元。在如此短的时间内，动员如此多的人力，解决了如此多的问题，因此，阿波罗计划的实现也是管理上的成功。

留在月球上的登月艇的一条支脚上有一块金属牌子，上面写着：

这是来自地球行星的人类

第一次登上月球

公元1969年7月

我们为全人类的和平而来

宇航员还带去了其他纪念品，其中有73位国家元首的信，一面美国国旗，纪念遇难的苏联宇航员和美国宇航员的徽章。

四、火星探测的进展

在登上了月球之后，人们又把目光投向更远的空间。在太阳系的八大行星中，火星是距离地球最近的一颗。它在地球的外侧绕太阳旋转，每687个地球天旋转一周，每两年零两个月接近地球一次，自转周期24小时37分，与地球相差无几。从很早的时候起，人们就相信火星上有生命，有许多科幻小说都以火星为题，火星和火星人的传说流传了近百年。

从20世纪60年代起，在人类刚刚能把人造物体送上太空不久，美苏就开始向火星发射探测器了。1960年10月，苏联连续向火星发射了3个探测器，却无一入轨。1962年11月，又发射了两个，其中“火星1号”虽然进入轨道，却失去了联系。在苏联发射的探测器均告失败后，美国在1964年11月5日发射“水手3号”时火箭也出了故障，23天后又发射“水手4号”，终于在第二年的7月15日在距离火星9280千米的高空飞过火星，得到了22张火星照片。1969年2月和3月发射的“水手6号”和“水手7号”也都获得了成功，从距离火星3000千米的高空飞过，得到了202张照片。这些照片表明，火星上没有河流，与月球一

1975年9月9日，美国发射了“海盗”2号火星探测器，在绕火星进行了长时间的探测之后，又放出火星着陆器于1976年9月30日在火星表面软着陆。

样，布满了环形山。

20世纪70年代，苏联在1971年5月终于成功地发射了“火星2号”和“火星3号”，“火星3号”在火星上实现了首次软着陆，其飞船母体成了火星的第一颗人造卫星。在同年5月，美国发射了“水手8号”和“水手9号”，“水手9号”绕火星轨道飞行了差不多1年，成了火星的第二颗人造卫星，它发回了7329张照片。1973年7月至8月，苏联连续发射了4颗火星探测器，其中“火星5号”成为火星的第三颗人造卫星，并发回了火星的首批彩色照片。1975年8月和9月，美国发射了两颗“海盗”探测器，在1976年的7月和9月，这两颗探测器在火星表面软着陆成功。“海盗”上携带的电视摄像机为地球送来了火星的全景式的图像资料。“海盗”号在火星上分别工作了3年半和6年，对火星有了整体性的认识。这是火星探测的突破性成果。

研究表明，火星上既无海陆之分，也没有智慧生命，但是，火星已具有了生命存在的必要条件。

进入20世纪90年代，苏联解体，火星探索的竞争者只剩下了一家。1992年9月25日，美国耗资4.5亿美元，用大力神火箭发射了“火星观察者”，准备环绕火星飞行。遗憾的是，1993年8月21日，在只差3天就进入火星轨道时，突然失踪。

1996年底，美国又发射了“探路者”宇宙飞船，历时7个月，经过4.94亿千米的航行，终于在1997年7月4日美国独立日登上了火星。

7月4日下午1点多，以高达2.66万千米的时速进入火星大气层的“探路者”打开了巨大的降落伞，甩掉绝热外壳并迅速接近火星表面，数十个充满气体的气囊把重300千克和高90厘米的探路者紧紧包住。在距离火星表面30米时，制动火箭点火，着陆速度降到每小时50千米以下，然后，探路者像一个大皮球在火星上的阿瑞斯平原弹了几次，稳定下来。

探路者内部有一个名叫“旅居者”的火星车。它是完成火星探测的主角。旅居者是一个小机器人，重10.4千克，大小相当于一台微波炉，6个轮子都有自己的电池驱动，其设计行走速度为每秒1厘米。旅居者的主要仪器是一台质子射线仪，用来探测目标的化学组成。正面有两部黑白摄像机，背面有一台彩色摄像机。所有的探测数据将通过调制解调器传到探路者上，再传给地面控制中心。

探路者本身相当于旅居者的大本营，它带有可以拍摄360° 全景照片的彩色立体摄像机，还配备有天气测定的装置。

这次火星探测与当年的登月大有不同。90年代最先进的技术都在火星车上集中地体现出来，其中包括虚拟现实技术。

在地面控制中心，有一种以往没有的控制员，他被称为“火星驾驶员”。火星驾驶员头戴三维VR视镜，接受火星车上传过来的信息，能够看到火星车所能看到的一切，犹如身临其境。同时，他还可以用鼠标指引1.9亿千米之外的火星车在火星表面行动。由于光线走过1.9亿千米需要11分钟，所以地面对火星车还不能实时控制。另外由于只有当火星面对地球时才能与地球有无线电联系，所以地球与火星车的联系基本上是每进行12小时后中断12小时。

美国探路者火星车

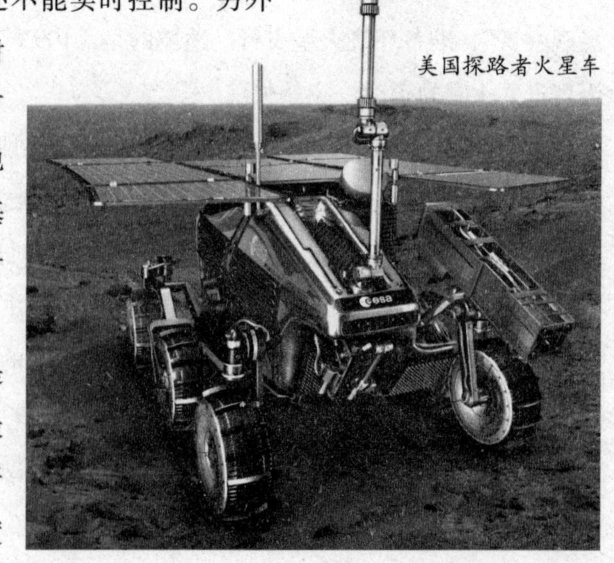

这次火星探测是人类探测火星活动最成功的一次。火星干燥、寒冷，地表温度

比地球低30度以上，昼夜温差超过100度。火星的天空总是灰蒙蒙的，没有蓝天，黎明时天空有粉红色的云，而太阳一出来云就消散了。

探路者发回的数据表明，火星岩石的成分与地球很接近，主要由石英、长石和正辉石组成，这表明地球和火星在起源上有共同性。因为月球岩石中不含石英，因而火星的岩石成分为月球的俘获说提供了一个支持旁证。另外，在火星上还发现阿瑞斯平原曾经发生过特大洪水。这使人又激起了对火星生命的兴趣。

为了使人类登上火星，美国航天局每隔两年进行一次火星探测，每次发射两艘飞船，一艘着陆，一艘绕火星轨道运行。

1998年，美国发射火星气候探测器。

1998年7月，日本发射“希望号”火星探测器，但以失败告终。

1999年，美国发射火星极地着陆者探测器。

2001年4月，美国发射“奥德赛号”火星探测器，发现火星表面可能有丰富的冰冻水。

2003年，欧洲发射“火星快车”。

2003年6月，携带“勇气号”火星车的美国“火星探测流浪者”号探测器升空。2004年1月，“勇气号”火星车在火星表面成功着陆。

2008年，美国“凤凰号”探测器成功登陆火星，任务结束后，由于电量难以维持失去联系。

2009年，俄罗斯发射探测“火卫Ⅰ”。

2011年11月，美国发射“好奇号”核动力火星车。

美国宇航局的“好奇号”火星探测器是一个汽车大小的火星遥控设备。它是美国第四个火星探测器，也是第一辆采用核动力驱动的火星车，其使命是探寻火星上的生命元素。2011年11月26日，“好奇号”火星探测器发射成功，顺利进入飞往火星的轨道。2012年8月6日成功降落在火星表面，开始为期两年的火星探测任务。

“好奇号”最新发现显示，几十亿年前，年轻的火星有水有大气层，并有可作为微生物食物的矿物质。但仍无证据证明微生物确实存在过。

“萤火1号”，是中国火星探测计划中的第一颗火星探测器。火星在古代被称为“荧惑”，中国第一颗火星探测器取其谐音，命名为“萤火1号”。2011年11月8日，“萤火1号”与俄罗斯的采样返回探测器一起发射升空，开始对火星的探测研究。

五、太空科技的前瞻

在空间技术基本成熟，人类突破了走向空间的瓶颈之后，下一步就是应用了。

出于自然的原因，空间技术首先在应用在军事方面。

20世纪70年代以前，苏美的空间活动的发展主要集中在发展火箭和卫星制导系统和其他有关装置。70年代以后，其重点转向应用和科学目的的活动。

人造卫星

人造卫星的发射与应用是现代空间技术的重要内容之一，这方面技术水平是衡量一个国家科技现代化程度的重要标志。到目前为止，世界上仅有20个国家和组织发射了几千颗卫星，其中，完全依靠本国力量独立发射的只有俄罗斯、美国、法国、中国、日本和印度等少数几个国家。

人造地球卫星是指在地球大气层以外的空间环绕地球飞行的人造天体，科学家用火箭把它发射到预定的轨道，使它环绕着地球或其他行星运转，以便进行探测或科学研究，是迄今为止人类开发和利用空间资源的最主要手段。

人造卫星是个兴旺的家族，如果按用途分，它可分为三大类：科学卫星、技术试验卫星和应用卫星。

科学卫星是用于科学探测和研究的卫星，主要包括空间物理探测卫星和天文卫星，用来研究高层大气、地球辐射带、地球磁层、宇宙线、太阳辐射等，并可以观测其他星体。

技术试验卫星是进行新技术试验或为应用卫星进行试验的卫星。

应用卫星是直接为人类服务的卫星，它的种类最多，数量最大，其中包括：通讯卫星、气象卫星、侦察卫星、导航卫星、测地卫星、地球资源卫星、截击卫星等等。

应用卫星最初应用当然是在军事方面，军事应用主要在于侦察。侦察卫星的主角是照相卫星。美国照相卫星于1962年投入使用。到了20世纪70年代，美国的侦察卫星在160千米的高空拍摄的照片已经能够分辨车辆的牌号，工作寿命可以有179天。这种卫星需要有很好的定位能力，以使其照相机始终垂直对准地球。同时，还要有高分辨度的胶卷，并且能在真空辐射的地球轨道上使用。侦察卫星还包括电子侦察卫星，它的任务是确定地面雷达和电台的精确位置；海洋监视卫星，用于监视地面的船只；预警卫星，用于侦察地面导弹的发射；核爆炸探测卫星，用于侦察核爆炸。

与人类日常活动密切相关的是通讯卫星。1957年苏联的第一颗人造地球卫星上面就携带着无线电信发射装置。1962年至1964年间，美国发射了几颗实验性的通信卫星，以探索利用卫星转发电话、电报、传真以及电视信号的可能性。结果表明，同步静止轨道卫星最适合通讯。1964年成立了以美国通信卫星公司为首的国际通信卫星财团。1965年，该财团发射了一个半试验、半实用的同步静止轨道通讯卫星“晨鸟”，即国际通信卫星1号，这是卫星通讯由试验转向实用的标志。1971年1

月，国际通讯卫星4号上天，它具有5000路双向电话或者12路电视的通讯容量。

苏联的第一颗实用的通讯卫星是1965年4月发射的，名为“闪电”1号。这颗卫星的轨道非常特殊，是离心率很高的椭圆轨道，近地点480千米，在南半球上空，远地点40000千米，在北半球上空。这样使得这颗卫星在苏联境内停留的时间最长，每天达15个小时。几个这样的卫星依次飞行，就可实现24小时的中继通讯。1971年，苏联、古巴、蒙古和东欧几个国家联合成立了“国际卫星”通讯组织，共同使用“闪电”以及后来发射的其他同步卫星。

卫星通讯系统容量大，覆盖面积广，速度快，投资少，费用低廉，现在已经成为环球通讯的不可或缺的重要部分。

卫星导航

美国的GPS全球定位系统、俄罗斯全球导航卫星系统、欧洲伽利略导航卫星系统计划、中国北斗卫星定位系统，是世界上结合卫星及通讯发展的技术建立的四个重要的导航定位系统。

太空基地空间站

早在20世纪20年代，奥伯特就提出了建设空间站的设想。1970年代，美国和苏联都开始了空间站的研究工作。1971年4月19日，苏联发射了第一座空间站“礼炮1号”，这是为了纪念加加林飞行10周年而命名的。“礼炮1号”总长14米，总重量18吨。对接舱有一个供联盟飞船对接的舱口，宇航员由此进出空间站。轨道舱由直径3米和4米的两个圆筒组成，舱内气候保持与地面相同，作为宇航员工作和生活的场所。“礼炮”系列的空间站一般在离地200~250千米的轨道上运行。至1983年底，共发射了7个“礼炮”号空间站。

美国航天飞机与苏联“和平”号空间站对接。

空间站就是一个太空基地，它相当于一个航天母舰，茫茫太空中开辟的一个人类生存空间。目前的空间站都在地球轨道上，相当于超大型人造地球卫星。具有能够让人在其中工作和生活等多种功能。

科学实验：利用空间站上的各种实验室和舱外平台设备，可以进行生命科学、生物工程、天文观察、地球观测和空间环境考察等多种学科研究活动。

开发空间资源：获得诸如超高空、超洁净、超无菌、超微重力以及超阳光辐射等地面不可能具有的自然条件，进行多种生产、科研活动。

国际空间站的设想是1983年由时任美国总统里根首先提出的，即在国际合作的基础上建造载人空间站。经过十余年的探索和多次重新设计，直到苏联解体、俄罗斯加盟，国际空间站才于1993年完成设计，开始实施。该空间站以美国和俄罗斯为首，包括加拿大、日本、巴西和欧空局（11个国家，正式成员国有比利时、丹麦、法国、德国、英国、意大利、荷兰、西班牙、瑞典、瑞士和爱尔兰）共16个国家参与研制。设计寿命为10~15年，总重量约423吨，长108米，宽（含翼展）88米，运行轨道高度为397千米，载人舱内大气压与地表面相同，可载6人。国际空间站结构复杂，规模大，由航天员居住舱、实验舱、服务舱，对接过渡舱、桁架、太阳能电池等部分组成，建成后总重量将达438吨，长108米。

“天宫一号”是中国第一个目标飞行器和空间实验室，于2011年9月29日在酒泉卫星发射中心发射，飞行器全长10.4米，最大直径3.35米，由实验舱和资源舱构成。它的发射标志着中国迈入中国航天“三步走”战略的第二步第二阶段。2011年11月3日凌晨实现与“神舟八号”飞船的对接任务。2012年6月18日与“神舟九号”对接成功。2013年6月13日，“神舟十号”与“天宫一号”完成交会对接任务。

全世界每年投入4000多亿美元的空间活动经费，用于包括卫星发射、载荷搭载、太空旅行等空间商业活动和服务，以及利用微重力、超洁净的太空特有的环境进行科学试验和高精尖产品生产，这些将成为21世纪国际产业竞争的重要领域。在地球圈外开拓新的疆域，在外星上采掘新的资源，是人类进入21世纪后空间技术及其产业发展的第一批目标。

航天飞机的兴起

航天飞机是一种能自由往返于天地之间的一种航天器。最初的设计，是想把它建成每年能进行60次太空飞行的廉价的“太空运输卡车”，为在太空运行的航天器提供后勤保障。但是经过几十年的发展，航天飞机已经成为一个多功能实验室、货物运载车和工作车间。

美国于1981年4月12日把第一架航天飞机送上了太空，就在20年前的这一天，苏联宇航员加加林第一个飞上太空。10年后，苏联不复存在。到1992年6月，世界上已有4架美国航天飞机在运行。苏联的一架航天飞机停在库里，欧洲国家和日本的航天飞机还在研制中。

虽然世界上也有许多国家都陆续进行过航天飞机的开发，但只有美国与苏联实际成功发射并回收过这种交通工具。由于苏联解体，相关的设备由哈萨克斯坦接收后，受限于没有足够经费维持运作使得整个太空计划停摆，因此全世界仅有美国的航天飞机队可以实际使用并执行任务。

航天飞机

2011年7月8日上午，美国“亚特兰蒂斯号”航天飞机在佛罗里达州肯尼迪航天中心成功发射升空。这将是美国30年历史的航天飞机项目中的第135次升空，也是美国所有航天飞机的最后一次飞行。

航天飞机上的4名机组人员在此次为期12天的行程中将向国际空间站送去供给、备用零件以及科学实验仪器。“亚特兰蒂斯号”航天飞机在国际空间站的建设和运行上发挥了很大作用。

2011年7月21日，美国“亚特兰蒂斯号”航天飞机于美国东部时间21日晨5时57分（北京时间21日17时57分）在佛罗里达州肯尼迪航天中心安全着陆，结束其“谢幕之旅”，这寓意着美国30年航天飞机时代宣告终结。

美国30年航天飞机时代画上句号后，俄罗斯将至少垄断载人航天飞机5年，俄罗斯“联盟号”航天飞机将垄断载人航天，成为唯一运送在国际空间站进行的科学实验结果的工具。美国新一代航天器“猎户座”将接棒进行载人航天活动。

空间垃圾的难题

自1957年第一颗人造卫星上天，各国航天活动将产生大量的“太空垃圾”。外层空间不仅有许多为人类服务的航天器，还有许多太空垃圾在围绕地球旋转，在太空飘浮。包括被损坏的或已经退役的航天器，脱离的火箭末级，抛弃的整流罩，人造天体爆炸或碰撞后的碎片，宇航员扔掉的废物，使得空间环境日趋恶化。

据欧洲宇航局绘制的电脑效果图显示了低空绕地球轨道的可跟踪物体。目前在低空绕地球轨道上有12000个这样的被监测对象，这当中有众多的商业、军事、科学卫星，这些在低轨道运行的卫星在大气中焚毁，残骸也将飘浮数十年。

地面上能观测到并记录在案的在太空中的碎片约有4000多万个，形成约3000吨太空垃圾，而且这些数字，每年都在增加。

这些遗留在太空的垃圾，来之容易去之难，在太空滞留飞行的时间可达10年至1000年。尽管一些比较大的碎片能够相对容易地被地基雷达和光学望远镜所跟踪，但绝大多数物体都非常小，无法观测到。太空垃圾对航天飞机而言，构成的威胁甚至超过发射和返回阶段的风险。

空间垃圾使飞向太空的航线不再畅通无阻，它不仅威胁着外层空间各种航天器的安全，也威胁着内层空间的人类生活。这些太空垃圾也会像陨石一样进入大气层，造成飞机失事，危及地面上的正常生活。

1982年，太空中一块0.2毫米的小金属碎片打中了美国“挑战者”号航天飞机的舷窗，嵌入6毫米，幸亏没有击中关键部位。

2003年，美国“哥伦比亚”号机毁人亡事件的原因，美国一些专家认为，它很可能是在返回地球的途中被太空垃圾或小型陨石击中。

2009年，美国与俄罗斯的两颗卫星在西伯利亚北部上空相撞。这一起太空重大“交通事故”引起全世界的密切关注。

尽管卫星在太空相撞后会产生大量碎片，但绝大多数这些碎片会在飞入地球稠密大气层后，与大气剧烈摩擦，烧成灰烬。目前防止此类撞击事故的方法有好几种，比如用光学望远镜、雷达探测预警，使各种航天器提前躲避“太空垃圾”；将废弃航天器“调遣”到无用的更高轨道或遥控其坠入大海；为空间站等大型航天器加装防护罩。还有一些概念性防护设计，如让低轨卫星退役后抛出一条由特殊材料制成的绳索，切割地球磁力线并导电，进而在地磁场的作用下产生下拉作用，将卫星拖入地球稠密大气并烧毁。

目前国际上已制定了5个有关外空活动的文件。科学家们呼吁建立起更加规范的法规或协定，在加强对太空中各类物体的监测，做到心中有数，除在关键时刻预警之外，还可提供充分的执法依据。此外，可以尽快推出权威的国际“太空交警”机构，提高太空“交通法”的执行力。

结 语

20世纪已经逝去，21世纪也已经过去十几个年头，虽说纪元的选择纯粹是人为之举，并无任何自然或社会规律上的实质意义，但我们的确处在一个时代的转折时期。就时代与科学的关系问题回顾过去并展望未来，应该说具有特殊重要的意义。

人类智力外化的大标志是，百万年前学会了用火，5000年前发明了轮子，200年前开始用火驱动轮子，50年前又有了控制轮子运转的电脑。这虽是迄今为止人类科技史最粗略的轮廓，但它足以说明科学实践对于改变人类生存方式的意义。

科学是人类认识和利用物质变换、能量变换和信息变换的手段。没有物质这世界就不存在，没有能量这世界就不会运动，没有信息这世界就不能控制。若没有科学的不断发展，人类就不能继续提高其认识和改造世界的能力，也就不能获得控制或适应生存环境的手段。正是科学推动了人类文明的三次跃升，即农业文明、工业文明和信息文明的相继形成。农业文明以奔马的速度运转，工业文明以汽车的速度运转，而信息文明则是以光的速度运转。

科学的本质在于它的预见能力，即科学理论的逻辑结构所具有的推理功能。任何科学理论都具有预言能力，例如天体力学预测海王星和冥王星的存在，电磁场理论预言电磁波的存在，化学元素周期表预言新元素的存在，量子场论预测反物质的存在，遗传学预言遗传基因的存在，广义相对论预言引力波的存在，宇宙学预言看不见的物质和黑洞的存在。理论预言为实验所证实是理论成立的必要条件。

科学理论的预见能力是科学真理性的表现，是科学实践性的理论基础。有了科学的预测，人类就有可能对自然力实施某种控制和利用，即使不能控制也能做出某种适应性的安排。例如，掌握了力学的三个宇宙速度我们可以遨游太空，有了关于细菌和病毒的知识我们可以预防和控制传染病，运用生物遗传信息我们可以提高农牧业产品的产量和品质，认识了生态规律我们才就懂得与大自然和谐共处。

科学上的成功有赖于正确的方法，但并不存在什么唯一的科学方法，只是有一些为科学家共识的基本原则。科学方法是运用理性的方法，任何严密的科学理论都是借助于逻辑理性、数学理性和经验理性之结合而产生的。一般来说，科学理性包括三大要素，即保证知识条理性的逻辑理性、保证知识精确性的数学理性和保证知识可靠性的经验理性。但是，科学的理性方法之具体运用，却可以依其研究对象和意向目标的不同而异。逻辑作为一种理性方法，不仅有归纳和演绎，还有类比，它们可以在科学研究的不同阶段发挥作用。数学作为一种理性方法，它是一门科学发展成熟的标志，作为介于逻辑和实验之间的“计算”方法已与实验和理论形成三足鼎立的方法格局。经验作为一种理性方法包括观察和实验，并且要借助于作为人类感官延长的各种专门的观测仪器和设备，如显微镜、望远镜、光谱仪、粒子加速器等。

对真理的执着追求是科学上获得成功的精神条件，怀疑则是科学创造活动的真正出发点。达尔文从怀疑神创说出发到达了其自然选择的进化论，海森堡从怀疑原子中的电子轨道概念到达了他的量子矩阵力学，加莫夫从宇宙静止说到达了大爆炸宇宙论。马赫怀疑牛顿的绝对时空观启发了爱因斯坦创立相对论，所以爱因斯坦说马赫的真正伟大之处就在于他那坚不可摧的怀疑精神。科学精神就是一种合理的怀疑精神，以怀疑开辟通往真理的道路。它曾怀疑过不许触犯的宗教教条、它也怀疑过被视若神圣的意识形态，实际上它勇于怀疑一切现实的权威意见，而依据事实思考，主张由实践检验任何理论和学说的真理性。用每个中国人都熟悉的话说，科学精神就是“实事求是”。

科学的合理怀疑精神总是体现在那些伟大的科学家身上。马克思曾经说过，追求真理要有一种不怕下地狱的勇气。因为怀疑同社会主流价值观相联系的观点总是要付出代价的，可能因而受到嘲笑和侮辱，可能失去人身自由，甚至丢掉生命。所以科学精神也是一种人文精神。中国科学家顾毓琇曾这样描绘它：它有宗教的圣洁而没有宗教的神秘；它有艺术的忠实而没有艺术的缥缈；它有哲学的超然而没有哲学的玄想。20世纪最伟大的科学家爱因斯坦说，在科学的殿堂里有三种人，一种人为了谋取功利，另一种人为了满足兴趣，再一种人为了追求真理，天使要把前两种人赶走，只留下第三种人。

科学有真理和实践两个方面，在实践方面它是一把“双刃剑”。任何重大的科学发现的技术实践都有两面性。达尔文的进化论曾被歪曲用于为强权政治辩护，原子核裂变和聚变的能量曾被用于制造原子弹，动物克隆技术滥用于人类自身的可能危害是不亚于原子弹的伦理的“基因弹”，还有人担心信息技术也可能造出破坏信息秩序理性的“比特弹”。科学的伟大力量令人惊叹，科学滥用的灾难令人震撼。

厄尔尼诺和拉尼娜兄妹的狂舞越来越频繁，带给人类的灾难越来越重。这不仅仅是天灾，也有“人祸”助纣为虐——技术发展造成的地球生态环境的破坏。农业文明带来了草原和森林的生态破坏，工业文明招致空气、水体、土地和食品的污染以及资源的匮乏。环境污染是人口数量、人均消费量和单位产量的环境影响三个因素的乘积，但其不断增加的恶化倾向主要不是由于人口和财富的增长，而是由于技术变化引起的单位产量的环境影响的增加。环境破坏并非技术发展的必然，而是政治家的权力野心和商人的金钱贪婪使然。而这又根源于人类对社会现象缺乏真正的科学认识。

一次又一次的世界性的大战，周期性的世界经济危机，地球村的南穷北富，各国家里的贫富不均、种族歧视、男女不平等，人类社会的诸多失控和不和谐，归根结底是因为人类对社会规律的无知。地球只有一个，增长也有极限，和谐而又可持续的发展，需要对文化深层基础的认识。大文化的概念是作为人类的生存方式相对自然界而言的，按系统的观点分析它包括技术、制度和观念三个相互作用着的子系统。对于这种大文化系统，虽然至今仍没有可靠的科学认识，历史还是大体上为未来提供某种启示。历史表明道德、权势、金钱、智力和情感，是维系任何规模的一个社会之五种基本力量，而且由于它们之间的相互作用，总是使其中一种力量成为历史的车轴。历史之车是通过不断地换轴而前进的，有史以来中轴转换的顺序是道德中轴、权势中轴、金钱中轴，当前社会中轴正在从金钱换成智力的过程中。也就是说以科学为代表的智力将成为历史车轮的主轴。

“天若有情天亦老，人间正道是沧桑。”马克思和恩格斯的科学论，斯宾格勒的文明兴衰论，汤恩比的“挑战—应战”的历史观，都表明文明的大道并非完全平坦。不论在严格意义上谈论科学，还是在包括溯源的泛科学意义上谈论科学，科学都是历史地演变着的。虽然科学不是变色龙，有其永恒的内在本质，但科学的思想、学科的重心和科学地理的中心三方面的变化，描绘了科学发展的历史轨迹。如果把科学思想的发展比喻为一场戏，那么它的第一幕是生成论（把变化视为产生和消灭或者转化）的，第二幕变为构成论（把变化视为不变之要素的结合与分离）的，而已经拉开帷幕的第三幕则是生成论与构成论互补的。就学科中心变化说，在古代和中古代得到较为充分发展的只有天文学，进入近代以来学科重心转移的次序为：天文学、力学、物理学、化学、生物学、信息科学。说到科学地理中心的转移，按古代、中古代和近代分期考察，古代印度、中国和希腊三个文明区的科学是三足鼎立的，在中古代印度和希腊的科学衰落而阿拉伯和中国在世界上先后独占鳌头；而在近现代欧美成为世界科学的中心，并且在这个地理范围内还有五次小的转移，其次序表现为：意大利、英国、法国、德国、美国。

当代科学在相对论、量子论、基因论和信息论的基础上，分别在不同层次上描绘出的具体自然图景是五大“标准模型”：宇宙大爆炸模型、物质结构的夸克—轻子模型、遗传物质DNA分子的双螺旋模型、认识的图灵模型和地壳的板块模型。当代科学面临着来自社会的三大挑战：人类生存环境的恶化倾向、高技术评估的困难和科学与人文两种文化的不平衡。这些挑战是社会对科学需求的突出表现。在这种情况下，科学的社会效果甚至连同它的生命力，都取决于科学对其资源利用的程度、科学的目标与社会需求结合的程度、科学面对社会需求的自我调节和应变能力。

科学自身发展的逻辑和社会需求的交汇点是新科学的生长点。在这种交汇点上当代科学走向表现出三大特征：走向复杂性和非线性（混沌学和其他非线性和复杂性研究领域）、走向极端和本原（宇宙的起源、生命的起源和智力的起源）、走向综合和统一（物理科学中的局域性与全域性的统一，生命科学中的遗传与进化的统一，认知科学中的精神与物质的统一），并且这些走向还塑造着新的科学形象。

与按传统理解的科学相比，新科学有四个基本特征：第一，传统理解的科学主张只揭示能由任何科学家重复的知识，而这新科学则把不可再现的现象和行为视为科学探索的重要对象；第二，传统理解的科学把科学的社会运用视为科学之外的社会问题，而这新科学则把它包括在科学探索的过程之中；第三，传统理解的科学忽视价值因素或把它看得十分平淡，而这新科学则把价值看作科学理性中的重要因素，因而使科学除了逻辑理性、数学理性和实验理性之外又增加了价值理性；第四，传统理解的科学知识系统是不关涉自身的，而这新科学的知识系统则要求有评价自身的能力和方法。如果把这种新科学视为科学最基本的形式，那么传统理解的科学则应被认为是受严格限制的，是新科学的极限形式。

这种新科学的滋生和未来的成长，意味着科学总体范式的变革。尼采说精神有三种变形，骆驼、狮子和儿童。用以类比科学精神的形象，忍辱负重疾步于荒漠中的骆驼象征着献身真理，但在追求真理的路上骆驼变成了狮子，而狮子意味着要支配进行弱肉强食的掠夺价值观，最终狮子还得变成儿童，因为天真烂漫的儿童是人类的黎明。“儿童”象征着科学的新生——保护生命的科学。

科学作为人类文化中最具革命性的力量，就在于它的解放力、开化力和趋同力。科学家们知道绝对真理无法达到而只能逼近，而逼近就意味着放弃旧概念，接受新概念。科学中没有教条，只有方法，虽然方法也不是完善的，但却是可以改进的。科学中没有完全的必然，也没有完全的怀疑。科学家感受到的错误逐渐减少，但他知道永远不会减小到零，因此他总是要更加虚心才有前进。这就是科学精神的解放力，具备这种精神的人准备接受那些最令人震惊的结论和最革命的事实。因此科学是开放的，它的这种开放性使它具有任何保守都无法抗拒的力量。这正是科学的革命性和它的生命力的源泉。

科学没有暴行和谎言。科学是纯洁的，保持最清澈无垢的传统。它的任务是征服愚昧无知，没有任何羞愧的胜利。我们没有比这更好的理由为它自豪了。拿破仑这位世界征服者曾留下一句名言：“唯一不留下悔恨的征服是我们对愚昧的征服。”科学的历史就是同迷信和愚昧的惰性斗争的历史，同说谎者和伪君子斗争的历史，同骗子和自我欺骗斗争的历史，同所有黑暗势力斗争的历史。这种斗争永远不会完结，在这种斗争中科学表现了它的巨大开化力。

科学在很大程度上是客观的。它的客观性是其他领域无法比拟甚至无法想象的，科学的发展是人类经验最具积累性的和进步性的发展。科学语言是国际性的，科学的成果是全人类可以共享的知识财富。它同权力和财产的不同，在于它的可共享性。科学以一种崇高的和最强烈的方法教导伟大的真理。它的无私、诚实和严肃精神成为沟通世界各民族的，团结全人类的可靠的条件，是一种最伟大的趋同力。

西方有一种“科学终结”的论调，误把极限和暂时的困难当终结。科学发展的涨落性和周期性是正常现象，从500年的周期看当代科学（不是技术）在走下坡，但从5000年的大周期看当代科学正在上坡，未来500年是科学大发展的时期。